EMBRYOGÉNIE

COMPARÉE.

BEAUVAIS, IMP. ET STÉRÉOT. D'ACH. DESJARDINS.

EMBRYOGÉNIE

COMPARÉE.

COURS

SUR LE

DÉVELOPPEMENT DE L'HOMME

ET DES ANIMAUX,

FAIT AU MUSÉUM D'HISTOIRE NATURELLE DE PARIS,

PAR

M. COSTE,

ET PUBLIÉ SOUS LES YEUX DU PROFESSEUR PAR LES SOINS DE

MM. Z. GERBE ET V. MEUNIER,

Avec un atlas grand in-4.º, composé de 20 planches dessinées
d'après nature,

PAR M. A. CHAZAL.

TOME Ier

Paris,

AMABLE COSTES, LIBRAIRE-ÉDITEUR,

13, RUE DE L'UNIVERSITÉ.

1837.

À

M. H. D. DE BLAINVILLE,

MEMBRE DE L'INSTITUT DE FRANCE ET DE L'ACADÉMIE ROYALE

DE LONDRES,

PROFESSEUR D'ANATOMIE COMPARÉE AU JARDIN DU ROI,

ET DE ZOOLOGIE PHILOSOPHIQUE A LA FACULTÉ DES SCIENCES DE PARIS.

—

A LA MÉMOIRE

DE

DELPECH.

Coste.

PRÉFACE.

—

L'embryogénie ne pouvait demeurer étrangère au mouvement qui s'est opéré dans ces derniers temps au sein des sciences naturelles. Elle touchait de trop près à ces sciences ; elle avait pour investigateurs, en France, en Allemagne et en Italie, des savans trop habiles et trop judicieux, pour que son progrès ne fût pas assuré. Aussi, d'étude à peine ébauchée qu'elle était, quoique riche pourtant d'observations intéressantes et de faits nombreux, elle vient de marquer sa place élevée parmi les connaissances acquises, et semble promettre de devenir désormais la régulatrice des autres sciences naturelles.

Mais pour qu'elle pût atteindre ce haut rang, pour que son progrès fût prompt et facile, il fallait un homme entièrement dévoué aux recherches difficiles et pénibles que demande cette étude, un homme qui, aidé dans les nombreux sacrifices qu'il avait faits lui-même, par l'Institut et le Gouvernement, pût, après des expériences multipliées sur diverses espèces d'animaux, et après une application exclusive à ces expériences, pût, disons-nous, instituer l'embryogénie sur des bases positives. Il fallait que, la dépouillant de toutes les interprétations fausses, incomplètes et contradictoires, qui rendaient son exposition si difficile, si embrouillée, si surchargée de détails futiles et incohérens, il la mît dans son véritable jour.

Hé bien, nous ne craignons pas de le dire hautement, cet homme s'est heureusement rencontré en France. M. Coste, dont les travaux ont depuis long-temps mérité les suffrages d'une Académie savante qui a senti toute l'importance de ses recherches, et qui lui a facilité les moyens de les poursuivre, a, par des résultats nouveaux et irrévocablement acquis, donné une face toute nouvelle à l'embryogénie.

Mais il ne suffisait pas à M. Coste, par les faits nombreux dont il avait enrichi cette branche des connaissances naturelles, et par ses observations originales, d'avoir placé son nom à côté de ceux de Graaf, de Wolf, de Pockels, de Purkinje, etc.; il ne lui suffisait pas d'avoir ramené à leur vraie signification une foule de faits qui avaient échappé aux investigations de ses prédécesseurs ou de ses contemporains; il devait, envisageant l'embryogénie sous un point de vue plus vaste et plus philosophique, faire monter cette étude au rang des sciences naturelles les plus avancées, et, sous ce rapport, nous pouvons dire que l'*embryogénie comparée* tout entière est son œuvre, car aucun savant que nous sachions n'avait, avant lui, essayé de réaliser un semblable travail.

Certainement il y avait déjà eu tendance de l'esprit humain à vouloir trouver des rapports entre l'état originaire de quelques êtres animés ; mais les efforts tentés dans cette direction ne reposaient jamais que sur un fait isolé de l'histoire de l'embryogénie, et jamais personne n'avait pris le développement dans son ensemble et dans la succession des phénomènes qu'il présente, pour le soumettre à une théorie générale applicable, sauf quelques exceptions spéciales, à toute la série.

Certainement aussi les recherches qui ont été faites, soit en France, soit à l'étranger, sont loin d'être sans importance : les travaux auxquels elles ont donné lieu, sont quelquefois précieux à cause des faits qu'ils renferment. Mais à ces faits il fallait donner une valeur convenable dont ils étaient dépourvus ; il fallait aussi les soumettre à une conception méthodique et générale : c'est ce que le professeur a essayé de faire lorsqu'il a emprunté aux auteurs des observations auxquelles il n'avait pu encore se livrer lui-même.

Le *cours d'embryogénie comparée*, professé au Muséum d'histoire naturelle de Paris, est donc, sous tous les rapports, un livre complètement original qui manquait à l'enseignement, et dont le besoin était d'autant plus vivement senti, que l'embryogénie est la préface, pour ainsi dire, de l'anatomie de l'homme et des animaux, comme elle en est la confirmation.

Publier un pareil ouvrage, c'était combler une lacune immense ; c'était livrer au public, en même temps que tous les faits essentiels connus en embryogénie, la mesure qui donnait la valeur de chacun de ces faits ; c'était, en un mot, faire qu'un sujet aussi intéressant pût être formulé dans un ouvrage destiné à devenir classique.

Bien que nous eussions assisté le professeur dans presque toutes ses recherches, cependant nous avons dû lui soumettre le résultat de notre rédaction : c'était le moyen de rétablir la vérité que nous eussions pu altérer. Sous ce rapport, le cours d'embryogénie est donc un livre qui est l'expression complète de la pensée du professeur.

Certes, nous ne pensons pas, lorsqu'une science est encore toute nouvelle, lorsqu'elle est à peine instituée, qu'on veuille exiger d'elle une perfection qui, peut-être bien, ne sera l'œuvre que d'une autre époque. Aussi doit-on ne considérer ce *cours* que comme le prélude, comme le plan tracé d'une œuvre plus étendue et plus achevée.

L'histoire de la génèse des êtres animés, bien qu'immense déjà par les faits qu'elle a consignés, renferme encore une foule de questions importantes qui ne peuvent être résolues que par une série d'observations nouvelles, observations qui demandent non seulement le concours de plusieurs hommes dévoués, mais encore l'aide d'un Gouvernement intéressé aux progrès des connaissances humaines, et qui fasse, pour celui qui se dévoue aux recherches embryogéniques, ce que Charles Ier, roi d'Angleterre, fit à l'égard du grand Harvey.

L'étude du développement des animaux est si vaste, que celui qui veut la parcourir succomberait à la peine, s'il essayait de marcher seul. L'abandon dans lequel se sont trouvés presque constamment les investigateurs portés de bonne volonté à l'examen des phénomènes que présente un animal en se développant, est la cause qui a toujours puissamment contribué à arrêter les progrès d'une science qui surgit aujourd'hui, féconde et pleine d'espérance, du cahos, l'on peut dire, dans lequel, en l'absence de toute méthode rationnelle et philosophique, on l'avait laissée; et qui désormais promet, instituée comme elle vient de l'être, un progrès facile, en même temps qu'elle conduira aux résultats les plus satisfaisans.

Maintenant, ce n'est pas à nous à faire remarquer tout ce que renferme de neuf cet ouvrage : le public *compétent* jugera. Disons seulement que l'embryogénie humaine, si obscure encore, si surchargée de faits contradictoires qui la rendaient presque incompréhensible, et si entachée d'erreurs, s'y trouve présentée sous un jour tout nouveau et comme la négation formelle de tout ce qui a été écrit jusqu'à ce jour, surtout en France.

L'ovologie des autres animaux n'a pas été négligée, et celle des vertébrés supérieurs, entr'autres, est venue bien souvent éclairer celle de l'espèce humaine. Deux types au moins de chaque classe ont été étudiés, et leur embryogénie a été soumise au même *criterium*.

Disons encore que l'organogénie, cette partie qui a rapport au développement des organes, et qui a donné lieu à tant de controverses, à cause des difficultés sans nombre et de l'obscurité qui l'environnent, y est traitée d'une manière bien plus complète qu'on ne l'a fait jusqu'ici.

Z. GERBE et V. MEUNIER.

EMBRYOGÉNIE

COMPARÉE.

INTRODUCTION.

L'embryogénie, nous ne craignons pas de le dire, n'a pas encore été enseignée ni écrite comme science, à moins qu'on ne pousse assez loin l'abus du langage pour donner le nom de science aux faits isolés dont nous sommes loin de nier l'importance, mais qui, privés du lien qui les enchaîne à ceux qui les précèdent comme à ceux qui les suivent, n'ont jamais qu'une valeur incomplète, puisque leurs élémens essentiels, c'est-à-dire leurs rapports, sont restés cachés aux yeux des hommes qui ont essayé de les découvrir.

Dans cet état de choses, le professeur ou

l'écrivain chargé d'enseigner ou de décrire un phénomène dont il ne connaît que les fragmens consignés dans les livres ou observés par lui, ne peut raconter que ce qu'il a lu ou remarqué; et comme sur chaque point, l'opinion des auteurs varie d'une manière proportionnelle au nombre de ceux qui se sont occupés de la question ; il arrive, qu'après avoir mis en regard toutes les contradictions dont sa mémoire est accablée , il ne sait pas prendre une détermination, ou, s'il l'ose, il ignore tout moyen de la justifier. Tous ses efforts n'aboutissent qu'au triste résultat d'accumuler, sans les comprendre , une foule de propositions souvent contradictoires et que l'absence de toute logique rend toujours infécondes. L'élève y cherche en vain le principe qui doit lui conserver ce qu'on a voulu lui apprendre; il n'emporte que le souvenir de l'incertitude du maître , incertitude souvent plus funeste que l'ignorance même.

Or donc, toute observation qui, de nos

jours, n'embrasserait qu'une portion limitée de l'histoire du développement d'un animal, ne saurait avoir dans la science plus de valeur qu'une assertion contraire; car elle ne porterait point avec elle le caractère d'une démonstration, caractère qui ne peut se déduire que de l'enchaînement logique de tous les termes du phénomène dont un fait nouveau ne peut être qu'un élément à signification encore indéterminée. Aussi l'on peut dire que tout enseignement entrepris seulement avec les matériaux que l'on possède aujourd'hui, n'a, par rapport à la véritable science du développement des corps organisés, pas plus de valeur que n'avait l'astrologie par rapport à l'astronomie.

Un anatomiste qui, pour donner une idée du mécanisme de la formation d'un animal, voudrait n'employer à cet usage, que les observations isolées, superficielles ou contradictoires, dont les livres sont encombrés, ressemblerait assez à un architecte ignorant le plan général d'après lequel auraient été préparés les matériaux d'un monument à construire, qui irait prendre au hasard dans un magasin où ces matériaux se trouveraient confondus avec ceux d'un ordre tout-à-fait dissemblable, s'imaginant, avec cet assemblage informe, élever un édifice harmonieux et régulier.

Ce qu'il importe donc aujourd'hui, ce n'est pas l'accumulation désordonnée des faits dont nous n'avons aucun moyen de mesurer la valeur, mais bien le choix de ces faits, leur coordination régulière dans un système qui, en les présentant dans l'ordre de leur rigoureuse succession, devienne la science elle-même, et le moyen d'apprécier les travaux de nos devanciers et de nos contemporains, le moyen, par conséquent, d'instituer une histoire rationnelle de la science. Lorsqu'on réfléchit à la manière dont cette histoire est écrite, de nos jours, par ceux-là même qui mettent le plus de prétention à proclamer son importance, on est porté à se demander lequel des deux est le plus malheureux, ou du lecteur que l'on condamne à subir la narration indigeste de toutes les assertions émises par tous les hommes qui se sont succédé depuis Socrate jusqu'à nous, ou de l'auteur qui passe sa vie à mutiler les ouvrages de sa bibliothèque pour livrer de nouveau à l'imprimeur un tas insignifiant de lambeaux qu'il appellera *Histoire de la Science*, parce qu'il aura eu assez de patience pour les coudre dans un ordre chronologique.

Pour nous, l'histoire de la science n'est pas la collection de toutes les opinions, mais un jugement rationnellement établi sur toutes ces opinions : or juger c'est comparer; mais pour comparer il faut connaître la valeur de l'un des termes que l'on compare, et quand il s'agit de la science, c'est la science elle-même qui devient le moyen de juger son histoire. Il s'ensuit donc que pour constituer une histoire véritablement philosophique, il faut commencer par instituer une doctrine qui sera la mesure ou le *criterium* à la faveur duquel tout ce qui a été écrit puisse être convenablement apprécié.

Ce qu'il nous importe donc, avant de songer à l'histoire de l'embryogénie, c'est l'établissement d'une doctrine embryogénique.

Quel est le moyen d'y parvenir?

L'expérience, chacun le comprendra, doit être le seul moyen d'arriver à ce but; et pour que le succès couronne l'entreprise, il ne suffira pas de porter seulement notre attention sur toute la durée du développement d'un animal, mais il faudra l'étendre au plus grand nombre possible, afin que les faits, qui se passent obscurs ou insaisissables chez certaines espèces, puissent se manifester clairement dans d'autres. Aussi les difficultés que la complication du problème rend déjà si nombreuses et si grandes, vont-elles s'accroître de tous les sacrifices pécuniaires qu'exige un semblable travail; sacrifices qui, sans contredit, sont une des raisons les plus puissantes de la lenteur des progrès de l'embryogénie.

Plus heureux ou, peut-être, plus persévérant que la plupart de nos devanciers dans cette carrière difficile, nous nous sommes appliqués de bonne heure à une étude qui semblait nous promettre la solution des plus importantes questions de philosophie générale; à une étude que le ravissant spectacle de la formation d'un être vivant ne permet plus d'abandonner, lorsqu'une fois on a été initié aux éblouissantes merveilles de la création; à une étude enfin, qui doit porter le dernier coup aux prétentions du matérialisme et raffermir les bases un moment ébranlées du spiritualisme ou de la *philosophie chrétienne*.

Nos premiers travaux furent partagés par le professeur Delpech qu'une mort cruellement prématurée est venu enlever aux sciences et à la chirurgie française dont il était une des plus grandes illustrations. Ils obtinrent les suffrages de Geoffroi Saint-Hilaire, de Dutrochet et de Cuvier; de Cuvier qui, la veille de sa mort, nous entretenait encore des espérances que l'embryogénie lui faisait concevoir, et nous encourageait à persévérer.

Mais dans ce mouvement qui se manifestait au sein des plus hautes intelligences de notre époque, il se trouvait un homme que la direction de ses travaux devait nous rendre favorable, et que le désir de soumettre sa doctrine anatomique à une épreuve décisive ne pouvait manquer de nous concilier. Aussi, après avoir mis à notre disposition ses laboratoires et les richesses de ses collections, M. de Blainville a bien voulu intéresser le gouvernement, par l'intermédiaire de l'administration du Muséum d'histoire naturelle, au succès de notre entreprise; et sur la demande des professeurs de cet établissement, le ministre de l'instruction publique, M. Guizot, à l'exemple de l'Institut, s'est empressé de mettre à notre disposition une somme assez considérable qui, réunie à celles que nous avions nous-même consacrées à nos recherches, nous ont permis d'établir sur des bases assez solides (nous l'espérons du moins), la science dont nous allons essayer d'exposer les principes.

Cependant, malgré le nombre et l'importance des matériaux dont nous pouvons disposer aujourd'hui, nous ne nous dissimulons pas la gravité de notre entreprise ; nous n'ignorons pas les dangers qui nous attendent sur la route périlleuse que nous allons parcourir, et vraiment, il faut du courage pour oser l'entreprendre : ici surtout et dans cette chaire où tous vous avez entendu le professeur qui m'envoie ; dans cette chaire toute brûlante encore du souvenir de Cuvier.......

L'embryogénie, en effet, n'est pas seulement l'histoire fidèle de tous les faits qui concourent à la réalisation d'une forme matérielle ; elle n'a pas seulement pour but de coordonner tous ces faits pour les élever à la dignité de science ; mais quand une science nouvelle surgit, pour exister, il faut que, placée à son rang au milieu des connaissances acquises, elle y vienne, si l'on peut ainsi dire, prendre droit de cité, en légitimant les principes de celles qui, par une harmonie réciproque, doivent affermir ses bases et conserver l'unité, sans rompre la hiérarchie ency-clopédique.

Si donc, avant de mériter le nom de science, l'embryogénie doit satisfaire à de pareilles conditions, il faut qu'attachée au sort de l'anatomie comparée elle devienne son complément en désignant, parmi tous les systèmes, celui qui coïncide le mieux avec le plan général que suit un animal supérieur dans son développement, et qui, par cela même, mérite véritablement le nom de doctrine anatomique : car si l'animal supérieur n'est pas, comme on l'a dit à tort, la répétition détaillée de tout ce qui a lieu dans le règne organique, on peut démontrer, au moins, qu'il progresse pendant sa vie embryonaire dans le plan général de l'organisation, et que, s'il n'est pas la somme de tous les êtres créés, il porte en lui le résumé de la création.

S'il en est ainsi, et si le développement d'un animal supérieur se rattache d'une manière si intime à la philosophie de l'anatomie comparée, il devient alors facile de démontrer comment, par conséquent, l'embryogénie se lie à l'histoire générale du globe, et par quelle nécessité logique toutes les sciences naturelles tendent à l'institution d'une véritable genèse.

Mais toute considération qui se rapporte directement à l'étude des causes finales exige, pour être abordée sans danger, la mise en œuvre des procédés les plus rigoureux de la plus rigoureuse science, et nous impose, pour n'être pas compromise, le devoir de ne l'exprimer qu'après l'avoir mise à l'abri de toute atteinte. Aussi plus pressé du besoin d'une conviction que de celui de la transmettre, on ne nous verra jamais adopter un fait à cause de l'appui qu'il semblera prêter à nos idées, mais parce que soumis, devant vous, les pièces à la main, à l'épreuve d'une opposition sérieuse, il persistera avec toutes les conditions d'une certitude. Surtout nous ne proposerons jamais une théorie, que, lorsque émanée directement de tous les faits connus, elle pourra, sans effort, les ranger tous sous sa loi.

Toujours fidèle aux règles souveraines de la logique, nous nous appliquerons à donner à notre langage toute la rigueur possible, afin qu'une polémique engagée sur un point quelconque d'une question ne devienne jamais le prétexte d'aucune de ces discussions stériles qui transforment les hommes voués à la recherche de la vérité en adversaires haineux, ou qui, en n'interdisant pas la funeste ressource de se réfugier derrière la signification indéterminée d'une expression mal définie, permettent à des hommes plus adroits que profonds de surprendre l'opinion publique, comme le prestidigitateur (permettez-nous cette expression), surprend les applaudissemens d'une assemblée dont il n'aurait pu surmonter l'indifférence s'il l'avait initiée au mécanisme de son artifice.

La science n'est pas une arène où des antagonistes viennent se disputer ou surprendre la victoire, mais un champ d'asile consacré aux hommes dévoués dont l'association multiplie la puissance, et qu'un mystérieux besoin de connaître pousse, comme malgré eux, à demander aux lois générales du monde, le secret de la destinée humaine, au sein de l'harmonie universelle. Malheureusement tous les savans ne la comprennent pas ainsi, et l'on peut dire que la carrière des jeunes hommes n'est autre chose qu'une lutte pendant laquelle un grand nombre succombent, ou, fatigués du combat, ne conservent plus après la victoire l'énergie nécessaire pour réaliser les espérances que leurs premiers efforts avaient fait concevoir. Nous croyons qu'un des motifs les plus propres à prolonger ce malaise se trouve dans l'abus du langage qui, en laissant le champ libre à toutes les divagations, permet d'ajourner indéfiniment la conclusion, et convertit la polémique en une interminable dispute, et cela parce qu'on n'a pas eu d'avance le soin de définir nettement des mots dont on veut se servir, ou de rappeler ceux qui s'en écartent au sens primitif d'un mot qu'ils veulent détourner de sa véritable acception.

Si, comme c'est notre croyance, une langue est la représentation de la force logique ou rationnelle d'une nation, le mal que nous signalons ici doit vivement occuper tous ceux qui font œuvre sérieuse de philosophie; car en détournant ainsi les mots de leur signification normale ou consentie, non seulement on entrave la discussion, mais, s'il est vrai, comme c'est encore notre croyance, qu'une des plus importantes tendances de l'esprit humain soit la conquête d'une langue commune, on peut dire que toute atteinte portée à un mot est un délit contre le progrès.

Examinez attentivement ce qui se passe autour de vous, et vous verrez les hommes les plus éminens, subissant eux-mêmes l'influence de ce désordre croissant dans la langue, poursuivre une démonstration qu'ils ne peuvent atteindre, et bientôt fatigués des obstacles dont ils ignorent la cause, se détourner du but et terminer, presque toujours, par des paroles amères, une querelle sans résultat. Si vous cherchez à pénétrer la raison de leur impuissance, vous ne tarderez pas à vous apercevoir que, préoccupés de pensées contraires qu'ils expriment par un même nom, ou d'une même pensée qu'ils désignent par des noms contraires, ils finissent par s'éloigner au point de ne pouvoir jamais se rencontrer.

Si nous avions besoin de preuves à l'appui de cette assertion, nous n'aurions qu'à passer en revue toutes les grandes questions agitées dans ces derniers temps, pour trouver mille exemples de ce funeste abus : mais nous n'en citerons qu'un petit nombre, les plus graves, il est vrai, de tous ceux que l'on puisse choisir; car ils vont nous fournir l'occasion de juger les écoles philosophiques qui se disputent le sceptre de la science.

Les mots *unité de composition organique*, signifient, pour les uns, que tous les êtres organisés, depuis le plus simple jusqu'au plus composé, présentent, à un degré plus ou moins sensible, le même nombre de pièces ou d'organes, et une école tout entière (les philosophes de la nature) travaille, sous l'influence du panthéisme, à la vérification de cette doctrine qui se formule par ces mots: *tout est dans tout*. Elle reconnaît dans une étoile de mer, par exemple, tout ce qu'elle rencontre dans l'homme; et s'il est quelques parties que l'œil ne puisse saisir, toujours fidèle au principe qui la dirige, elle affirme qu'elles doivent s'y trouver à l'état rudimentaire.

Elevés à l'école philosophique de Schelling, les disciples de cette secte, véritables alchimistes dévoués à la recherche de l'absolu, poussent *l'analogie jusqu'à l'identité* sans tenir compte des différences. Ils placent l'intelligence dans un cercle dont tous les points de la circonférence sont tellement identiques, qu'il est impossible, en la parcourant, de reconnaître celui d'où l'on est parti, et, par rapport à ce dernier, celui où l'on arrive. Mais bientôt, arrêtés dans leur marche par des obstacles que leur système ne peut aplanir, on les voit réduits à mettre presque toujours l'affirmation à la place de la démonstration rationnelle, l'énoncé du problème à la place de la solution qu'il réclame.

C'est ainsi qu'en faisant l'application de leurs principes à l'anatomie comparée, ils affirment que la tête, par exemple, représente, d'après l'idée préconçue, *tout est dans tout*, le corps tout entier, et ils la décomposent au bénéfice de leur théorie en trois parties distinctes dont l'antérieure ou frontale correspondrait à la tête elle-même, la moyenne ou pariétale à la poitrine, la postérieure ou occipitale à l'abdomen. Or, comme la tête se prête en réalité à une décomposition en vertèbres distinctes, ils ajoutent, pour qu'aucun fait n'échappe à la théorie dont ils proclament la souveraineté, que le système osseux tout entier n'est qu'une vertèbre répétée. De cette manière ils sont conduits à établir une sorte de hiérarchie des vertèbres, et par une application intempestive de la nomenclature chimique, ils les caractérisent par les noms de *proto-vertèbre, deuto-vertèbre,* etc. Mais ces prétendues vertèbres, qu'ils voient partout, sont-elles affectées à la protection du corps tout entier?... C'est pour eux un *dermato-squelette;* si elles ne protégent qu'une partie plus ou moins essentielle, c'est alors un *splanchno-squelette :* enfin, poussant les conséquences jusque dans leurs dernières limites, ils déclarent, que, puisque chaque partie du corps peut être considérée comme une véritable vertèbre, et que, d'après eux, la forme primitive de toute vertèbre est la sphère, on est naturellement conduit à reconnaître l'unité dans la forme : par conséquent tout organe, quelle que soit la modification qu'il a pu éprouver pendant son développement, est au fond une émanation de la forme primitive, la sphère ou *vertèbre primaire.*

Mais si vous exigez une argumentation sérieuse, dans laquelle l'assertion se convertisse en conséquence légitime de *prémisses* bien établies, vous parcourrez en vain tous les écrits des partisans les plus célèbres de cette singulière doctrine; aucun d'eux ne vous donnera la satisfaction que vous lui demandez.

Ecoutons-les parler eux-mêmes :

Il s'agit, conformément à la formule, *tout est dans tout*, de démontrer que les animaux supérieurs doivent avoir tout ce que possèdent les animaux inférieurs, et réciproquement, soit à l'état permanent pendant l'âge adulte, soit à l'état transitoire pendant la vie embryonaire. Or, un très grand nombre d'invertébrés sont pourvus d'une enveloppe extérieure, solide et protectrice (ou dermato-squelette), il faut donc que tout animal supérieur nous offre l'analogue de ce dermato-squelette, ou permanent, ou transitoire. Voici comment ils procèdent pour arriver à cette démonstration. Nous allons reproduire le passage tout entier, afin de ne pas l'affaiblir. Ce passage est intitulé : *l'œuf et sa coquille* (1).

« L'œuf, en tant que produit d'abord par
» l'organisme de la mère, comme partie de
» cet organisme même, comme corps orga-

(1) Carus, *Traité élém. d'Anat. comp.*, t. III, p. 184.

» nisé au plus bas degré, qui s'en sépare, af-
» fecte rigoureusement, de même que toute
» formation organique primaire, la forme
» d'une sphère. Donc tous les premiers germes
» d'œuf, quand nous les examinons dans le
» lieu qui leur sert en quelque sorte de labo-
» ratoire, dans l'ovaire, apparaissent sous la
» forme de *gouttes consolidées, de sphères.*
» Mais l'œuf a une tendance inhérente au dé-
» veloppement, c'est-à-dire à la manifestation
» de différences, et cette tendance s'exprime
» d'abord par la division de son centre, qui
» se partage en deux. Il suit de là que la forme
» sphérique fait place à celle de l'ellipsoïde,
» et comme la différence devient bientôt plus
» prononcée, que l'un des centres acquiert
» une plus grande et l'autre une moins grande
» périphérie, qu'elle passe à la forme ovalaire
» proprement dite, qui est celle que l'œuf des
» animaux supérieurs prend ordinairement
» dès qu'il a quitté son sol natal, et que, par
» exemple, il est descendu dans l'oviducte.

» La limite de l'œuf au dehors est produite

» par son enveloppe ; mais, dans plusieurs
» échelons du règne animal, il y a tendance à
» renforcer cette limite par la solidification de
» l'enveloppe et la conversion en coquille. La
» formation de cette dernière tient à ce que
» des parties terreuses, attirées d'un milieu
» ambiant, notamment des humeurs du corps
» de la mère, couvrent la membrane d'un
» dépôt cristallisé régulier ; la substance de ce
» dépôt est du carbonate calcaire mêlé d'une
» plus ou moins grande quantité de substance
» animale primaire ou albumineuse, ce qui
» fait que, dans les classes inférieures, la co-
» quille peut être molle, coriace, cornée.

» Si donc la coquille de l'œuf représente
» une sphère creuse enveloppant le germe ani-
» mal entier, elle rentre parfaitement dans
» l'idée que j'ai donnée précédemment de la
» sphère squelettique primaire, nous devons
» la considérer elle-même comme la véritable
» *proto-vertèbre close encore de toute part*
» *et vésiculeuse*, et, à ce titre, non seule-
» ment comme le *squelette primaire* ou le

» *dermato-squelette*, mais encore comme la
» forme primitive sous laquelle nous trouve-
» rons le squelette des animaux inférieurs. »

Ainsi donc, comme nous venons de le voir
d'après l'auteur que nous avons cité, non seulement la coque de l'œuf représente par la
forme la sphère squelettique primaire; mais
par cela même qu'elle renferme le *germe* ou
animal futur, elle doit être considérée comme
une proto-vertèbre close de toute part, et,
par conséquent comme le représentant de la
proto-vertèbre ou du dermato-squelette des
animaux inférieurs. Or, pour arriver à une
semblable conclusion, il fallait préalablement
se demander ce qu'était en réalité le dermato-
squelette des animaux inférieurs, et si, par
la place qu'il occupe et par ses connexions, il
est véritablement l'analogue de la coquille de
l'œuf des animaux supérieurs, et, partant,
énumérer les raisons qui peuvent légitimer la
comparaison. C'est là précisément ce que l'auteur de l'écrit cité a négligé de faire; aussi
l'accuserons-nous d'avoir mis l'assertion à la

place de la démonstration rationnelle. Mais ce qu'il n'a pas fait, nous allons le tenter, et nous verrons bientôt que son opinion ne saurait résister à une critique sévère.

Et d'abord, qu'est-ce que le dermato-squelette des animaux inférieurs?... Si nous prenons, par exemple, une étoile de mer, un oursin, ou tout autre animal inférieur pourvu d'un dermato-squelette, nous verrons, comme le mot l'indique parfaitement bien, que ce dermato-squelette n'est autre chose qu'une solidification de l'enveloppe extérieure ou de la peau. Donc, pour qu'une comparaison avec la coquille de l'œuf des animaux supérieurs fût sérieuse, il faudrait que cette coquille fût véritablement une dépendance de l'enveloppe extérieure ou de la peau de l'animal; or, on peut dire que la coquille de l'œuf est tout ce qu'il y a de plus étranger à la peau de l'embryon, car la peau de l'embryon est une portion du blastoderme chez certaines espèces, et le blastoderme tout entier dans d'autres, comme chez les gre-

nouilles, par exemple, et le blastoderme résulte de la condensation d'un vitellus sécrété
par l'ovaire, tandis que la coquille est le dernier produit adventif que l'oviducte exhale
autour de l'œuf émané de l'ovaire. D'ailleurs
ce produit, comme nous le démontrerons
plus tard, n'existe pas dans le plus grand
nombre des animaux supérieurs. Il suit donc
rigoureusement de là, que la comparaison
de la coquille de l'œuf avec le dermato-
squelette des animaux inférieurs est une assertion qu'aucune raison ne légitime. Du
reste, l'œuf de la tortue, du crocodile, etc.,
a une coquille, et ces animaux n'en ont pas
moins un véritable dermato-squelette qui devient ici fort embarrassant pour la théorie.

Nous avons entendu un savant assez haut
placé qui, sans être complètement un philo-
sophe de la nature, est cependant dans la
direction panthéiste, affirmer que la membrane caduque de l'œuf humain était le représentant du manteau des mollusques. Mais
cette assertion peut être repoussée comme la

première, en disant que le manteau des mollusques est uue expansion de la peau de ces animaux, tandis, au contraire, que la membrane caduque de l'œuf humain n'est autre chose qu'un produit adventif, qui n'a pas plus de relation avec ce qui deviendra la peau de l'embryon, que n'en a la coquille de l'œuf des oiseaux.

Ainsi s'effacent devant une critique rationnelle toutes les prétentions de la philosophie panthéiste, ou de la philosophie de la nature.

Mais dira-t-on : Si la valeur d'une philosophie se mesure par le nombre et l'importance des découvertes de ses partisans, les philosophes de la nature se présentent avec l'imposante autorité de leurs importans travaux. A cela, voici ce que nous répondrons :

La valeur d'une philosophie ne se déduit pas de l'importance des travaux de ses partisans, mais de l'importance et du nombre des découvertes auxquelles cette philosophie conduit logiquement ; car un homme appartenant à une secte peut faire de très-grandes découvertes sans que pour cela l'influence de ses idées générales puisse l'y avoir conduit : c'est ce qu'on appelle des inspirations, et de tous les exemples, le plus mémorable est sans contredit la chute d'un corps qui révèle à Newton la loi de la gravitation universelle.

Ainsi donc, les découvertes des philosophes de la nature peuvent être, ou bien le résultat d'une inspiration que leur philosophie n'a point suscitée, ou bien la conséquence rationnelle de leur philosophie.

Sous ce dernier rapport, la philosophie de la nature n'a pas dû manquer d'une certaine fécondité, car pour celui qui pense que chaque partie de l'univers est la répétition en petit de tout l'univers, il ne peut y avoir que des identités, et comme les analogies sont nombreuses dans le monde, il arrivera qu'en poursuivant l'identité, il rencontrera souvent l'analogie, et, qu'à la manière des alchimistes, il pourra constater beaucoup de faits jusqu'alors inaperçus; mais en dehors des

analogies, la théorie est complètement stérile.
Et encore, si nous y regardions de bien près,
nous ne tarderions peut-être pas à reconnaître que certaines analogies signalées par
eux n'ont pas été déduites de leur philosophie. Citons un mémorable exemple; c'est
des vertèbres du crâne qu'il va être question :

Oken (nous n'élèverons pas de doutes sur
la priorité de la découverte), Oken, disons-
nous, cherchait depuis long-temps la signification des os du crâne, et il ne pouvait de-
viner cette énigme. En 1806, se trouvant
dans une forêt, il aperçut à ses pieds un crâne
de chevreuil parfaitement blanchi. « Le ra-
masser, dit-il, le retourner et le regarder me
suffit : c'est une colonne vertébrale, m'écriai-
je, et depuis lors le crâne est une colonne
vertébrale. »

Il est aisé de voir, d'après la manière dont
Oken est arrivé à reconnaître que la tête est
une colonne vertébrale, il est aisé, disons-
nous, de voir que sa philosophie n'a pu l'y
conduire ; car si, en réalité, sa théorie l'avait

poussé à cette découverte, la conception aurait dû exister d'avance dans son esprit, et il aurait seulement essayé, comme on l'a fait depuis, de démontrer, par l'analogie de distribution des nerfs et des muscles, que les os crâniens constituent en effet de véritables vertèbres. Mais au lieu de cela, c'est une inspiration soudaine provoquée par un des crânes les mieux disposés en colonne vertébrale qui le lui apprend.

Nous ne pousserons pas plus loin l'examen critique du panthéisme, et nous revenons à notre sujet qui consiste à prouver que l'on attache aux mêmes mots des significations contraires.

Pour d'autres que des philosophes de la nature, les mots *unité de composition organique* signifient que tous les animaux, construits d'après un plan général, se compliquent en s'élevant dans une série progressive, par l'apparition de pièces sans analogues chez les animaux inférieurs. Le spiritualisme est, selon nous, la tendance nécessaire de cette école qui s'élève en France pour y devenir la raison scientifique, ou l'*à posteriori* d'une philosophie que de maladroits partisans ont bien pu compromettre en l'amoindrissant, mais qui se relèvera puissante par la réhabilitation de la *finalité*. Vainement le matérialisme, prolongement étiolé d'un siècle qui fut grand par les ruines qu'il amoncela, mais impuissant à les remettre en œuvre; vainement le matérialisme cherche à porter atteinte aux causes finales qu'il veut abolir; vainement il est venu se placer sous le patronage des hommes les plus recommandables; leur assistance n'a pu lui donner la fécondité. Nous le disons avec la conviction profonde qu'a dû nous inspirer une longue étude : la fonction physiologique, c'est-à-dire la finalité, doit remonter au rang d'où on a voulu la faire descendre. Alors, mais alors seulement, la science reprendra son essor; elle ressaisira la vie qui l'abandonne, et désormais, affranchie des liens qui la retiennent, elle comprendra ses tendances et marchera au but sans qu'aucun obstacle puisse en arrêter le progrès.

Le progrès!!! ce mot que toutes les écoles inscrivent sur leur bannière n'a plus aujourd'hui de signification déterminée, tant sont nombreuses et profondes les altérations qu'on lui a fait subir. Ici le matérialiste le met au service du sensualisme; ailleurs le panthéiste le consacre au triomphe de ses doctrines immobiles; partout on en fait la négation du passé, un prétexte pour légitimer le renversement de toutes les idées qui sont debout depuis des siècles, sans assigner à l'activité humaine aucun autre but à atteindre.

Mais, scientifiquement parlant, le mot progrès a-t-il une valeur dans la bouche du matérialiste ou dans celle du panthéiste?...

Le mot progrès signifie un mouvement, mais un mouvement vers un but déterminé d'avance et que l'on se propose d'atteindre, ou dont on veut se rapprocher : or, si l'ensemble des êtres vivans n'était que le simple résultat des propriétés aveugles de la matière, et sans qu'aucune direction fût imprimée aux lois fatales qui la régissent, il devrait nécessairement arriver que la création, si l'on peut ainsi parler, se serait épanchée à la surface du globe, incohérente et désordonnée, comme les circonstances extérieures qui l'auraient déterminée, et qu'au lieu de se présenter soumise au plan général d'une série progressive, qui a l'homme pour terme et pour but, elle n'aurait offert que l'irrégulière image d'une sorte de carte géographique dans laquelle auraient figuré les organisations les plus contradictoires, les formes les plus bizarres, les plus étranges *réalisations*.

Quelques philosophes, le plus grand nombre peut-être, ont, il est vrai, soutenu cette thèse, et, s'efforçant de la démontrer, ont représenté l'ensemble des êtres vivans sous l'image d'une véritable carte géographique; mais sur quels motifs se sont-ils fondés pour asseoir une opinion semblable? quelles sont les preuves apportées en sa faveur?... Ils ont vu que certains mammifères avaient leurs membres réunis au moyen d'une expansion de leur peau, sous forme d'ailes, et ils ont converti un caractère aussi futile en preuve d'un passage de ces animaux aux oiseaux; ils en ont vu d'autres dont l'arrière-train devient une nageoire, et ils ont admis un passage aux poissons; ils ont reconnu dans d'autres un er-got cachant une glande vénéneuse, et cela, joint à quelques autres caractères, leur a suffi pour établir une transition aux reptiles : de la sorte, ils ont pu construire la carte dont nous avons parlé.

Mais depuis que des travaux sérieux ont fourni de suffisantes notions sur l'organisation profonde des animaux, on a pu se convaincre que tel mammifère, obligé de vivre dans l'eau pour y chercher sa nourriture, n'en conserve pas moins, malgré la disposition spéciale de ses membres et de son arrière-train, une place élevée dans la classe à laquelle il appartient, et la série animale persiste, négation formelle du matérialisme, preuve irrécusable que le mot progrès est sans valeur dans la bouche du matérialiste.

Quant au panthéiste, le progrès n'est pas plus une déduction de sa doctrine qu'il ne l'est du matérialisme; car si *tout est dans tout*, un animal quelconque ne saurait être que la répétition des autres.

Reste donc le spiritualisme, qui seul a le droit de parler du progrès et le pouvoir de le démontrer. Mais il ne suffit pas de le dire, il faut encore donner les raisons à la faveur desquelles il y parvient.

Déjà de graves et d'imposans travaux ont, dans cette direction, glorieusement ouvert le siècle. Pendant que M. Geoffroi Saint-Hilaire arrachait de vive force la science à cette école indifférente, qui avait pour système de n'en avoir aucun, et qui perdait son temps dans la contemplation grossière d'un fait isolé, qu'elle s'obstinait à ne rattacher à aucune loi, Cuvier, dans son immortel ouvrage sur les ossemens fossiles, préludait à l'histoire générale de notre planète. En même temps, à côté de ces deux grandes illustrations, un

homme s'élevait doué d'un ardent amour de
la science, d'une aptitude incroyable au travail, d'une logique puissante, qui élaborait,
réglait la série anatomico-zoologique, et l'ins-
tituait sur des bases désormais inattaquables (1). Or, s'il est vrai que cette série existe,
s'il est vrai qu'elle se trouve inscrite dans les
entrailles du globe aussi bien qu'à la surface;
s'il est vrai, comme l'embryogénie doit nous
en fournir la démonstration, que cette série
progressive ne soit que le moyen matériel
d'arriver à la plus harmonieuse de toutes les
formes (la forme humaine); à celle qui, ré-
sumant en elle la création tout entière, manifeste le progrès spirituel, c'est-à-dire le
progrès selon l'intelligence; il faudra bien reconnaître que là où tout indique un but et où
tous les degrés de la série progressive se montrent comme des efforts pour l'atteindre, il
faudra bien reconnaître, disons-nous, qu'une

---

(1) Tout le monde comprendra que c'est de M. de Blainville
dont le professeur a voulu parler.

intelligence a voulu ce but, et que la série animale constitue l'œuvre à la faveur de laquelle cette intelligence y marche.

Ainsi donc, la science, telle que nous la concevons, signale deux lois dans l'univers : l'une inférieure, circulaire, inorganique, qui ne peut échapper, pour ainsi dire, à la fatalité de la courbe ; l'autre supérieure, spirituelle, active, qui subalternise la première, s'en empare pour la faire servir à ses desseins, la loi divine, le progrès enfin. L'une obéit, l'autre ordonne.

Ainsi donc, Dieu comme force initiale, la série animale comme moyen matériel, l'homme comme but, telle est la formule qui, émanée de la science, devient, selon nous, la réhabitation de *l'esprit*, la raison du progrès.

Désormais la science peut être définie : *l'histoire du monde enseignant Dieu.*

———

Là devraient se borner les considérations préliminaires qui nous ont paru l'introduction naturelle à l'histoire générale du développement des animaux; mais il est encore une assertion, établie sur un fait isolé d'anatomie végétale, qu'il nous importe de détruire, parce que les prétentions exagérées d'un physiologiste en ont fait la base d'une théorie qui, selon nous, est l'invention la plus aventureuse et la moins féconde que l'on puisse imaginer. Aussi nous serions-nous abstenu d'en parler, si le nom de son auteur ne nous imposait le devoir de la combattre, dans l'intérêt de la science.

Des expériences bien faites ayant démontré que la fécule est constituée par des globules ou des vésicules qui en renferment d'autres (1), et l'observation directe ayant appris que chacun de ces globules présente, ce qu'on

(1) Voir les belles expériences de M. Turpin à ce sujet.

appelle un *ombilic* ou un *hile*, on a été conduit à supposer que l'existence constante de cet ombilic, était le signe positif de l'adhérence de chaque globule aux parois de la cellule mère dont ils ne seraient que des expansions. Cela admis, l'auteur du *nouveau système de chimie*, s'emparant d'une *induction* particulière, l'a généralisée au point de vouloir en faire *l'explication* du développement de tous les êtres organisés des deux règnes. Dès lors tout a été sacrifié aux exigences du nouveau système, et on est arrivé à voir partout des vésicules, et sur ces vésicules des traces d'une adhérence primitive. Mais dans les sciences d'observation, il ne suffit pas de vouloir qu'une chose soit, il faut encore démontrer qu'elle est. Il faut, lorsqu'on veut établir convenablement une théorie générale, connaître avant tout la valeur des faits généraux qu'on veut lui donner pour base, sans quoi on est exposé à prendre pour une preuve de son système, ce qui, en réalité, n'en est que la négation, ou bien à donner une grande importance à de simples apparences, ou même à des choses qu'on ne comprend pas assez pour les apprécier. C'est ce que l'on peut dire de l'auteur du nouveau système de chimie organique. Il a voulu étendre sa généralisation à des phénomènes qu'il n'avait pas assez étudiés, et que souvent même il ne concevait pas, ce que nous prouverons en traitant la question de la vésicule ombilicale et de l'allantoïde, dans l'espèce humaine.

Notre projet n'est pas de démontrer ici que toute vésicule n'a pas tenu par un hile à une autre vésicule; car nous admettons que, dans quelques cas, ce fait puisse exister, bien que l'observation directe n'ait jamais pu en donner une démonstration *complète;* nous voulons seulement prouver que tous les faits que l'auteur de l'ouvrage cité, donne à l'appui de sa théorie, ne sauraient lui être favorables, puisque parmi eux il en est qui, mieux étudiés dans ces derniers temps, sont loin d'avoir la valeur qu'on avait cru devoir leur assigner.

Ainsi, par exemple, si nous prenons les éponges que quelques auteurs ont rejetées du règne animal, nous voyons que M. Grant, qui a décrit avec soin les œufs mobiles ciliés et très remarquables par les mouvemens que produisent ceux de certaines espèces, ne parle pas du point d'attache qui aurait établi leur communication avec la mère. MM. Link et Raspail ont admis, il est vrai, chez les spongilles (1), un véritable hile qui mettrait leurs œufs ou sporanges en rapport avec leurs parens; mais M. Gervais qui, à l'exemple de MM. Gray, Dutrochet, etc., considère les spongilles comme des végétaux (contrairement à l'auteur du nouveau système de chimie organique qui en a fait des animaux), a démontré, ce nous semble, d'une manière évidente, que c'est par erreur qu'on a admis que les spongilles possédaient un hile; car, comme il le fait remarquer, la tache que l'on a prise pour telle étant souvent multiple,

(1) Ou éponges fluviatiles.

on ne saurait plus lui reconnaître cet usage.
Le sporange d'ailleurs n'est fixe à aucune
époque : et à quoi le serait-il, puisque, d'a-
près la remarque de M. Gervais, la spongille
n'est composée que de vésicules beaucoup
plus petites que les sporanges, et de spicules,
c'est-à-dire, de petites aiguilles cristallines
qui forment sa charpente de soutien? Les
œufs d'autres actinozoaires ont également été
étudiés par MM. Grant et Wagner, et ces observateurs ne parlent d'aucune trace d'adhérence primitive.

D'après M. Raspail encore, les alcyo-
nelles (1) ont un véritable hile, dont il donne
la figure dans son travail sur ces singuliers
zoophytes de nos eaux douces. Nous avons
cherché avec M. Gervais à découvrir ce hile,
et nous n'avons rien vu qui pût véritablement
recevoir ce nom. Les recherches sur un animal voisin de l'alcyonelle, la cristatelle, dont
M. Gervais vient tout nouvellement de faire

(1) Polypes à panache de Trembley. 3ᵉ *Memoire.*

connaître l'œuf, si singulier par les crochets
en hameçon dont il est hérissé, n'a également
rien présenté qui eût l'apparence d'un hile.
D'ailleurs, comme le fait très-bien remarquer
ce naturaliste, c'est seulement sur une partie
adventive, sur le bourrelet enveloppant
comme un anneau le disque de l'œuf, dont il
regarde avec raison la coque comme la membrane vitelline endurcie, que l'auteur, dont
nous rejetons la manière de voir, place le
point d'insertion du pédicule par lequel l'œuf
aurait adhéré; ce qui reviendrait à chercher
ce hile, par exemple, dans l'œuf des oiseaux,
sur la membrane de l'albumen et non sur la
vitelline qui devrait seule montrer des traces
de son existence dans l'hypothèse de la réalité de la théorie.

Si toute vésicule, a-t-on dit encore, tient
à la vésicule qui la renferme, il est évident
que la graisse, qui est composée de vésicules,
n'est autre chose qu'un tissu qui se développe
par le même mécanisme que les vésicules de
la fécule se sont développées. Hé bien,

M. Hollard, qui a étudié avec soin, dans ces derniers temps, les vésicules graisseuses, s'est pleinement convaincu que ces vésicules ne sont que des lacunes juxtaposées et creusées dans le tissu cellulaire; que ce tissu n'est point vésiculeux antérieurement au dépôt des gouttes graisseuses qui lui sont fournies par le système sanguin; qu'enfin les prétendus pédicules ou hiles qu'on a attribués aux petits sacs adipeux, n'existent point. Ces sacs, loin d'être groupés à la manière des grains de raisin, et de composer des espèces de grappes, comme plusieurs auteurs l'ont répété depuis Malpigi, tiennent les uns aux autres par toute leur circonférence, par tout le tissu cellulaire au sein duquel ils se trouvent creusés. Quand on parvient à les isoler (ce qui est très-facile lorsqu'on opère sur une graisse solide comme celle des ruminans, mais très-difficile lorsque ce dépôt est fluide), ils portent des traces de la rupture qu'a subie le tissu cellulaire; mais ces traces sont des lambeaux de ce dernier tissu, qui affectent toutes les formes, toutes

les dimensions, et se retrouvent le plus ordinairement sur plusieurs points à la fois, en
sorte qu'avec la meilleure volonté, il est impossible d'y reconnaître ce qu'on nomme un
hile ou un vestige d'attache pédiculiforme.
M. Hollard a répété cette étude à l'aide du
microscope sur des graisses d'animaux vertébrés de toute classe, depuis les poissons car-
tilagineux jusqu'à l'orang-outang et l'homme,
et toujours il a retrouvé la graisse dans les
conditions que nous indiquons ici. Il s'est assuré, en outre, que les vésicules en question
ne renferment pas d'autres vésicules qui naî-
traient d'elles, et qu'elles ne contiennent qu'un
dépôt parfaitement homogène, dont la consistance varie avec les espèces de graisse,
comme on le sait parfaitement (1). Tout ce
qu'on a vu de plus est une pure illusion qui
ne s'explique même que par une préoccupation de l'esprit, et dont il ne faut pas accu-

(1) **La graisse** est plus fluide ou plus solide, suivant les propa-
tions de stéarine ou d'oléine dont elle se compose, comme l'a
démontré **M. Chevreul.**

ser, comme on le peut si souvent pour d'autres erreurs d'observation, l'imperfection de nos instrumens, ou l'inexpérience de l'expérimentateur.

En un mot, les vésicules adipeuses, d'après M. Hollard, ne sont très positivement que des loges creusées dans le tissu cellulaire commun, par des gouttes de matière graisseuse qui sortent par simple exhalation du système sanguin, et plus spécialement, comme l'a démontré M. de Blainville, du système à sang noir. L'étude de l'épiploon, aux divers âges, met ce fait dans toute son évidence.

En affirmant que la matière graisseuse est exhalée au sein des tissus, nous ne voulons pas dire qu'elle y reste toujours à cet état primordial, mais qu'elle s'y transforme plus tard en globules, ou bien encore, si l'on veut, en vésicules qui se produisent par une véritable aggrégation de granules auparavant libres, et que par conséquent ici le globule et la vésicule se forment de toutes pièces, comme

du reste nous le verrons dans beaucoup d'autres circonstances.

A ces faits qui font opposition, ainsi qu'il
est au pouvoir de tout le monde de s'en assurer par l'observation, avec le système général dans lequel on a voulu les faire entrer;
à ces faits, disons-nous, nous pourrions en
joindre un dernier dont les rapports avec
notre sujet seraient plus directs. Nous pourrions examiner si la cicatricule qui existe dans
les œufs d'oiseaux, doit être prise, comme on
l'a dit, pour la trace de l'adhérence primitive
de ces produits avec l'ovaire. Le moment de
juger cette question n'est pas encore venu ; ce
n'est qu'en parlant de l'œuf de ces vertébrés,
que nous verrons si un petit corps particulier
dont nous chercherons à démontrer la nature,
recouvert par la membrane du vitellus au-dessous de laquelle il existe, doit être considéré
comme l'impression que le hile, d'après l'auteur du nouveau système de chimie organique,
aurait laissée sur cet œuf. Celui des mammifères, dans la vésicule de Graaf, nous fournira

aussi l'occasion de voir que ce qu'on a proposé comme théorie générale, se réduit seulement à la simple valeur de quelques faits particuliers, pris dans le règne végétal.

EMBRYOGÉNIE COMPARÉE.

OVOLOGIE GÉNÉRALE

DES MAMMIFÈRES.

CHAPITRE PREMIER.

HISTOIRE DE L'OEUF.

Nous pourrions, avant d'aborder toute question
relative à l'œuf et à son développement, consacrer un chapitre à la discussion de la préexistence
ou de la non préexistence des germes. En cela
nous ne ferions que nous conformer à l'usage ;
nous partirions du point duquel, avant nous ;
beaucoup d'auteurs sont partis. Mais aujourd'hui
que toute question à cet égard n'en est plus une,
parce que l'expérience est venue nous éclairer ,
aujourd'hui, disons-nous , il est inutile de traiter
longuement ce sujet, qui, d'ailleurs, trouvera son
explication dans les conséquences même que nous
serons amenés à déduire des faits que nous
exposerons.

Nous devrions également, si nous nous confor-
mions à la marche suivie par nos prédécesseurs,

4

commencer par une exposition de l'histoire générale de la science; mais une histoire de la science ne devant être qu'une appréciation des faits qui la constituent, exige nécessairement une étude préalable de ces faits, et doit suivre, par conséquent, leur exposition. Ce n'est donc qu'après avoir développé et rattaché à une loi générale tous les faits embryogéniques qui nous auront été transmis, ou dont nous aurons été témoins nous-même, que nous essaierons de traiter l'histoire de la science; car alors, comme nous l'avons déjà dit, nous aurons un criterium, une mesure à laquelle nous pourrons rapporter, pour en avoir une juste appréciation, les hypothèses plus ou moins vagues, les théories ou les systèmes qui, pendant long-temps, ont occupé les hommes qui se sont livrés à l'étude de l'embryogénie.

Ce qui nous importe donc, c'est, après avoir tracé d'une manière rapide l'histoire de l'œuf, après avoir passé en revue les diverses opinions émises, par les auteurs, sur son existence dans la classe des vertébrés supérieurs; c'est, disons-nous, d'étudier cet œuf dans l'ovaire, puis dans la matrice; de constater tous les développemens successifs, toutes les transformations qu'il subit, afin d'assister, pour ainsi dire, à la formation de l'embryon.

Mais qu'est-ce qu'un œuf?

Un œuf est une vésicule complexe, émanée de l'ovaire et renfermant en soi les élémens d'un être futur. Cette définition, la plus générale et la plus rigoureuse que l'on puisse adopter, recevra son complément lorsque nous serons conduits à parler des parties qui entrent dans sa composition ; parties que nous verrons pouvoir être divisées en *essentielles* et en *accessoires* ; mais avant de donner des détails relatifs à notre opinion sur la manière de le considérer, nous devrions peut-être nous demander si les mammifères émanent d'un œuf.

C'est avec intention, nous le disons, que nous négligeons de nous enquérir si, comme le pensaient les anciens, tous les animaux ont un même mode de reproduction, c'est-à-dire si tous naissent d'un œuf. Les faits que possède depuis long-temps la science, ont répondu d'une manière positive, et ces faits, nous aurons soin de les invoquer, et nous arrêterons sur eux notre attention lorsque nous traiterons du développement des êtres placés à l'extrémité de l'échelle animale.

La question de savoir si les vertébrés supérieurs, tels que l'homme et les animaux rapprochés de l'homme, émanaient d'un œuf, étant de la plus haute importance, il a dû nécessairement se faire que, de tous les temps, l'on ait cherché à résoudre, soit d'une manière directe par les faits, soit d'une manière indirecte par la présomption ou l'analogie, un problème duquel dépendait en entier le sort de l'embryogénie. Aussi avant que l'on ait été généralement d'accord sur ce point, avant que l'on ait unanimement reconnu que les femelles des mammifères ont des produits ovariens analogues à ceux des ovipares, des discussions graves et intéressantes tout à la fois, ayant pour but de refuser ou de donner un œuf aux êtres placés à la tête de la série, sont sorties du sein de plusieurs écoles ; et ces discussions, auxquelles ont pris part les hommes les plus célèbres (1), se sont prolongées, l'on peut dire jusqu'en 1827, époque à laquelle l'œuf des mammifères et de l'espèce humaine a été démontré dans l'ovaire.

Il est pourtant vrai d'avouer que sa découverte était déjà ancienne dans la science, puisqu'elle remontait à Graaf : ce célèbre zootomiste, en effet, l'avait depuis fort long-temps aperçu, et avait signalé son existence dans la matrice de la lapine. Mais, comme nous le dirons plus bas, il ne fut

---

(1) Graaf a été victime de ces discussions : on sait qu'il est mort à la suite d'une violente colère que lui suscita une attaque de J. Swammerdam.

jamais assez heureux pour pouvoir le démontrer dans l'ovaire, et la question restait toujours douteuse.

Les anatomistes anciens, tels que Vésale, Falloppe, Volcherus, Coiter, Castro, Riolan, Laurence, etc., avaient, bien antérieurement à Graaf, publié des observations tendant à faire soupçonner l'œuf dans l'ovaire ; mais ces observations toutes contradictoires, résultant de faits mal appréciés, sont loin d'avoir une valeur scientifique.

Pour preuve, citons quelques passages de leurs écrits. Il ne sera pas difficile de voir que ce qu'ils ont pris pour l'œuf des mammifères, et décrit comme tel, est loin de ressembler à ce que nous connaissons aujourd'hui sous ce nom (1).

« J'ai vu, dit Falloppe, dans ses observations ana-
» tomiques, comme des vésicules remplies d'eau
» ou d'humeur, ayant la limpidité de l'eau ; d'autres
» d'un liquide jaunâtre, d'autres enfin tout-à-fait
» transparentes. »

Castro, dans le chapitre IV, livre 1.er de son ouvrage sur la nature des femmes, s'exprime de la manière suivante : « Les ovaires, en outre des
» vaisseaux, présentent des sinus remplis d'une

(1) Voyez : *Description et signification de l'œuf des mammifères*, chapitre III.

» petite quantité d'humeur aqueuse et semblable
» à l'albumine des œufs. »

Enfin, Vanhorme, contre l'opinion de plusieurs anatomistes, qui pensaient que ces vésicules étaient des hydatides, écrivit le premier, dans sa préface, que ce sont de véritables œufs.

Régnier de Graaf, acceptant la dénomination proposée par Vanhorme, dit, dans son chapitre de *testibus mulieribus sive ovariis* : « J'ai ac-
» cueilli ce terme à cause de l'extrême ressemblance
» que ces vésicules ont avec les œufs contenus
» dans l'ovaire des oiseaux ; car ceux-ci, lors-
» qu'on commence à les apercevoir, ne contien-
» nent rien autre chose que de l'albumine. Cette
» matière existe dans les œufs des femmes, pour-
» suit-il, comme je l'ai souvent observé, en les
» soumettant à l'action du feu. La liqueur conte-
» nue dans ces œufs acquiert, par la cuisson,
» la même couleur, la même saveur, la même
» consistance, que l'albumine des œufs de poule. »

Graaf, cherchant ensuite à démontrer que ces vésicules, qu'il considérera désormais comme les œufs des mammifères, existent chez tous les vertébrés, les étudie d'abord dans les oiseaux et les reptiles, ensuite dans les quadrupèdes et l'homme ; établit les différences qu'elles présentent suivant les espèces, et la position qu'elles occupent dans l'ovaire. Mais il ne suffisait pas à Graaf, pour prouver que ces vésicules sont véritablement les œufs des mammifères, d'avoir démontré leur existence dans les ovaires de tous les animaux qu'il avait étudiés, il fallait encore les voir passer dans la matrice pour s'y fixer : c'est ce qu'il essaya de faire par des observations directes.

Les faits les plus puissans qu'il invoqua en faveur de son opinion, lui furent fournis par les recherches qu'il fit sur les lapines. Il trouva plusieurs fois dans les trompes utérines de ces animaux, des œufs, dont l'analogie avec les vésicules observées dans l'ovaire, était tellement frappante, qu'il n'hésita pas à les donner comme une démonstration sans réplique.

On lui objecta d'abord que la grosseur des vésicules de l'ovaire était si peu en harmonie avec l'étroitesse de l'oviducte, qu'il était impossible de concevoir que ce dernier pût leur livrer passage. Il répondit que, puisque la matrice et le vagin se dilatent assez, l'un pour contenir le fœtus pendant la gestation, l'autre pour lui livrer passage dans l'accouchement, il ne voyait pas pourquoi l'on trouverait étrange que les oviductes s'élargissent au point de laissser passer une vésicule. Sans doute il est facile de concevoir la dilatation de l'oviducte, et l'objection que nous venons de signaler ne pouvait détruire entièrement l'opinion de Graaf.

Mais Guillaume Cruikshank, ayant observé plus tard, des œufs dans les trompes utérines des lapines, et les ayant toujours trouvés beaucoup plus petits que les vésicules signalées par Graaf, ne manqua pas à s'élever contre l'opinion de ce dernier. En effet, comment pouvait-il se faire que des corps vésiculeux qui, dans l'ovaire, avaient un volume comme dix, par exemple, se trouvaient réduits à n'avoir plus, dans l'utérus, qu'un volume comme deux? Cette objection était sans doute beaucoup plus grave que la première. Graaf le sentit, mais toutefois il essaya d'y répondre, en admettant que les œufs, dans l'ovaire, renferment une autre matière qu'ils perdent en passant dans la matrice, ce qui fait qu'ils sont plus petits. Cette explication n'émanait pas des faits observés par lui, mais elle résultait d'une présomption qui, bien qu'erronée, n'en était pas moins un pas vers la vérité.

On le voit, tous les anatomistes avant Graaf, et ceux de son époque, ont considéré la vésicule qui porte son nom comme le véritable œuf, pendant qu'elle n'est en réalité, ainsi que nous le dirons plus tard, que la cellule qui le renferme. Ils ont soutenu, selon nous, une opinion vraie, avec des faits complètement faux.

Quelques auteurs du dix-septième siècle, moins

heureux sans doute dans leurs expériences que leurs prédécesseurs, ont fini par douter des observations de Graaf, leurs recherches ne leur ayant jamais pu faire découvrir des œufs dans les trompes utérines des lapines. Hertman de Kœnisberg, le premier, a donné l'exemple de ce doute, dans un travail qui a pour titre : *Exercitatio proponam dubia de generatione viviparorum ex ovo.*

Dans le dix-huitième et le dix-neuvième siècle, il s'est aussi trouvé des anatomistes qui ont refusé toute croyance aux observations de Cruikshank.

Cependant, MM. Prévost et Dumas, dans leur troisième mémoire sur la génération, publié en 1825, avancèrent, à l'exemple de celui-ci, que les ovules trouvés par eux dans les cornes des lapines, n'avaient qu'un ou deux millimètres de diamètre, tandis que les vésicules de Graaf en possédaient un de sept ou huit millimètres au moins : mais, de plus, ils signalèrent, comme nageant au milieu du liquide contenu dans ces dernières vésicules, un petit corps sphérique, dont ils ne purent reconnaître avec certitude la véritable nature. Nous croyons devoir citer en entier le passage où ces faits se trouvent consignés, parce que d'eux résulte une question de priorité dont nous devons tenir compte. Voici ce que disent ces physiologistes (1) :

« Les ovules, qu'on rencontre dans les cornes,
» sont remarquables par leur petitesse. Ils ont en
» effet un ou deux millimètres de diamètre au plus,
» tandis que les vésicules de cet organe en possè-
» dent un de sept ou huit millimètres au moins. Ce
» sont deux choses qu'il ne faut pas confondre,
» et très-probablement les vésicules ou les œufs
» de l'ovaire contiennent dans leur intérieur les
» petits ovules des cornes, qui s'y trouvent envi-
» ronnés d'un liquide destiné peut-être à faciliter
» leur arrivée dans l'utérus. *Il nous est survenu*
» *deux fois, en ouvrant des vésicules très avan-*
» *cées, de rencontrer dans leur intérieur un petit*
» *corps sphérique d'un millimètre de diamètre.*
» *Mais il différait des ovules que nous observions*
» *dans les cornes, par sa transparence qui était*
» *beaucoup moindre.* Il serait donc nécessaire de
» rechercher avec soin quel est le rapport qui
» existe entre les *vésicules* de l'ovaire et les ovules
» des cornes. Cela paraîtra fort important, sur-
» tout si l'on réfléchit à l'influence singulière que
» cette circonstance inaperçue a toujours exercée
» dans les travaux relatifs à la génération des mam-
» mifères. On a dit et répété mille fois que ce phé-

(1) Prévost et Dumas, (*Annales des sci. nat.*) n.° 30, p. 155.

» nomène offrait un mystère inextricable. Il l'aurait
» toujours été sans doute, si l'on s'était obstiné à
» chercher, le lendemain de l'accouplement, des
» œufs dans l'utérus, tandis que l'ovaire n'en avait
» point encore fourni. Enfin quelques jours plus
» tard, à l'époque où les ovules se trouvent déjà
» dans les cornes, on en aurait toujours perdu
» l'observation si l'on avait cru les trouver égaux
» en volume à ceux que l'on aperçoit dans l'ovaire.
» Pour éviter dorénavant cette confusion d'idées
» qui a tant influé sur les recherches anatomiques,
» nous désirerions qu'on donnât le nom de *vési-*
» *cules* aux corps particuliers renfermés dans l'o-
» vaire, jusqu'à ce qu'on ait mieux étudié leur
» nature. »

Quel que soit le doute, ou mieux la timidité
avec laquelle ces deux habiles observateurs expriment leur opinion relativement au petit corps
sphérique renfermé dans la vésicule de Graaf et
signalé par eux, il sera toujours vrai de dire que,
les premiers, ils ont aperçu l'œuf des mammifères dans l'ovaire, puisque ce qu'ils proposent
de nommer *vésicule* n'est rien autre que cet œuf.
Si nous insistons sur ce point, c'est, comme
nous l'avons annoncé, pour décider une question
de priorité; c'est parce qu'un auteur allemand,
pour lequel d'ailleurs nous professons la plus

grande estime, s'est hautement arrogé l'honneur de cette découverte, bien que son mémoire ait été publié deux ans après celui dont nous venons d'extraire le passage cité. Nous ne nions pas qu'il ait mieux déterminé et mieux décrit l'œuf que ne l'avaient fait MM. Prévost et Dumas ; mais, nous le répétons, c'est à eux que remonte la découverte.

Plus tard, Baer reprit leurs observations, et les résultats qu'il obtint furent les mêmes que ceux qu'ils avaient obtenus ; c'est-à-dire qu'il vit presque toujours en incisant une vésicule de Graaf, le corps sphérique qu'avaient seulement aperçu deux fois les anatomistes français. Dès-lors, son attention se porta spécialement sur ce petit corps ; il s'efforça de démontrer son existence constante dans toutes les vésicules de Graaf, et voulut en déterminer l'emploi. Toutefois, préoccupé qu'il était par l'idée que la vésicule de Graaf constituait réellement l'œuf des mammifères, il crut devoir comparer le petit corps sphérique à la vésicule de Purkinje, dans les oiseaux. Mais comme ce petit corps, qu'il appelle *ovule*, ne se détruit pas après la conception, et que, d'ailleurs, d'après son aveu même, sa composition est plus compliquée que celle de la vésicule de Purkinje, puisque, toujours d'après lui, c'est cet ovule qui se transforme en véritable œuf; M. Baer, par une de ces contradictions qu'il est impossible de concevoir de la part d'un savant tel que lui, M. Baer, disons-nous, a été conduit à émettre cette singulière idée, que l'œuf des mammifères est, selon une expression assez singulièrement mathématique, *un œuf élevé à la seconde puissance*, c'est-à-dire un œuf dans l'œuf.

Comme on pourrait nous accuser d'avoir mal compris les idées de l'auteur et de les avoir mal exprimées, nous allons le laisser parler lui-même. Dans sa lettre adressée à l'Académie impériale des sciences de Saint-Pétersbourg, et publiée à Leipsic en 1827, il s'exprime en ces termes : (1) « Je ferai voir que les ovules des » mammifères doivent être assimilés à la *vésicule* » *de Purkinje*, offerte par les autres animaux. » Et plus bas : (2) « On peut donc, dit-il, si l'on a » égard à l'ovaire et au corps maternel en géné- » ral, dire que *la vésicule de Graaf constitue* » *l'œuf des mammifères*. Quant à l'évolution de » cet œuf, elle diffère grandement de celle de » l'œuf des autres animaux chez lesquels le *noyau* » *de l'œuf* sort tout entier de l'ovaire, non seule-

(1) Page 21 (*traduction française.*)
(2) Page 33 de la même lettre.

» ment pour servir d'habitation au fœtus futur,
» mais pour se transformer lui-même en fœtus.
» Dans les mammifères, au contraire, la vésicule
» incluse dans la vésicule de Graaf contient un
» vitellus plus développé, et se montre être le vé-
» ritable œuf, par rapport au fœtus futur. On
» pourrait dire que c'est *l'œuf fétal dans l'œuf*
» *maternel.* Les mammifères ont donc un œuf dans
» l'œuf, ou, s'il est permis de se servir de cette
» expression, ils ont un œuf élevé à la seconde
» puissance. »

Cette opinion, sur laquelle nous aurons soin
de revenir lorsque nous traiterons des parties qui
constituent l'œuf des mammifères, résulte nécessairement de l'embarras dans lequel s'est trouvé
son auteur, lorsque, voulant ramener à un seul
type tous les œufs observés par lui, il n'a pu trouver l'analogue de la vésicule de Purkinje chez les
mammifères, que dans ce qu'il appelle l'*ovule;*
ovule qui ne s'est jamais offert à lui, dans l'ovaire,
que sous l'aspect d'une vésicule parfaitement simple et homogène, et auquel, par nécessité, il a
été conduit à faire jouer un double rôle, puisque,
selon lui, il remplit deux fonctions : celle de vésicule de Purkinje en premier lieu, et ensuite celle
d'œuf fétal.

Nous avons d'autant plus intérêt à démontrer

tout ce qu'il y a de faux dans cette manière d'envisager l'œuf, qu'on nous a accusé d'avoir calqué nos opinions et nos observations sur celles de Baer : nous serons peut-être assez heureux pour démontrer le contraire. Mais n'anticipons rien ; et après avoir fait l'histoire de l'œuf des vertébrés supérieurs, étudions-le dans ses rapports avec l'ovaire.

CHAPITRE II.

<hr>

OVAIRE ET VÉSICULES DE GRAAF.

Notre intention, en parlant de l'ovaire, n'est pas de faire une anatomie minutieuse et détaillée de cet organe que tout le monde connaît, et dont, avant nous, on a donné, dans des ouvrages spéciaux, des descriptions qui ne laissent rien à désirer. Nous ne voulons pas, non plus, faire un exposé des différentes formes qu'il affecte chez tous les animaux : ces détails, d'une importance très secondaire et propres tout au plus à caractériser des espèces, nous éloigneraient trop de notre véritable but. Disons encore, qu'il nous importe également peu de signaler toutes les erreurs auxquelles l'ovaire, étudié surtout dans l'espèce humaine, a donné lieu, avant la découverte de l'œuf des mammifères.

Il nous suffira de constater que l'ovaire, considéré d'une manière générale chez tous les vertébrés, offre dans sa structure :

1.° Un parenchyme, glanduleux suivant quelques auteurs, membraneux suivant quelques autres, mou ou résistant, pâle ou coloré, selon les espèces; parenchyme, dont on ne retrouve plus que des modifications dans les animaux inférieurs;

2.° Une membrane propre enveloppant le tissu de l'ovaire, et tellement unie à lui, qu'il est impossible de l'en séparer entièrement, quels que soient les moyens que l'on mette en usage.

En outre de cette structure intime, l'ovaire est recouvert par le double repli de la séreuse péritonéale; repli que les antropotomistes désignent sous le nom de ligament large. Quant aux nerfs et aux vaisseaux artériels et veineux qui se distribuent dans son parenchyme, nous croyons devoir les passer sous silence.

Si de la composition ou de la structure de l'organe dont nous parlons, nous passons à ses fonctions, nous verrons qu'elles se bornent à élaborer des produits destinés à perpétuer les espèces; car, c'est en effet de l'ovaire, comme chacun le sait, qu'émanent les œufs, origine de presque tous les êtres animés. Or, dans quels rapports sont ces œufs avec l'organe qui les renferme?

C'est ce que nous allons établir.

Lorsqu'on examine un ovaire à l'extérieur, on voit que sa surface est comme parsemée de petits globules transparens, plus ou moins saillans et plus ou moins volumineux, selon l'époque à laquelle on les observe. Ces globules, de volume variable, non seulement suivant les espèces, mais encore selon l'âge des animaux sur lesquels on les étudie, ne sont autre chose que ces corps particuliers que les anciens, tels que Vesale, Fallope, Riolan, etc., soupçonnaient être des œufs, et auxquels, plus tard, on a appliqué le nom de *vésicules de Graaf;* vésicules qui, nous l'avons dit, ont donné lieu à de graves erreurs, et qu'il nous importe par conséquent de bien étudier, si nous voulons raisonnablement apprécier la valeur des fonctions qu'elles sont destinées à remplir.

On chercherait en vain chez les anatomistes anciens une description satisfaisante de ces vésicules; tous se bornent à signaler un liquide renfermé dans une membrane sous forme de petit corps sphérique. Graaf, le premier, a démontré que l'enveloppe qui limitait ces globules ou vésicules, lesquelles, actuellement, portent son nom, était formée de plusieurs tuniques. Mais, de nos jours, un anatomiste allemand, dont nous avons plusieurs fois déjà cité les travaux, s'est appliqué à pénétrer la structure intime de ces vésicules auxquelles il reconnaît une *coquille* et un *noyau*, composés eux-mêmes de plusieurs autres parties. Nous n'examinerons pas quelle peut être la valeur réelle d'une semblable anatomie. Peut-être serait-elle pour nous de quelque importance, si nous partions du point de vue où s'est placé son auteur; mais comme notre manière de considérer la vésicule de Graaf se déduit plutôt de l'analogie qu'elle offre avec certains organes que présentent les oiseaux, et dont la signification est depuis long-temps connue, que de sa structure intime et particulière, nous croyons que ce serait mal comprendre la route que nous avons à suivre, que d'entrer dans des détails dont l'exposé minutieux ne tendrait qu'à nous écarter de plus en plus de notre véritable but. Pourtant, nous ne saurions nous dispenser d'indiquer succinctement ce que nous croyons important de connaître, afin de bien apprécier les rapports que nous chercherons à établir entre ces vésicules et les capsules ovariennes des ovipares.

Lors donc qu'on les examine, on voit qu'elles sont composées d'une enveloppe particulière formée aux dépens de l'ovaire, et qu'elles renferment un liquide transparent. Si, par la dissection, on cherche à les isoler de l'organe dans lequel elles sont enchassées, on trouve qu'elles se continuent avec le parenchyme de cet organe par des lames minces et étroites de tissu cellulaire; ce qui, pour nous, explique suffisamment pourquoi ces vésicules, leurs parois du moins, demeurent attachées à l'ovaire (où elles concourent à la formation des corps jaunes), après qu'elles se sont déchirées pour livrer passage au produit qu'elles renferment. Par conséquent, les vésicules de Graaf ne sauraient conserver plus long-temps la signification que quelques physiologistes, à l'exemple d'un auteur justement célèbre, leur ont donnée : considérées anatomiquement, ce ne sont, ainsi que nous l'avons établi depuis plusieurs années, dans un mémoire sur la génération des mammifères, ce ne sont, disons-nous, que des cellules de l'ovaire, puisqu'elles existent comme partie constituante de celui-ci : considérées sous le point de vue philosophique, nous verrons qu'on peut également leur donner la même signification.

Il est vrai que l'extrême facilité avec laquelle on parvient à extirper les vésicules de Graaf de l'ovaire, pourrait faire douter de leur continuité avec le tissu de cet organe; mais c'est là un phénomène dont il est facile de trouver l'explication : en effet, lorsqu'un œuf commence à se former, la cellule de l'ovaire, dans laquelle il se développe, se remplit d'un liquide dont la quantité, augmentant progressivement, la distend de manière à exercer sur les cellules voisines une compression continue et croissante qui les rapproche, les unit, et les transforme en une espèce de kiste semblable à ceux dont les tubercules scrofuleux, les masses cancéreuses et la plupart des produits organiques morbides se revêtent aux dépens des parties qui les recèlent. Pour s'être ainsi transformées les cellules de l'ovaire, qui se sont feutrées pour constituer une vésicule de Graaf, n'en ont pas moins conservé leurs relations de continuité ; seulement leur résistance s'est accrue, et c'est là la seule raison pour laquelle le nouveau kiste peut être si facilement séparé des tissus environnans, surtout lorsque ces derniers sont, comme celui de l'ovaire, mous et et friables.

Cette manière de concevoir et d'expliquer la formation des parois de la vésicule de Graaf, et l'état de densité de ces parois relativement au tissu de l'ovaire, résulte des faits qu'il a été en notre pouvoir d'examiner ; aussi n'hésitons-nous pas à la proposer comme étant la plus rationnelle.

Maintenant, si par une incision pratiquée à cette vésicule, que nous venons d'étudier, on donne issue au liquide qu'elle renferme, on remarque que ce liquide tient en suspension une assez grande quantité de granules, et surtout un petit corps sphérique vésiculeux.

Or, c'est de ce petit corps, que nous verrons être l'œuf, dont il nous importe de bien étudier les rapports avec les cellules qui le renferment, si nous voulons juger, plus tard, une opinion émise dans ces derniers temps, sur la formation du cordon ombilical.

Ainsi que nous l'avons dit à la fin de notre introduction, un physiologiste moderne partant de ce point : que toute vésicule tient ou a tenu par un hile à la cellule qui le renferme, a dû conclure pour l'adhérence de l'ovule des mammifères aux parois de la vésicule de Graaf. Mais comme, lorsqu'un écrivain émet une opinion capitale, on ne saurait trop, avant de l'adopter, examiner les faits sur lesquels elle s'appuie, nous avons dû, avant de tirer la même conclusion que l'auteur de cette opinion, nous demander et voir si réellement l'œuf a tenu à la vésicule de Graaf par un ombilic ou un hile, ou bien si, libre dans tous les temps, il n'en est qu'une exhalation.

Si nous eussions procédé aux recherches que nous avions à faire à ce sujet, avec une idée préconçue, peut-être aurions-nous trouvé, sans toutefois en avoir la preuve démonstrative et sans qu'une conviction s'en suivît, ce qui était l'objet de nos recherches ; mais nous n'avions pas une théorie générale à fonder, aussi pouvons-nous affirmer que toute trace d'adhérence primitive, s'il en existe une sur l'œuf des mammifères, nous a échappée.

En vain apportions-nous dans nos investigations la plus scrupuleuse attention, toujours nous avions à conclure contre l'existence d'un ombilic. Lorsque nous avons voulu avoir recours à l'analogie, tant de fois invoquée en faveur de l'opinion contraire; lorsque nous avons désiré voir si l'œuf des oiseaux, si facile à distinguer dans toutes ses parties à cause de son volume, nous offrait quelque prétendue trace de hile, nous n'avons jamais été plus heureux. Les ovaires d'un grand nombre de poules vierges examinés par nous, nous ont toujours présenté des ovules libres de toute adhérence. M. de Blainville, qui avait admis cette opinion dans ses leçons à la Sorbonne, a voulu la démontrer par l'observation directe, mais les recherches nombreuses qu'il a faites sur des poules de tous les âges l'ont amené à une conclusion contraire. Les belles observations d'Hérold sur les œufs des arachnides; celles de M. Laurent sur ceux des mollusques gartéropodes viennent encore à l'appui de notre opinion. Ces deux savans n'ont jamais vu que, dans aucun cas, il y eût adhérence; d'où nous sommes amené à dire que toute communication immédiate entre l'œuf et l'ovaire doit être,

jusqu'à démonstration , placée au rang des hypothèses.

Au reste , du jour où l'observation directe viendra nous apporter des faits contraires à notre opinion , nous sommes prêt à les adopter, parce que
leur admission ne saurait être d'aucune importance réelle, et ne changerait en rien la doctrine
embryogénique. En effet , supposons un moment
que l'œuf soit adhérent à.l'ovaire ; il est évident
que cette adhérence ne saurait exister qu'entre les
parois de 'la vésicule de Graaf et la membrane la
plus externe de l'œuf , c'est-à-dire la vitelline. Or,
cette membrane joue un rôle purement passif dans
les phénomènes du développement de l'embryon ;
elle ne concourt nullement à sa formation, et ne
remplit que des fonctions de protection, fonctions
qui ne sont que secondaires , eu égard à celles qui
s'exécutent au-dessous d'elle.

Mais ce fait d'une adhérence primitive étant encore à démontrer, nous persistons à le nier, en
nous appuyant sur le résultat de nos propres observations.

CHAPITRE III.

Il existe donc dans la vésicule de Graaf et au milieu du liquide qu'elle renferme, un petit corps, libre de toute adhérence, auquel les auteurs qui l'ont signalé ou décrit, ont donné successivement les noms de *vésicule* et *d'ovule*. La découverte de cet ovule ne pouvait demeurer sans intérêt pour la science, aussi s'empressa-t-on de vouloir déterminer quelle pouvait être sa valeur intrinsèque. Baer, le seul qui jusqu'alors l'eût soigneusement observé, n'ayant jamais pu voir ce petit corps que sous l'aspect d'une vésicule transparente et homogène, crut devoir lui donner, comme nous l'avons déjà dit, la même signification qu'avait dans l'œuf des oiseaux la vésicule de Purkinje. Il poussa l'analogie jusqu'à considérer le liquide dans lequel nage l'ovule, comme le représentant du vitellus, et

les parois de la vésicule de Graaf furent pour lui
la membrane vitelline. Jusque-là la signification
de l'ovule pouvait se soutenir. Mais un phénomène
qui, dans l'œuf des oiseaux, a constamment lieu
après la conception, ne se reproduisait jamais
dans celui des mammifères : nous voulons parler
de la rupture de la vésicule de Purkinje. L'ovule
qui, d'après Baer, était l'analogue de cette vésicule, persistait dans son entier et dans sa forme ;
bien plus, il offrait une complication dont la vésicule de Purkinje ne donnait aucune idée. Dès-lors
ce seul fait détruisant toute comparaison, l'ovule
ne devait plus, en bonne logique, conserver la
signification qu'on avait cru devoir lui donner.
Toutefois il n'en fut rien. Bien plus, ce fait dont
on ne pouvait que tenir compte, parce que le passer sous silence ou le nier c'eût été heurter trop
vivement la vérité ou se refuser à l'évidence, con-
duisit à admettre, sans preuves à l'appui, que l'o-
vule était bien réellement l'analogue de la vésicule
de Purkinje, mais qu'aussi on devait le considérer
comme l'œuf fœtal.

Nous l'avouons, une pareille idée qui se résume
par ces mots : les mammifères ont un œuf élevé
à la seconde puissance, est difficile à concevoir et
plus difficile encore à expliquer.

Voilà où en était la science relativement à l'œuf

des vertébrés supérieurs, lorsque nous avons nous-même commencé nos recherches sur le même sujet. Dans nos travaux, nous avons dû nous laisser guider par l'imposante autorité des faits que nous avions sous les yeux, plutôt que par ce qu'avaient dit avant nous les auteurs qui s'étaient livrés à l'étude de l'ovologie et de l'embryogénie. Pourtant la publication de notre premier mémoire sur le développement de l'œuf du lapin, nous a valu d'avoir été en bute à une accusation des plus graves si elle était fondée. On a écrit que nous avions copié Baer : nous répondrons par le résultat de nos propres observations, et l'on verra jusqu'à quel point nos opinions sont calquées sur celles de notre prédécesseur.

Disons avant, que l'une des causes qui, selon nous, ont puissamment contribué à retenir loin de la vérité les hommes qui ont essayé de donner une signification aux parties qui constituent l'œuf des mammifères, est cette fâcheuse préoccupation dans laquelle ils étaient que l'œuf des animaux supérieurs devait offrir les mêmes parties que celui des oiseaux. Ils n'ont pas su voir que, dans les sciences, lorsqu'on veut établir des comparaisons entre des choses en apparence dissemblables, le premier des moyens à mettre en usage pour éviter toute erreur, est de placer les objets à comparer dans les mêmes conditions, et de les environner des mêmes circonstances. Or, lorsqu'on a voulu prouver l'analogie qui existe entre l'œuf des oiseaux et celui des mammifères, s'est-on conduit d'après ces principes? s'est-on bien demandé si les œufs des êtres qui composent la deuxième classe des vertébrés n'avaient pas, dans ce qui les constitue lorsqu'on les prend hors du sein maternel, quelque chose dont on dût faire abstraction? Non certainement, cette manière de procéder eût été trop rationnelle, et l'analogie n'eût pu être poussée jusqu'à l'absurde. On s'est contenté de prendre un produit en relation déjà avec le monde extérieur, et dont on connaissait la valeur, pour déterminer d'après lui un autre produit extrait de l'ovaire.

Nous le répétons, ce n'est point ainsi que l'on doit marcher à l'investigation des faits. L'ovologie, aussi bien que l'embryogénie, ont besoin, pour être solidement établies, et pour que leur nomenclature ne soit pas exposée à ces fausses interprétations qui retardent leurs progrès au lieu de l'avancer, de s'appuyer des procédés de la plus rigoureuse logique; alors seulement on arrivera à des déterminations heureuses et inattaquables.

Aussi, fidèle aux principes que nous nous sommes posés, nous allons, prenant comme nos devanciers l'œuf des oiseaux pour terme de comparaison, parce que c'est de tous celui qui a été le premier et le mieux connu ; nous allons, disons-nous, essayer la signification des parties qui constituent celui des mammifères, en étudiant l'un et l'autre de ces œufs dans l'ovaire.

L'œuf, avons-nous dit plus haut, se compose de parties essentielles et de parties accessoires ou adventives. Les premières émanent de l'ovaire, et les secondes sont un produit secrété par les organes que l'œuf est obligé de traverser pour arriver au lieu où son développement doit se faire, ou pour être rejeté au dehors. Or, comme il ne s'agit ici que de l'œuf dans l'ovaire, nous devons négliger de parler des produits adventifs dont il sera question dans un autre chapitre.

De quoi se compose l'œuf des oiseaux, dans l'ovaire?

Les expériences de Purkinje ont depuis long-temps démontré qu'il est constitué :

1.° Par une enveloppe externe à laquelle on donne le nom de membrane vitelline ;

2.° Par une masse granuleuse, jaunâtre, contenue dans cette membrane, ou vitellus ;

3.° Enfin, d'une vésicule transparente, occupant, sous la membrane vitelline, un des points de la circonférence de l'œuf, vésicule que l'on connaît sous la dénomination de *vésicule de Purkinje*, du nom de l'auteur qui, le premier, l'a démontrée.

Maintenant, que nous avons indiqué d'une manière succincte les parties que l'on distingue dans l'œuf des oiseaux, passons à celui des mammifères.

Lorsqu'on incise la vésicule de Graaf, il s'en échappe, avons-nous dit, un petit corps sphérique; hé bien, c'est ce petit corps qui, pour nous, constitue à lui seul l'œuf des vertébrés supérieurs. Si on le recueille et qu'on le soumette à un fort grossissement, on voit qu'il se compose :

1.º D'une enveloppe extérieure d'une transparence extrême, que nous appellerons vitelline, parce que, comme chez les oiseaux, elle se forme dans l'ovaire, renferme le vitellus, reste toujours étrangère au développement des vaisseaux, et enveloppe plus tard le fœtus et ses annexes, sans avoir avec eux aucune liaison de continuité;

2.º La membrane vitelline renferme, dans sa cavité une masse sphérique d'un gris jaunâtre, composée de granules. Cette masse est évidemment le vitellus des mammifères, car c'est à ses dépens que le blastoderme se formera, comme nous le montrerons plus bas.

Mais, nous avons dit que l'œuf des oiseaux présente, pendant qu'il est encore fixé à l'ovaire, une petite vésicule que l'on connaît sous le nom de vésicule de Purkinje. Or, existe-t-il dans les œufs des mammifères quelque chose qui lui soit analogue?

Nous ne sachons pas qu'avant nous on ait répondu directement à cette question. Baer a bien admis une vésicule de Purkinje dans l'œuf des mammifères, mais nous croyons avoir indiqué assez nettement ce que Baer a pris pour cette partie de l'œuf, pour que nous ne soyons plus obligé de revenir sur ce sujet.

Durant le cours de nos premières expériences, il nous est arrivé de soumettre plus de deux cents œufs de lapines, pris dans les ovaires, à l'analyse microscopique, sans jamais parvenir à rien trouver de semblable à la vésicule centrale de la cicatricule des oiseaux. Nous commencions à croire que les mammifères en étaient privés, lorsqu'un jour, ouvrant une lapine non fécondée, dans le seul but d'étudier les œufs dans l'ovaire, nous remarquâmes, pour la première fois, un point transparent, parfaitement sphérique, placé à la surface du vitellus. Ce fait nouveau devint l'objet de l'examen le plus attentif, et, après quelque temps d'observation, nous vîmes le petit point transparent se déformer et s'effacer complètement. Un second œuf, placé sous le microscope, nous présenta le même phénomène, il en fut de même pour tous ceux que portait l'ovaire de cette lapine.

I.   6

Le petit point dont il est question, n'est autre chose qu'une vésicule d'une ténuité et d'une transparence telles, qu'il est impossible de rien voir qui ressemble davantage à une bulle de savon, dont elle a toute la fragilité. En réfléchissant ensuite à la facilité avec laquelle cette vésicule se détruit au contact du monde extérieur, nous comprîmes la cause de son absence dans tous les œufs que nous avions étudiés antérieurement. En effet, presque toutes les lapines qui nous les fournissaient étaient fécondées. Alors plus pressé de vérifier ceux qu'elles portaient dans les trompes utérines que ceux qui existaient dans les ovaires, il résultait que le temps employé à ces recherches était toujours assez long pour que l'animal se refroidissant, l'action du monde extérieur s'étendît sur l'ovaire et sur les vésicules que chaque œuf renfermait. Dans la suite, nous avons toujours pris la précaution, lorsque nous voulions observer la vésicule dont nous parlons, d'extraire les œufs de l'ovaire immédiatement après la mort de la lapine, et nous avons presque toujours réussi à la voir. Cependant il est des circonstances dans lesquelles on ne peut parvenir à la distinguer, et cela tient à ce que les œufs tombant assez souvent sur le verre par le point qu'occupe la vésicule, cette dernière se trouve alors recouverte par le vitellus qui la cache. Comme il s'agit ici d'une découverte importante, puisqu'elle établit une analogie complète entre l'œuf des mammifères et celui des oiseaux, nous avons dû nous entourer des précautions propres à faire éviter l'erreur. Toutes les objections tendant à faire croire que ce que nous voyions pouvait tenir à une illusion d'optique, se sont effacées devant la réalité d'un fait désormais irrévocablement acquis. Après la chûte de l'œuf dans les trompes, on ne voit plus de traces de cette vésicule ; nous chercherons à démontrer qu'à la manière de de celle des oiseaux, elle se dissout pour la même finalité.

Ne résulte-t-il pas de ce que nous venons de dire (du moins cela est-il clairement démontré pour nous), que l'œuf des mammifères, lorsqu'il est encore dans l'ovaire, présente, comme celui des oiseaux, trois parties principales, une membrane vitelline, un vitellus, et une vésicule analogue à celle de Purkinje dans l'œuf des oiseaux? (Pl. I, fig. 1.)

On le voit, nous n'avons pas eu besoin de faire intervenir la membrane qui constitue la vésicule de Graaf, pour trouver, dans l'œuf dont il vient d'être question, tout ce que l'on sait exister dans celui des oiseaux, puisque nous avons rencontré dans *l'ovule*, que nous ne désignerons plus maintenant que sous son véritable nom, c'est-à-dire sous celui d'œuf, toutes les parties nécessaires au développement d'un nouvel être.

Mais poursuivons l'analogie, et demandons-nous ce que peut signifier, par rapport à l'œuf, la vésicule de Graaf dont aucun auteur, selon nous, n'a jusqu'à présent bien déterminé le véritable emploi.

Ici nous devons encore partir des oiseaux, constater les relations qui existent entre l'œuf et l'ovaire de ces vertébrés, pour en faire ensuite, ce qui nous sera très facile, l'application aux mammifères.

Lorsqu'on examine l'œuf dans l'ovaire des oiseaux, on voit qu'il y est retenu et suspendu dans une sorte de sac ou de poche, dont les parois sont en contact immédiat avec celles de la membrane vitelline. Cette poche, qui est une dépendance du tissu de l'ovaire, et à laquelle on a donné, avec juste raison, le nom de capsule, formée par une trame de tissu cellulaire mince, transparente et parsemée de petits vaisseaux, semble subir toutes les modifications qu'éprouve l'œuf, c'est-à-dire qu'elle se développe avec lui jusqu'à une certaine époque. Puis, par un mécanisme que nous expliquerons lorsque nous serons arrivé à la classe des oiseaux, cette capsule se rompt pour lui livrer passage.

Que devons-nous trouver chez les mammifères pour affirmer que l'analogie sur ce point existe entre eux et les oiseaux ?.... un œuf renfermé dans une capsule, laquelle capsule doit se déchirer à une époque déterminée pour le laisser sortir. Or, tout cela se répète, avec des modifications toutefois, chez les animaux placés à la tête de la série.

Nous avons déjà avancé, en parlant des vésicules de Graaf, que l'on ne devait considérer ces vésicules que comme des cellules de l'ovaire ; leur structure, leur continuité par des lames minces de tissu cellulaire avec cet organe, ne permet pas de leur donner une autre détermination. Par conséquent, ici, comme dans les oiseaux, nous avons une capsule ou cellule, et un œuf ; car il est inutile de redire que l'existence de celui-ci, dans les vésicules de Graaf, est pour nous, comme pour tous les embryogénistes d'ailleurs, un fait démontré.

Le liquide que ces vésicules contiennent ne trouve pas, il est vrai, son analogue dans la capsule ovarienne des oiseaux. De ce seul fait, on pourrait être amené à conclure qu'il y a entr'eux la plus grande disparité ; mais si l'on tient compte des moyens divers que la nature emploie souvent pour arriver aux mêmes fins, l'absence ou la présence d'un liquide quelconque dans les cellules de l'ovaire, ne sera plus un obstacle à la signification que nous adoptons. On peut fort bien concevoir que chez les uns la chûte de l'œuf soit provoquée par une sorte d'atrophie qui, ainsi que nous l'établirons, saisit le tissu de la capsule et le force à se rompre, et que chez les autres elle n'ait lieu que par la sortie d'un liquide qui s'ouvre un passage à travers les parois d'une vésicule incapable de le contenir. Chez ceux-là l'œuf tombe directement, ou presque directement, dans la trompe utérine ; chez ceux-ci il devait y être entraîné au moyen d'un liquide.

Ces considérations, nous aimons à le croire, suffiront pour établir, d'une manière rigoureuse, une similitude que, jusqu'à ce jour, l'observation directe n'avait point encore démontrée.

Et à présent si l'on se demande en quoi nos opinions ressemblent à celles de Baer, l'on verra que l'accusation portée contre nous n'a pu venir que d'un homme qui n'a compris ni les travaux de son compatriote, ni les nôtres. Nous disons qu'il ne les a pas compris, parce que Baer considère l'*ovule* comme l'analogue de la vésicule de Purkinje, lorsque pour nous c'est l'œuf lui-même ; parce que la vésicule de Graaf est pour Baer l'œuf des mammifères, tandis que pour nous on doit la regarder comme l'analogue de la capsule ovarienne des oiseaux ; en outre, Baer nie l'existence de la membrane vitelline dans l'œuf des mammifères, lorsque nous avons démontré qu'elle existe réellement; d'ailleurs nous n'aurions besoin d'invoquer qu'un seul fait signalé par nous dans l'œuf des mammifères, celui d'une vésicule analogue à la cicatricule de l'œuf des oiseaux, pour faire concevoir, *à priori*, toute la différence qui doit exister entre Baer et nous, dans la manière d'interpréter les choses.

Nous n'avons fait que répéter ici ce que nous avons publié en 1834, dans un mémoire sur la génération des mammifères. Certes, si depuis cette époque des faits nouveaux, tendant à démontrer l'erreur de notre opinion, nous avaient été présentés, nous n'eussions pas hésité à abandonner une manière de voir qui, jusque-là, nous avait paru vraie. Mais ce que nous avons avancé il y a trois ans, nous pouvons le soutenir encore aujourd'hui, et le soutenir avec d'autant plus d'assurance que de nombreuses observations, renouvelées depuis par nous, nous ont pleinement convaincu de la vérité du fait. Disons aussi qu'en Allemagne, un célèbre physiologiste, Purkinje, dont le nom seul fait foi dans la science, a, depuis la publication de notre travail, constaté l'existence de la vésicule que nous avons signalée le premier, et qu'il a pu, dans ses leçons, la démontrer à ses élèves.

Or, que conclure de ce qui précède? C'est qu'il

ne peut y avoir plagiat, là où il y a manière différente d'interpréter les mêmes faits, là où l'un a vu des choses qui ont complètement échappé aux investigations de l'autre : l'accusation tombe donc d'elle-même.

Mais pour qu'on ne puisse élever des doutes sur ce que nous avançons, pour qu'on ne dise pas que nous n'avons à donner pour notre défense que l'expression de nos propres sentimens, nous nous appuierons de l'autorité d'un savant académicien dont on ne saurait nier la compétence, lorsqu'il s'agit de travaux embryogéniques.

Après avoir exposé l'état de la science, M. Dutrochet, dans son rapport sur notre mémoire, dit : « M. Coste trouve constamment dans chaque vé- » sicule de Graaf le petit corps oviforme que les » précédens observateurs (Prevost et Dumas, et » Baer) avaient vu avant lui; *mais plus heureux* » *qu'eux, il découvrit dans ce petit corps ovi-* » *forme des particularités d'organisation qui* » *achevèrent de lui démontrer ce que l'analogie* » *indiquait déjà, savoir que ce petit corps ovi-* » *forme était véritablement l'œuf de la femelle* » *mammifère* (1). » N'est-il pas évident, d'après

(1) Recherches sur la génération des mammifères. *Rapport,* page 3.

cela, que nos observations nous avaient conduit à des résultats autres que ceux de nos prédécesseurs, et que, par conséquent, il ne pouvait déjà plus exister entre leurs travaux et les nôtres une similitude telle qu'on dût supposer que nous avions plutôt copié qu'observé par nous-même.

Dans ces derniers temps aussi, un docteur allemand, qu'on ne pourra certes pas soupçonner de partialité, M. Ad. Bernhardt, dans une excellente thèse inaugurale (1), soutenue en 1834, et faite sous les auspices du professeur Purkinje, son maître, a rendu justice à nos travaux. Il a compris en quoi nous différions avec Baer, et a résumé, avec autant d'impartialité que de clarté, les opinions de l'auteur allemand et les nôtres (2).

(1) *Symbolæ ad ovi mammalium historiam ante prægnationem.*

(2) Baer ovulum ipsum vesiculæ proliferæ analogum æstimat, dum Coste utrumque horum organorum tamquam discretum et per se existens describit. Præterea Baer membranam ovuli externam pro *corticali* habet, *vitellique membranam* mammalium ovulo prorsus denegat (n.° 58, p. 177), cum Coste eamdem membranam vitellinam esse pro certo habeat *. Bernhardt, sym. ad ovi mam. hist. ante præg., *p.* 25.

* Baer pense que l'ovule lui-même est l'analogue de la vésicule prolifère, tandis que Coste décrit l'un et l'autre de ces organes comme distincts et existant à part. En outre, Baer prend la membrane la plus externe de l'ovule pour la *corticale*, et nie la membrane *vitelline* dans l'ovule des mammifères, lorsqu'au contraire Coste a pour certain que cette membrane vitelline existe.

Quant à la ridicule accusation portée contre nous par Robert Froriep, accusation qui ne tend qu'à démontrer l'erreur dans laquelle était son auteur, lorsqu'il a voulu parler de choses qu'il ignorait complètement; nous ne chercherions pas à y répondre, si déjà le docteur Bernhardt n'avait pris soin de le faire; aussi le laisserons-nous parler lui-même.

« Robert Froriep, dit-il, accuse Coste de pla-
» giat, parce que, sans parler nullement du mé-
» moire de Baer (nous allons tout à l'heure nous
» défendre sur ce point), il prétend avoir démon-
» tré le premier que ce petit corps sphérique, dé-
» couvert par Cel. Purkinje dans la vésicule de
» Graaf, est le véritable œuf des mammifères.
» Or, qui ignore que Purkinje a découvert ce pe-
» tit corps, non pas dans la vésicule de Graaf
» des mammifères, mais dans l'œuf des oiseaux?

» Ensuite, poursuit-il, il énumère toutes les
» parties qui constituent l'œuf du mammifère,
» telles qu'elles ont été décrites par l'un et l'autre
» de ces observateurs (Baer et Coste), et démontre
» combien peu ils diffèrent entre eux : cependant,
» dit-il, existe cette différence, que, selon Baer,
» la cicatricule des mammifères se montre sous
» forme de tache transparente, tandis que, d'après
» l'opinion de Coste, elle ressemble à une bulle.

» Ici le critique est dans une double erreur, etc.(1)»

Nous croyons inutile, pour faire remarquer en quoi consiste la double erreur de Robert Froriep, de revenir sur ce que nous avons dit précédemment.

Mais, comme nous l'avons vu, il résulte, d'après le travail du docteur Ad. Bernhardt, qu'on nous a également accusé de n'avoir pas fait mention de la lettre de Baer, dans l'exposé que nous avons donné à l'Académie, du résultat de nos propres observations. Certes, nous concevons qu'avec un peu de bonne volonté l'on puisse voir dans deux opinions, essentiellement différentes sous tous les rapports, une identité presque par-

(1) Usurpationis crimine Costium accusat, quod Baerii libelli nulla facta mentione, se primum demonstrasse contendat, corpusculum illud sphericum a Cel. Purkinje in *vesicula* Graafiana detectum, verum mammalium esse ovum. Quis autem nesciat Cel. Purkinje illud corpusculum non in *vesicula* Graafiana mammalium sed in *ovo avium* detexisse?

Enumerat deinde partes singulas ovulum mammale constituentes, quales uterque naturæ investigator eas descripsit, quas parum modo inter se discrepare ostendit, « ea tamen, inquit, » intercedit differentia, quod secundum Baerium cicatricula » mammalium sub maculæ pellucidæ forma appareat, dum e » Costii opinione bullæ referat formam. » Qua in re dupliciter errat censor, etc. (Bernhardt. symbol. ad ovi mamm. Hist. ante pregnationem, *p.* 26.)

faite : mais ce qui nous étonne, c'est que l'on se refuse à l'évidence de ce qui est écrit. Il nous suffira, pour montrer combien peu est fondée cette accusation, de citer les deux passages de notre mémoire dans lesquels il est fait mention du travail de Baer.

Voici ce que nous avons dit en faisant l'histoire de l'œuf (1) :

« Le professeur Baer, portant spécialement son attention sur ce petit corps, le compare à la vésicule décrite par Purkinje dans les oiseaux; la vésicule de Graaf, selon lui, devant être considéré comme l'œuf des mammifères, etc. »

Et plus bas (2), en parlant des produits adventifs :

« Cette couche a été désignée avec raison, par M. Baer, sous le nom de membrane corticale, parce qu'elle est l'enveloppe la plus extérieure de l'œuf; mais en adoptant provisoirement la dénomination proposée par M. Baer, je ne puis reconnaître, avec lui, qu'elle n'est autre chose qu'une transformation de la membrane la plus extérieure de l'œuf dans l'ovaire. »

Ne sommes-nous pas en droit de dire à présent,

______

(1) Mém. cité, p. 24.
(2) *Id.*, p. 38.

que non seulement on ne nous a pas compris,
mais aussi qu'on ne nous a peut-être pas lu?

Si nous n'avions eu à défendre qu'un intérêt
purement personnel, nous nous serions abstenu
d'insister aussi longuement sur des considérations
qui paraîtront peut-être en dehors de notre sujet,
quoiqu'elles en résultent directement; mais à ces
considérations se rattache une question de morale
scientifique dont nous devions tenir compte avant
tout.

Lorsqu'un homme se pose comme juge d'une
œuvre quelconque, c'est pour lui un devoir, avant
de faire planer sur l'auteur de cette œuvre des
soupçons de défiance, de se placer assez haut pour
qu'aucune *considération* ne puisse faire fléchir la
rigueur de son jugement : mais il ne lui suffit pas
d'avoir l'intention d'être impartial, il faut encore
qu'il sente en lui les connaissances nécessaires
pour comprendre nettement tous les détails du
débat dont il s'institue l'arbitre; s'il oubliait la
première de ces conditions, il serait coupable de
mauvaise foi; s'il ne manquait qu'à la seconde, on
ne pourrait lui reprocher que son ignorance, et
nous aimons à croire que M. Froriep n'a péché
que par ignorance.

CHAPITRE IV.

CORPS JAUNES. — UTÉRUS.

L'œuf des mammifères nous étant bien connu dans ses rapports avec l'ovaire, et dans sa composition, nous devons maintenant le suivre dans l'utérus où il va se fixer, et là constater la série de modifications ou de transformations qu'il subit. Mais avant d'attaquer la question du développement, il nous importe d'examiner ce qui se passe dans l'ovaire après la rupture des vésicules de Graaf, et d'établir quelques points essentiels d'anatomie, afin de mieux apprécier ce que nous aurons à dire sur les positions qu'affecte l'œuf et par suite l'embryon, dans les trompes utérines.

Corps jaunes.

Si l'on a égard à la succession des phénomènes qui ont lieu pendant la conception, l'on voit que les vésicules de Graaf, sous l'influence d'une action spéciale, sécrétant alors en plus grande abondance le liquide qu'elles renferment, se distendent de plus en plus, et finissent par se rompre en livrant passage à ce même liquide, qui entraîne l'œuf avec lui.

Or, que se passe-t-il alors dans l'ovaire ?

Si on l'examine, on voit (selon les espèces qui fournissent matière à cet examen), une ou plusieurs déchirures conduisant dans la cavité de la vésicule de Graaf. Les parois de cette vésicule, restées adhérentes à l'ovaire, sont affaissées par suite de l'évacuation qui vient de s'opérer, et ne présentent encore rien de bien notable. Mais bientôt une inflammation affectant exclusivement le tissu condensé des cellules de l'ovaire, se manifeste, et ce tissu se tuméfie de plus en plus, de manière à combler, non seulement toute la cavité occupée naguère par l'œuf, mais encore à faire hernie, si l'on peut dire, à travers la déchirure dont il vient d'être question. Cette tuméfaction, à laquelle l'ovaire doit un volume plus considérable, résulte d'une infiltration de lymphe coagulable, au moyen de laquelle l'inflammation chronique réalise l'hypertrophie de nos tissus, alors que, pour nous servir du langage classique, elle se termine par induration.

La période inflammatoire cessant, la tumeur commence à décroître, mais avec une lenteur extrême; ses parties les plus fluides sont absorbées peu à peu; sa couleur passe d'un rouge intense à un rouge pâle, et, à mesure que son volume se réduit, sa consistance augmente au point, qu'à une époque plus avancée, elle se convertit en un petit noyau qui n'a plus l'apparence lardacée, mais qui présente quelque analogie avec le tissu jaune élastique.

Tel est, selon nous, le mécanisme à la faveur duquel se constituent les corps jaunes (*corpora lutea*), qui sont dans chaque ovaire en nombre égal à celui des œufs qui se sont échappés.

Utérus.

Il nous reste à indiquer quelques dispositions des trompes utérines pendant les premiers jours de la conception, dispositions que l'on pourrait appeler transitoires, car elles ne persistent pas pendant toute la durée du développement, et n'ont lieu qu'à une certaine époque. Après, nous aurons aussi, comme nous l'avons déjà dit, à établir un point important d'anatomie.

Le rut, chacun le sait, est pour tous les mammifères qui sont soumis à cette influence des saisons, une époque de surexcitation, pendant laquelle les organes de la génération, tant internes qu'externes, surtout chez les femelles, acquièrent un accroissement insolite. Alors les trompes utérines, dont le tissu s'infiltre d'une humeur albumineuse très abondante, paraissent comme tuméfiées : les pavillons et les trompes de fallope participent à cette tuméfaction ; le sang afflue vers ces parties en plus grande quantité ; en un mot, il y a turgescence générale dans tout l'appareil de la génération, ou mieux, il y a harmonie préétablie pour l'accomplissement d'un grand phénomène. L'œuf devait passer dans l'utérus pour s'y développer ; il fallait donc que celui-ci fût prêt à le recevoir, et lui offrît toutes les conditions favorables à son développement. Nous le répétons, entre la matrice et l'œuf qui va s'y fixer, il y a harmonie, et cette harmonie n'est que le résultat de cette grande loi naturelle que quelques écrivains s'obstinent toujours à nier, et que beaucoup d'autres reconnaissent sous le nom de finalité physiologique.

Mais que nous importe-t-il surtout de connaître dans la matrice comme fait anatomique ?

Si nous avions à poursuivre le développement de l'œuf jusqu'à la parturition, et si nous avions à voir par quel mécanisme celle-ci s'opère, nous

devrions alors étudier la matrice dans sa conformation, et dans sa structure musculaire ; mais c'est
de la formation du fœtus dans cet organe, c'est,
en un mot, de l'embryogénie dont il s'agit spécialement, par conséquent il nous importe peu de
connaître quelles sont les forces qui concourent
à l'expulsion de l'œuf, et par quels moyens ces
forces se produisent. Cette question, qui entre
dans le plan d'un ouvrage plus vaste, auquel nous
travaillons, doit être rejetée de celui-ci.

Nous ne voulons donc que signaler un fait qu'il
nous est indispensable de connaître, parce qu'il
servira à nous faire apprécier la position constante
que prend l'embryon dans l'intérieur des trompes
utérines. Ce fait a rapport à la manière dont se
disposent les vaisseaux utérins, et à leur distribution.

L'utérus, abstraction faite de ses formes et de
sa complication, renferme dans les parois qui le
composent un grand nombre de vaisseaux artériels
et veineux (artères et veines utérines), qui affectent
une disposition presque régulière, surtout chez les
espèces qui ont une double matrice. Ces vaisseaux
émanés d'un tronc commun, après avoir rampé
entre les deux feuillets du péritoine qui servent de
mésentère à l'utérus, s'enfoncent dans le tissu de
celui-ci pour s'y distribuer et s'y anastomoser

entr'eux. Or, comme les lames péritoinales, entre lesquelles sont compris les vaisseaux utérins, arrivent sur la matrice ayant une direction longitudinale, ou presque longitudinale, mais toujours parallèle au grand axe de cet organe; il en résulte que les vaisseaux dont nous parlons, pénétrant dans l'utérus, à l'endroit même où les lames du mésentère les abandonnent pour se contourner sur celui-ci; il en résulte, disons-nous, que ces vaisseaux règnent sur une ligne tout le long de la matrice. C'est sur cette ligne, à laquelle nous avons donné le nom de *ligne mésentérique* de l'utérus, et à laquelle nous n'appliquerons désormais plus d'autres dénominations, que les œufs viendront présenter le point de leur surface qui correspond à l'embryon, ou mieux à la tache embryonnaire.

CHAPITRE V.

DÉVELOPPEMENT DE L'ŒUF EN GÉNÉRAL.

La réalisation d'un être parfait, ou, en d'autres termes, le développement normal de cet être, est constitué par une série non interrompue de modifications qui s'enchaînent et se succèdent dans un ordre régulier et progressif, depuis le moment de la conception, jusqu'à un terme marqué par la nature, pour chaque espèce.

Or, s'il en est ainsi, si dans l'apparition des phénomènes qui résultent du développement d'un animal, il y a une succession telle qu'il devienne impossible de bien apprécier l'un de ces phénomènes, quel qu'il soit, sans préalablement avoir pris connaissance de ceux qui le précèdent et de ceux qui le suivent ; nous disons que celui qui voudrait, de nos jours, faire une histoire complète du développement de l'œuf des mammifères, seulement avec les observations éparses çà et là dans

les ouvrages tant anciens que modernes, n'arriverait, après beaucoup de difficultés, qu'à reconnaître l'impossibilité de réaliser une pareille histoire ; car tous les auteurs consultés par lui , ne lui
auraient fourni que des faits isolés, et dont il ne
connaîtrait, par conséquent, pas la valeur réelle,
puisque les moyens d'apprécier cette valeur, c'est-
à-dire les faits antérieurs et postérieurs à ceux-ci,
lui manqueraient entièrement.

En outre, les erreurs multipliées, les divergences
d'opinions relatives au mode de développement des
animaux, plus encore que l'obstination des anatomistes à ne voir que des phénomènes isolés là
où tout s'enchaîne et se lie d'une manière tellement intime, et dans une si étroite dépendance,
que l'oubli d'un seul fait dans la série non interrompue de ceux qui concourent à la réalisation d'un
être, rend tous les autres inintelligibles ; ces erreurs, disons-nous, et les opinions divergentes
seraient, parmi les obstacles à surmonter avant
d'arriver à compléter une histoire du développement, les plus grands et les plus nombreux.

Aussi, si nous voulons essayer d'établir une pareille histoire, devons-nous faire abstraction, pour
le moment, de tout ce qui a été écrit à ce sujet. Ce
n'est qu'après avoir constaté, par une foule d'expériences sériales, répétées plusieurs fois sur des

espèces différentes, la normalité des faits qui doivent servir de base à cette histoire, en voyant ces faits se reproduire constamment avec les mêmes circonstances et dans les mêmes conditions, que nous pourrons juger les observations de nos prédécesseurs, les rejeter ou les adopter; car alors nous aurons une mesure qui nous permettra d'en avoir une juste appréciation.

Ce qu'il nous faut donc avant tout, c'est de trouver cette mesure; c'est, en un mot, d'assister au développement d'un nouvel être, pour le connaître sous toutes ses phases. La tâche est grande, on ne doit pas se le dissimuler; nous croyons cependant, avec les faits nombreux que nous possédons, la remplir, sinon en entier, du moins poser les principes fondamentaux qui conduiront à la remplir, et qui donneront, sur cette question des plus importantes, les moyens d'arriver à une solution rationnelle, moyens que ne possède point encore la science.

Or, pour procéder d'une manière rigoureuse, nous devons suivre l'œuf depuis sa chute de l'ovaire jusqu'à son expulsion utérine. Nous serons quelquefois obligé d'intervertir l'ordre des transformations successives par lesquelles passe cet œuf en se développant, mais ce ne sera que lorsque nous aurons à poursuivre un phénomène dont nous ne pourrions entraver la marche sans nuire beaucoup à son intelligence.

MEMBRANE ADVENTIVE.

Le passage de l'œuf dans les trompes utérines a lieu, selon les espèces, après un temps plus ou moins rapproché de l'accouplement. Chez les unes ce passage s'effectue du premier au second jour; chez les autres, du second au troisième, etc. Lorsque nous ferons la monographie du développement des espèces qui ont été l'objet de nos recherches, nous essaierons d'établir ces époques d'une manière aussi rigoureuse que nos observations nous auront fourni les moyens de le faire : ici nous ne devons envisager la question que sous le point de vue le plus général, et faire abstraction de ce qui se rattache à des spécialités.

Or, si quelque temps après la rupture des vésicules de Graaf, on cherche l'œuf dans l'utérus, la difficulté de l'y découvrir est en raison du petit volume qu'il présente alors, et par rapport à ce volume, de la grande cavité dans laquelle on a à le chercher. Pourtant avec des soins et des précautions, on parvient assez souvent à apercevoir un ou plusieurs petits corps sphériques en contact immédiat avec les parois internes de l'utérus, et libres encore de toute adhérence. Ces petits corps ne sont rien autre chose que des œufs. De jour en jour ils prennent des dimensions plus grandes, et dénotent bientôt leur présence dans l'utérus par l'extension qu'ils font prendre à cet organe.

Mais arrivés à cet état, et même, dans quel-quelques cas, immédiatement ou presque immé-diatement après leur entrée dans la matrice, on les trouve enveloppés d'une membrane qu'ils n'avaient pas à leur sortie de l'ovaire.

Quelle est donc cette nouvelle enveloppe?

Nous avons dit, en établissant la signification des parties qui constituent l'œuf des mammifères, que cet œuf se compose de parties essentielles et de parties accessoires. Après nous être expliqué sur les premières, nous devons également dire ce que nous entendons par parties accessoires ou adventives. Or celles-ci, que l'on pourrait consi-dérer comme de simples organes de protection, beaucoup moins essentielles que les autres, par cela seul qu'elles sont peu ou point nécessaires au développement de l'embryon, sont celles que revêt l'œuf à son passage dans les oviductes (et les ovipares en fournissent des exemples), ou quelque temps après son arrivée dans l'utérus, comme c'est le cas ordinaire chez tous les mammi-fères.

L'œuf, en effet, par sa présence dans la matrice, provoque de la part de cet organe une sorte d'exhalation albumineuse dont il s'enveloppe. Cette exhalation, de consistance molle, de couleur blanchâtre, poreuse dans toutes ses parties et inerte, offre assez d'analogie avec ces produits *pseudo-membraneux* que présentent certains cas pathologiques. Source encore de graves erreurs, soit lorsqu'on a donné trop d'importance à la part qu'elle prenait au développement, soit lorsqu'on a voulu déterminer sa signification en empruntant la nomenclature des parties qui constituent l'œuf des oiseaux ; cette membrane, que nous appellerons *adventive*, est, comme nous venons de l'établir, un produit simplement exhalé. Nous disons qu'il est exhalé, parce qu'avant la chûte de l'œuf, on ne découvrait aucune trace de son existence dans l'utérus, et parce qu'enfin elle n'offre point les caractères d'un corps organisé.

L'espèce humaine, s'il faut en croire des auteurs très modernes, semble devoir ici entrer en exception. L'exhalation de cette membrane adventive (1), d'après eux, ne serait pas provoquée par la présence de l'œuf ; au contraire, elle préexis-

____

(1) La caduque des auteurs.

terait dans la matrice à l'arrivée de celui-ci. Nous nous réservons de discuter cette question en traitant du développement de l'œuf humain.

Baer n'ayant probablement jamais, dans ses observations, pu constater l'adhérence intime que le blastoderme contracte avec la membrane vitelline (d'où résulte l'apparence d'une seule membrane), quelque temps après la présence de l'œuf dans l'utérus, fait sur lequel nous nous expliquerons tout-à-l'heure, a été conduit à dire que la membrane adventive dont il est ici question, n'est autre chose que la membrane vitelline en voie de liquéfaction ou de destruction. Nous sommes loin d'admettre une pareille opinion ; car nous montrerons que la membrane vitelline persiste jusqu'à la fin du développement, et que c'est elle qui est l'analogue de cette enveloppe du fœtus que les anatomistes connaissent sous le nom de *chorion.*

En outre, Baer ayant égard à la position qu'occupe la membrane exhalée par rapport aux autres membranes, a cru devoir lui appliquer la dénomination de *corticale ;* mais le mot corticale (de *cortex* écorce), désignant ce qu'il y a de plus externe dans un œuf, donne nécessairement une fausse idée de cette membrane, si, comme on doit le faire d'après la signification même du mot, on la compare à l'enveloppe la plus extérieure de l'œuf des oiseaux. Le même inconvénient se présente pour les espèces chez lesquelles cette membrane ne persiste pas jusqu'à la fin du développement. Chez la brebis, par exemple, de plus en plus on la voit s'effacer et ne plus laisser que des traces vagues de son existence, de sorte qu'alors, si l'on voulait déterminer *de visu* quelle est la membrane la plus externe de l'œuf de ce mammifère, on serait conduit à voir dans le chorion, qui se montre entièrement à découvert à cette époque, l'analogue de la membrane corticale. Or, pour éviter les erreurs qui résulteraient d'un abus de langage, nous lui conserverons le nom que nous lui avons déjà donné : celui de membrane adventive.

Bien que l'apparition de cette membrane ne coïncide, assez souvent, qu'avec une époque déjà avancée du développement, ce que nous établirons dans les monographies spéciales, cependant, ç'a dû être la première des questions que nous eussions à examiner, d'abord pour avoir une connaissance des parties qui composent l'œuf dans l'utérus ; ensuite pour que son exposition plus tard, ne devînt pas une entrave à celle du développement.

Maintenant faisons abstraction de cette membrane, et voyons quels sont les changemens qui s'opèrent dans l'œuf après sa chûte de l'ovaire.

VÉSICULE BLASTODERMIQUE.

Après la conception , avons nous dit , la vésicule que nous savons être l'analogue de celle de
Purkinje dans l'œuf des oiseaux , opinion que
nous verrons se justifier de plus en plus , se dissout (1), et l'œuf alors se montre sous l'aspect

(1) Nous ne saurions nous dispenser, pour rétablir la vérité ,
de citer un passage extrait d'un ouvrage tout récemment publié
en Allemagne, par un des hommes qui s'occupent avec le plus de
succès d'embryogénie; passage dans lequel il est rendu compte
de notre opinion, relativement à la vésicule de Purkinje. Dans
notre profonde estime pour l'auteur de cet ouvrage, nous aimons
à croire qu'il nous a mal compris , et que l'erreur dans laquelle
il est tombé à notre égard n'est due qu'à une fausse interprétation de notre opinion : il n'en saurait être autrement. Voici
donc ce qu'a écrit M. Valentin , dans son histoire de la science
(*Handbneh der Eugmiek lungs gesihuhse* 1835, p. 38) : « Selon
M. Coste, dit-il, la vésicule de Purkinje (*Keimbläsilien*) ne se
rompt pas après le passage de l'œuf dans les tubes; mais elle doit
persister et devenir d'une grandeur plus considérable, à mesure que l'embryon se développe. Je doute qu'il en soit ainsi;
car chez les animaux sans vertèbres non seulement, mais aussi
chez les poissons, les amphibies et les oiseaux, la vésicule de
Purkinje se rompt constamment avant le développement de l'embryon. En même temps, M. Coste tient évidemment à l'idée de
Rolando, que l'embryon du poulet même se développe sur une
vésicule, opinion dont l'erreur paraît assez évidente. »
    Nous n'aurions besoin, pour justifier une réclamation que nous
faisons plutôt dans l'intérêt de la vérité que dans celui de notre

d'une vésicule cristalline parfaitement homogène. L'espace qu'occupait le vitellus, dont la condensation a servi à former le blastoderme, est rempli par un liquide transparent.

D'un examen superficiel et peu approfondi résulterait alors cette conviction, que l'œuf, dans l'utérus, n'est plus composé que de deux parties, d'une membrane unique et d'une humeur transparente. Mais bientôt un phénomène d'endosmose s'opère qui en découvre la structure intime. En effet, si l'on a placé l'œuf dans de l'eau, afin de l'examiner plus convenablement, on voit que cette eau en passant dans l'intérieur de la membrane vitelline, décole des parois de celle-ci une seconde vésicule qui se montre d'abord ridée et plissée en tous sens, mais qui, bientôt soumise, elle aussi, à l'ac-

opinion, qu'à citer textuellement ce que nous avons écrit dans notre mémoire sur la génération des mammifères, publié en 1834 (p. 30) : « Après la chûte de l'œuf, avons-nous dit, on ne voit plus de trace de cette vésicule (de Purkinje). Ne faut-il pas en conclure, qu'à la manière de celle des oiseaux, elle se détruit pour la même finalité? » Evidemment, nous pensions en 1834 d'une manière tout autre que celle que nous prêterait M. Valentin en 1835 ; pourtant, depuis, nous n'avons donné, dans aucune publication, lieu de faire croire que nous avions pu changer. Mais, comme la bonne foi de l'auteur nous est bien connue, nous croyons seulement que, dans cette circonstance, il a pu se méprendre sur notre véritable opinion.

tion du phénomène qui se produit et se continue, finit, en se déroulant complètement, par avoir une forme tout-à-fait sphérique et parfaitement circonscrite. Or, ce que l'on peut constater dès ce moment, c'est la présence d'une vésicule dans une autre vésicule : l'œuf, dans les premiers momens de son arrivée dans l'utérus, n'est donc pas composé, comme on pourrait le croire d'abord, d'une seule vésicule, mais de deux. (Pl. I, fig. 2.)

Que sont donc ces deux vésicules?

Il est évident que la plus externe est celle que nous avons désignée jusqu'à présent sous le nom de membrane vitelline; car sa structure n'a pas changé, et ses rapports avec la matrice sont les mêmes que ceux qu'elle avait avec les parois de la vésicule de Graaf.

Quant à la seconde, celle dont l'endosmose nous a dévoilé l'existence, et dont l'œuf, pris dans l'ovaire, n'offrait aucune trace; quand à celle-là, disons-nous, si l'on étudie sa composition, on voit qu'elle résulte de la condensation des granules du vitellus; en outre, elle renferme dans sa cavité un liquide transparent qui occupe, comme nous l'avons dit, la place qu'occupait celui-ci. Or, tout porte à croire que cette vésicule ne préexistait pas dans l'œuf, mais qu'elle a dû être formée après la conception, c'est-à-dire après la rupture de la petite bulle que nous avons dit être l'analogue de la vésicule de Purkinje.

Si nous recourons encore ici à la nomenclature des parties qui constituent l'œuf des oiseaux, après la conception, nous aurons à nous demander si on ne pourrait pas faire de cette seconde vésicule l'analogue du blastoderme des ovipares supérieurs. Au premier aperçu, sa forme complètement sphérique et globuleuse semble exclure toute comparaison avec ce dernier; car l'on sait que l'apparition de celui-ci à la surface du vitellus, se fait sous forme de tache aplatie et circulaire. Mais le blastoderme de l'oiseau ne se présente sous cet aspect et sous cette forme, que pendant les premiers temps de son existence; car nous avons vu ce que nous développerons plus au long lorsque nous traiterons de l'ovologie des oiseaux, que ce blastoderme dont l'accroissement a lieu par tous les points de sa circonférence, envahit peu à peu toute la surface du vitellus, et finit par constituer une vésicule fermée de toutes parts.

Or, ne pourrait-on pas conclure à l'analogie, et dire que le blastoderme, chez les mammifères, est représenté par une vésicule complète? Deux raisons puissantes nous portent encore à le croire : nous verrons en effet que c'est sur elle qu'apparaîtront les vaisseaux *omphalo-mésentériques*, vais-

seaux qui affectent la même disposition que ceux
du blastoderme des oiseaux; et c'est elle aussi qui va
nous offrir, sur un des points de sa circonférence,
les premiers groupemens des globules qui doivent
constituer les premiers linéamens de l'embryon.

Par ces seules considérations, nous croyons
devoir conserver à cette vésicule le nom sous lequel nous l'avons désignée dans un ouvrage antérieur à celui-ci (1), c'est-à-dire celui de *vésicule blastodermique;* car, nous le répétons, elle
a pour nous la même valeur que le blastoderme de
l'œuf des oiseaux, puisqu'elle est le siége des
mêmes phénomènes, et puisqu'aussi elle résulte
des mêmes causes.

Maintenant, disons que la vésicule blastodermique doit être considérée comme formée de deux
couches principales ou essentielles, une interne et
l'autre externe, et d'un feuillet accessoire enveloppant cette dernière. (Pl. I, fig. 3.) L'observation
directe, il est vrai, ne peut pas démontrer cette
stratification, surtout sur un aussi petit objet que
l'œuf immédiatement après son arrivée dans l'utérus; mais un peu plus tard, il a été en notre pouvoir de constater ce fait : d'ailleurs, s'il est vrai
que l'on puisse déduire la structure primitive d'un

____

(1) Mémoire cité.

T.   8

corps, des résultats que fournit ce même corps en se développant, nous disons que la vésicule blastodermique est composée de trois feuillets, ce que nous démontrerons tout à l'heure.

De tout ce qui précède, nous concluons que l'œuf, vers les premiers jours, est, dans la matrice, réellement composé de deux vésicules emboîtées l'une dans l'autre, et que la vésicule interne offre une structure complexe, de laquelle vont résulter des phénomènes de formation.

Tache embryonnaire.

Mais le développement se poursuit, et un phénomène nouveau apparaît. Alors on voit sur un point de la vésicule blastodermique, une tache circulaire, ayant l'aspect d'un nuage vague, et résultant d'un assemblage de granules qui se groupent peu à peu dans un ordre régulier. Cette tache que nous appellerons *embryonnaire*, parce que c'est elle qui constitue les premiers linéamens de l'embryon, placée dans l'épaisseur des parois même de la vésicule blastodermique, de circulaire qu'elle était d'abord, prend ensuite une forme elliptique dans laquelle on pourrait tracer deux foyers presque égaux, mais bien distincts l'un de l'autre. L'on peut s'en faire une idée assez juste, si l'on se re-

représente un corps de guitare ; car elle est l'image
presque fidèle de cet instrument. Bientôt cette tache
est assez développée pour qu'il soit facile de distinguer quel sera le côté correspondant à la tête de
l'embryon, et quel sera celui dans lequel se formera
la queue. Un fait à noter, c'est que le grand axe
de l'ellipse qui figure la tache embryonnaire, est
toujours placé d'une manière déterminée par rapport à la matrice, et constante pour chaque espèce.

Lorsqu'on cherche à pénétrer le mécanisme par
lequel se fait ce changement de forme de la tache
dont nous parlons, on voit qu'en cessant d'être
circulaire cette tache n'a fait que se fléchir sur elle-
même dans quelques points déterminés de son
étendue. Elle s'est repliée en avant pour former la
paroi qui correspondra au col et à la poitrine ; sur
les côtés, pour commencer les parois latérales du
ventre ; et en arrière, mais d'une quantité moindre
qu'en avant, pour former les parois iliaques du
bassin et la symphise du pubis, ou du moins ce qui
doit correspondre à ces parties.

Ainsi modifiée, la tache embryonnaire présente
une grossière ressemblance avec un soulier ou un
sabot, dont la partie antérieure plus large répon-
drait à l'extrémité céphalique, la partie postérieure
plus étroite à l'extrémité pelvienne, et dont la cavité représenterait celle de l'abdomen, pendant que

l'embouchure donnerait l'idée de l'ombilic largement évasé, mais se continuant par tout son pourtour avec le reste de la vésicule blastodermique.

Nous donnons, dans les planches relatives au développement du chien, de la brebis et du lapin, les diverses formes par lesquelles passe cette tache dans les premiers temps de son apparition.

Origine de la vésicule ombilicale.

Nous avons donc maintenant dans cette vésicule deux parties bien distinctes, ou mieux deux lobes : un petit, elliptique, qui est la tache embryonnaire, et l'autre plus grand, que nous allons connaître sous le nom de vésicule ombilicale. (Pl. I, fig. 4.) Ces deux lobes formés aux dépens de la vésicule blastodermique, et résultant de l'étranglement qu'a dû subir cette même vésicule par le reploiement en dedans de la tache embryonnaire, ne sont séparés l'un de l'autre que par un rétrécissement à peine sensible dans les premiers temps, rétrécissement qui deviendra le pédicule de la vésicule ombilicale.

On pourrait croire, si on ne connaissait le mécanisme par lequel cet étranglement s'opère, qu'il n'y a pas continuité de tissu entre les deux lobes de la vésicule blastodermique, surtout lorsque le pédicule qui les unit devient très-étroit ; mais il n'en est rien, les mêmes rapports existent, les formes seulement sont changées. D'ailleurs un exemple bien simple qui prouve que les choses se passent comme nous le disons, c'est-à-dire que la continuité du tissu n'a pu être détruite entre la tache embryonnaire et la vésicule ombilicale, est celui qui consisterait à exercer, par des moyens quelconques, une pression circulaire près de l'un des pôles d'une vessie distendue par l'air ou par un liquide : des modifications de forme à peu près semblables à celles dont nous parlons se produiraient, sans pour cela qu'il y eût interruption de tissu.

Nous insistons sur ce point, l'un des plus importans à connaître, pour bien nous expliquer plus tard quelques phénomènes successifs qui en dépendent.

Origine de l'allantoïde.

Mais après que la tache embryonnaire a subi les reploiemens dont il vient d'être question ; après que la vésicule ombilicale s'est bien caractérisée, alors du côté de la queue arrive un phénomène particulier. Le point du pourtour du rétrécissement qui divise la vésicule blastodermique en deux lobes, point qui se continue avec les parois iliaques et pubiennes, se projette hors du bassin, et prolonge la vésicule blastodermique sous forme de cul-de-sac, (Pl. I, fig. 5), comme l'appendice cœcal prolonge l'intestin. Or, le cul-de-sac dont il s'agit ici n'est autre chose que la vessie ovo-urinaire ou *allantoïde*, dont l'existence constatée depuis long-temps chez les embryons des oiseaux, a été long-temps aussi niée ou méconnue chez les mammifères, et surtout dans l'espèce humaine. L'on peut même dire que, de nos jours, des savans haut placés con-sidèrent encore son existence comme un problème à résoudre chez cette dernière. Nous espérons démontrer que dans presque tous les mammifères (nous en exceptons quelques-uns dont le dévelop-pement n'a pas encore été assez étudié, pour dire qu'ils soient en dehors de la loi générale : tels sont, par exemple, les kanguroos, les sarigues, en un mot les didelphes); nous démontrerons, disons-nous, que dans tous les autres mammifères l'allantoïde existe bien apparente et bien isolée de toutes les autres parties avec lesquelles elle est contiguë.

Pour nous, l'allantoïde est donc une véritable expansion de la vésicule blastodermique : et si, comme l'observation directe ne permet plus d'en douter, les choses se passent ainsi que nous venous de le dire, l'allantoïde ne doit plus être considérée comme une membrane spéciale, distincte, d'origine inconnue, et dont le développement tel qu'on l'a conçu dans ces derniers temps, complique étrangement l'intelligence du mécanisme de la formation des animaux, mais simplement comme l'appendice cœcal d'une autre membrane formée avant elle : dès lors nous nous expliquerons facilement la continuité du système vasculaire qui la parcourt, avec celui de la vésicule ombilicale, puisque celle-ci, l'allantoïde et la tache embryonnaire ne sont qu'un tout continu, ou, pour mieux dire, ne sont que les trois lobes dont se compose maintenant la vésicule blastodermique.

THÉORIE DE L'ENVELOPPE EXTÉRIEURE ET DE LA FORMATION DU CANAL INTESTINAL.

Maintenant donc que nous connaissons l'origine et la signification des trois lobes de la vésicule blastodermique, voyons quelle part chacun d'eux va prendre dans la formation du nouvel être, et quel est le rôle que chacun d'eux est destiné à remplir, pour le conduire à son état parfait.

Pour bien comprendre ce qui va se passer, il faut se rappeler que nous avons reconnu à la vésicule blastodermique trois couches ; deux principales et une accessoire. Or, si pour mieux suivre le phénomène, nous faisons momentanément abstraction de celle-ci, il nous restera les deux couches essentielles, c'est-à-dire l'externe et l'interne, lesquelles deux couches doivent nécessairement se retrouver et dans la tache embryonnaire, et dans la vésicule ombilicale, et dans l'allantoïde, puisque ces trois parties, ainsi que nous l'avons déjà plusieurs fois établi, ne sont que des dépendances du même tout, le blastoderme.

En effet, si l'on examine un œuf à cette époque, où déjà la tache embryonnaire dont nous devons tout d'abord parler, parce que c'est en elle et par elle que se forme l'embryon, manifeste un capuchon céphalique et un capuchon caudal, et qu'on incise cette tache dans le sens de son plus étroit diamètre, on voit qu'elle est composée de deux couches très distinctes alors, bien que dans l'origine elles fussent entièrement confondues. L'une est externe et l'autre interne.

Or, qu'est la couche externe et qu'est la couche interne?

Là est toute l'anatomie des parties qui, au terme où nous prenons le développement, constituent l'embryon ; aussi, si nous parvenons à démontrer ce que sont ces deux couches, nous aurons converti l'animal à son état primitif ; en d'autres termes, nous aurons prouvé qu'avant d'atteindre la perfection du type qu'il doit représenter, l'animal supérieur passe par des degrés inférieurs d'animalité, puisqu'il se trouvera réduit, dans les premiers temps, à n'avoir, comme les hydres, par exemple, qu'un élément fondamental, c'est-à-dire une peau ; et plus tard, en marchant vers le perfectionnement, un intestin et une enveloppe extérieure, ce qui est le cas des sangsues (1).

La couche externe du blastoderme, celle dans

(1) Dans ces derniers temps, quelques anatomistes ayant cru découvrir dans l'embryon humain des branchies, se sont empressés, par une de ces exagérations si fréquentes à l'esprit qui se croit novateur, de dire que l'homme ou tout autre mammifère, avant d'atteindre le type qu'il représente, était têtard, poisson, etc. Pour nous, si nous avançons que l'animal supérieur passe par des degrés inférieurs d'animalité, et qu'il se trouve réduit dans les premiers temps à l'élément fondamental de hydres et des sangsues, ce n'est pas que nous admettions une identité ou une analogie entre un fœtus de lapin, par exemple, réduit à son périère et à son intestin, et les hirudinées, etc. Loin d'admettre cette similitude, nous croyons au contraire qu'il y a, entre ces animaux d'un ordre si différent, la plus grande disparité. L'embryon des mammifères a bien un état transitoire qui simule en quelque sorte l'état permanent des sangsues ou des hydres ; mais il y a en lui, avec cet état transitoire qu'il manifeste, une activité qui, en le poussant incessamment vers le type définitif qu'il doit atteindre, lui conserve toujours une différence *essentielle, fondamentale*, qui le distinguent de tous les degrés d'organisation qu'il doit traverser.

laquelle se manifestent les formes de l'être qui se réalise, sera la peau de l'embryon ou son *périère*, si nous pouvons ainsi dire. Par le mot peau, nous n'entendons pas seulement ici cette enveloppe qui délimite à l'extérieur le corps d'un animal, et que les physiologistes connaissent sous le nom d'organe général de taction ou de tact; mais, comme M. de Blainville l'a fait depuis longues années, nous nommons peau toutes les parties contenant des viscères. Or, la couche externe, dans laquelle s'est formée la tache embryonnaire, va, en se repliant, former les parois thorachiques et abdominales, et nous verrons que c'est au-dessous de ces parois que sont contenus le cœur, les poumons, les intestins, etc.; de plus, c'est dans l'épaisseur de cette couche que seront compris les systèmes nerveux et osseux. Ces points, que nous ne faisons qu'indiquer en passant, seront développés plus au long quand nous traiterons de l'organogénie. Maintenant, cette peau se modifiera et se prêtera aux exigences des parties qu'elle doit protéger : ces phénomènes d'un autre ordre, résultent d'un développement plus avancé.

Une question que nous croyons devoir examiner ici, parce que selon nous elle se rattache à la théorie de l'enveloppe extérieure, est celle de la formation du péritoine. Tous les auteurs qui ont traité

la question de la formation des membranes, ont
une opinion différente sur l'origine de cette séreuse.
Pour nous, après avoir étudié le fait dont il s'agit
avec toute l'attention qu'il demande, nous devons
avouer que nous ne saurions encore avoir une
conviction arrêtée sur la manière dont la tunique
péritonéale se forme. Pourtant, comme nous ne
pouvons nous dispenser d'expliquer son mode de
formation, nous dirons ce qui, dans l'état actuel
de nos connaissances, nous paraît le plus probable.
Mais nous le répétons, nous sommes, certes, loin de
prétendre pouvoir résoudre un problème des plus
difficiles en embryogénie : nous n'avons, jusqu'à
présent, que le sentiment de la chose sans en avoir
la conviction. Aussi, du jour où les observations
de ceux qui s'occupent du même sujet, ou bien
celles que nous poursuivons, dans ce sens, à l'effet
de découvrir la vérité, nous montreront des faits
propres à détruire notre présomption, nous sommes prêt à les accepter.

Comment donc se forme le péritoine ?

Lorsqu'on examine la couche externe du blastoderme que nous savons maintenant être l'enveloppe
extérieure de l'animal, ou la peau, à une époque
où il a acquis assez de développement pour que
les formes de l'embryon soient manifestement dessinées, on voit alors que la cavité qui contiendra

plus tard les viscères abdominaux est largement ouverte. Or, le mécanisme par lequel se forme cette cavité, peut se diviser en deux temps. Le premier de ces temps est marqué par le recourbement primitif de la couche périérique, recourbement qui réduit cette couche à avoir, comme nous l'avons dit, l'aspect d'un soulier ou d'un sabot dont la circonférence antérieure est formée par le capuchon céphalique, la postérieure par le capuchon caudal, et les parois latérales par les parties qui correspondront aux parois abdominales. Jusque-là les deux couches du blastoderme sont encore adossées l'une à l'autre, de sorte que si, par une dissection assez délicate, on parvient à les isoler sans les détruire, résultat que l'on peut obtenir sans trop de difficulté, on voit que la couche interne répète presque complètement celle dans laquelle elle est comprise.

Mais dans le second temps, les choses se passent d'une manière différente : c'est bien, si l'on veut la continuation du même phénomène, quoique les effets qu'il manifeste alors ne soient plus les mêmes. Or, voici ce qui arrive : la couche interne tend à s'isoler de l'externe, et à se rétrécir pour former, comme nous allons le dire tantôt, le canal intestinal ; mais elle semble entraîner, dans son rétrécissement, la couche externe dont l'accroissement progressif s'effectue de plus en plus : il en résulte alors, qu'après avoir tapissé toutes les parois internes abdominales, en se doublant sur elle-même, cette dernière couche vient de chaque côté se rencontrer et s'adosser, sans toutefois s'unir intimement, sur la ligne médiane ; puis elle remonte pour embrasser l'intestin, et pour redevenir feuillet externe de la vésicule ombiliale.

La coupe théorique que nous donnons (Pl. 1, fig. 7 et 8) sur le mécanisme, par lequel nous croyons que le péritoine se forme, facilitera l'intelligence d'un phénomène facile à concevoir, mais difficile à exprimer, par des mots, d'une manière claire et non équivoque.

Cette théorie de la formation de la séreuse dont il s'agit ; cette théorie, disons-nous, qui n'est pas plus déraisonnable que celles que l'on a données jusqu'à ce jour, mais que nous n'oserions soutenir, parce qu'elle n'émane pas encore des faits d'une manière positive, explique pourtant assez bien ces particularités anatomiques que présente l'animal adulte. On sait, en effet, que l'intestin est suspendu au moyen de deux lames péritonéales (mésentère) qui le contournent, et que c'est entre ces deux lames, adossées et unies par du tissu cellulaire, que passent les nerfs et les vaisseaux qui vont se distribuer au canal intestinal : en outre, l'artère aorte descendante est en rapport par sa face antérieure avec le mésentère ; or, n'est-il pas évident, d'après ce qui précède, que le péritoine, tel que nous le concevons dans les premiers temps de sa formation, se comporte de la même manière à l'égard de toutes ces parties, puisqu'il va contourner l'intestin auquel il servira de gaine, et puisqu'aussi c'est dans l'espace triangulaire que forme la couche externe, en se rencontrant sur la ligne médiane, que sera logée l'aorte descendante.

La séreuse péritonéale ne serait donc pour nous que la peau modifiée, ou bien, pour nous servir d'un langage plus significatif, elle n'est autre chose que la couche externe du blastoderme persistant ici à son état primitif, tandis qu'ailleurs elle s'est modifiée par le développement des os, des muscles, etc., pour remplir le but auquel elle était destinée.

Au reste, la présence au péritoine de deux muscles spéciaux dont les autres séreuses n'offrent aucune trace; muscles que les anatomistes connaissent sous le nom de crémasters, et qui, dans le fœtus, ne sont autre chose que le gubernaculum, semble venir à l'appui de cette idée : que le péritoine est une expansion de l'enveloppe externe, puisque, comme elle, il peut avoir des muscles qui lui sont propres et qui existent, sinon dans son épaisseur, du moins sur une de ses faces.

Maintenant, si nous soumettons au même examen la couche interne de la tache embryonnaire, nous verrons qu'elle va se convertir en intestin. Dans le premier temps du phénomène dont nous avons déjà fait mention tant de fois, la couche interne, avons-nous dit, répète la couche périérique. C'est alors, pour nous servir encore d'une expression triviale, mais si caractérisque de la chose, un soulier dans un soulier, avec cette différence qu'ici les deux couches sont en continuité avec celles de la vésicule ombilicale. La couche intestinale se présente donc à peu près sous forme d'ellipse ayant un pôle qui correspond à l'extrémité céphalique, et l'autre pôle à l'extrémité caudale. Son ouverture de communication avec la cavité de la vésicule ombilicale est alors très-large. Or, si maintenant, par la pensée, le seul moyen que nous ayons pour nous rendre compte d'un fait que nous ne pouvons nier, ni même mettre en doute, parce qu'il existe dans toute son intégrité, comme nous le prouveraient des exemples pris dans les classes inférieures ; si maintenant, disons-nous, nous poursuivons l'étranglement qui, primitivement, séparait la vésicule blastodermique en deux lobes, de manière à rendre de plus en plus étroite l'ouverture de communication de ces deux lobes, nous finirons par avoir.

un pédicule étroit, et un sac entièrement clos.

Hé bien, ce que nous venons d'opérer par la pensée, s'opère naturellement dans le développement d'un être. Quelle est la loi de formation qui préside à ce mécanisme ? Nous l'ignorons, et nous ne cherchons par conséquent pas à l'expliquer. Ce qu'il nous importe, c'est de constater le fait, et de le traduire, autant que faire se peut, en un langage intelligible.

En même temps que la couche périérique opère son recourbement sur elle-même pour former le péritoine, en même temps aussi la couche intestinale se dessine nettement : il y a coïncidence étroite entre tous ces phénomènes. Celle-ci se présente alors de chaque côté de la colonne vertébrale dont des traces existent déjà, sous forme de pli (1) étendu du capuchon céphalique au capuchon caudal, ce qui a pu porter Wolf à croire que l'intestin se formait par deux plis latéraux qui convergeaient l'un vers l'autre pour s'unir sur la ligne médiane, opinion sur laquelle nous reviendrons dans l'exposé que nous ferons de l'histoire de la science.

Mais bientôt le rétrécissement arrive à son terme, et alors le sac intestinal, sous l'aspect

(1) Ce sont ces plis que l'on désigne communément sous le nom de plis intestinaux, plis primitifs de Wolf.

d'une ligne cylindrique assez épaisse, étendue de l'endroit où sera la bouche à celui où s'ouvrira l'anus, se trouve être réellement constitué. Notons comme fait, que l'étranglement ne s'est pas seulement opéré sur la couche intestinale, mais aussi sur la couche périérique, puisque celle-ci, après s'être repliée pour devenir péritoine, recouvre la couche intestinale, et lui est contiguë par tous les points de sa surface. Plus tard, le sac intestinal va, en se développant, acquérir des circonvolutions; mais cette question, qui appartient à un autre ordre de phénomènes, ne doit point nous occuper maintenant.

S'il nous fallait des exemples pour prouver que la couche interne du blastoderme est réellement celle qui forme l'intestin, nous en trouverions de nombreux dans les classes inférieures des vertébrés. Nous verrons, en traitant du développement des batraciens que le blastoderme chez ces animaux est constitué par deux vésicules emboîtées l'une dans l'autre, et que la plus externe de ces vésicules se convertit tout entière en peau, lorsque l'interne se transforme en canal intestinal. Chez les poissons la même chose à peu près se passe; on voit en effet que la vésicule la plus interne du blastoderme rentre en entier dans la cavité abdominale pour former l'intestin. Ces spécialités, que nous ne citons ici que comme exemples, trouveront leur développement lorsque nous serons amenés à faire l'ovologie des vertébrés ovipares inférieurs, et sous l'influence de la théorie générale que nous proposons, acquerront une valeur que les auteurs, en l'absence de cette théorie, n'avaient pu leur reconnaître.

Or, si, comme nous venons de le démontrer, la couche externe de la tache embryonnaire est la peau de l'animal qui se forme, et si cette peau est la première manifestation d'une organisation plus compliquée, nous disons que l'animal supérieur, dans les premiers temps de son développement, est réduit à la condition des animaux les plus inférieurs : par conséquent, si maintenant nous examinons quel est le système anatomique à adopter, nous serons conduit à voir que ce doit être celui qui, allant du simple au composé, prendra l'enveloppe pour base, puisque c'est elle qui apparaît la première, et puisqu'aussi les animaux les plus bas placés dans la série zoologique, n'offrent pour tout caractère d'animalité qu'une substance organique homogène, analogue au tissu animal des vertébrés, observé à l'époque de son développement primordial.

De même, si la couche interne de la tache embryonnaire, ce dont on ne peut douter, se

convertit en intestin, et que l'animal supérieur
alors soit réduit à une enveloppe extérieure et
à un tube intestinal, nous sommes porté à conclure qu'avant de réaliser le type qu'il doit représenter, cet animal passe, comme nous l'avons dit,
par des degrés inférieurs d'animalité.

Ainsi se trouve confirmée cette idée que nous
avons exprimée dans notre introduction, que l'embryogénie et l'anatomie comparées doivent devenir la confirmation l'une de l'autre, et qu'elles doivent se prêter un mutuel appui, afin de marcher
ensemble au même but.

Et maintenant, si, à mesure que l'ouverture de
la cavité abdominale tend à s'oblitérer, par la con-
vergence de tous les points de cette ouverture vers
un centre qui sera l'ombilic; si maintenant, disons-
nous, nous supposons (ce que nous démontrerons
dans la partie de cet ouvrage qui a trait à l'organogénie), que du tube intestinal naissent autant de
cœcums qu'il y aura d'organes glandulaires contenus dans les cavités thorachique et abdominale,
nous aurons l'origine de chacun de ces organes;
mais, nous le répétons, ces questions seront traitées ailleurs.

Il est inutile de rappeler que c'est du développement en général dont il s'agit ici, et que, par
conséquent, nous ne devons point nous occu-

per des époques auxquelles tous les phénomènes dont il vient d'être fait mention apparaissent; ce que nous essaierons de faire en donnant la monographie des espèces que nous avons été à même d'étudier : seulement nous devons dire qu'il y a, entre tous ces phénomènes, une étroite concomitance, et qu'ils se manifestent dans une série progressive d'accroissement et de perfectionnement, qui nous conduiraient, si nous les poursuivions, à la réalisation d'un être parfait et accompli.

VÉSICULE OMBILICALE.

La vésicule ombilicale, dont nous connaissons maintenant l'origine, n'est destinée à remplir, pendant le développement de l'embryon, que des fonctions transitoires : de sorte que sur ce point elle ne saurait être confondue avec l'allantoïde, puisque l'un des caractères essentiels de celle-ci, lorsqu'elle existe chez les mammifères, est de persister jusqu'au terme du développement, pour accomplir, à l'égard du fœtus, ce que la vésicule ombilicale avait commencé, c'est-à-dire pour fournir à la nutrition de celui-ci, en se modifiant d'une manière propre à accomplir cette fonction. L'on sait, en effet, positivement aujourd'hui, que la vésicule ombilicale n'est destinée, pendant les premiers temps de la gestation qu'à fournir les matériaux propres à l'accroissement de l'embryon. C'est également sur elle que se forment les vaisseaux *omphalo-mésentériques*, vaisseaux transitoires aussi, et n'appartenant, par conséquent, qu'à une époque primordiale du développement. Mais une chose des plus remarquables, sans doute, est cette espèce d'antagonisme établi entre la vésicule ombilicale et l'allantoïde ; antagonisme qui fait que le développement de l'une de ces vésicules est toujours, ou presque toujours, en raison inverse de celui de l'autre. En effet, dans beaucoup de cas, lorsque l'allantoïde prend de l'extension, la vésicule ombilicale diminue de volume ; d'autres fois celle-là acquiert un développement médiocre, et celle-ci alors persiste dans les dimensions. Toutes ces particularités seront exposées plus au long dans les monographies spéciales des ruminans et des rongeurs.

La vésicule ombilicale est formée de deux couches principales, l'une externe, se continuant avec la couche périérique de l'embryon, et l'autre interne, en relation, elle aussi, avec la couche intestinale. Or, établissons bien que cette continuité se fait dès le principe par un pédicule résultant du simple étranglement qui divise la vésicule blastodermique en deux lobes, ce qui nous a permis de constater l'origine de la vésicule ombilicale. Ce pédicule est donc fort large dans les premiers temps du développement; mais, comme nous l'avons vu, il se rétrécit de plus en plus, et finit même, à une époque un peu avancée, par n'être plus en rapport, soit avec le périère, soit avec l'intestin, que par les vaisseaux omphalo-mésentériques, qui le traversaient pour arriver dans la cavité abdominale. Ce pédicule de la vésicule ombilicale peut être long ou court, peu nous importe.

Si nous voulons, à présent, juger les opinions émises par les auteurs, au sujet de ce pédicule, il nous sera facile de le faire. On sait qu'il a été l'objet de discussions assez nombreuses, en ce sens que les uns ont dit avoir constaté sa communication avec l'intestin grêle, tandis que les autres ont nié cette communication. Evidemment, ces deux opinions sont vraies, en tant que chacune d'elles n'exprime qu'un temps du phénomène; mais d'un autre côté on peut dire qu'il y a erreur, puisque ces opinions tendent à généraliser un fait qui n'a qu'une époque dans la durée du développement. Le pédicule de la vésicule ombilicale communique réellement avec l'intestin grêle dans les premiers temps de la gestation, mais plus tard il tend à s'oblitérer, et il arrive un moment où cette communication n'est plus susceptible d'être démontrée. (1). La vésicule ombilicale, prise à une époque déjà un peu avancée, varie, quant aux formes qu'elle affecte, selon les espèces. Chez les unes, elle persiste jusqu'au terme de la gestation; toutefois elle ne sert plus alors qu'à coiffer l'embryon de sa double enveloppe, ce qui a pu faire croire à l'existence d'un faux amnios; chez les autres, elle s'atrophie avant cette époque, et disparaît même presqu'entièrement dans certains cas.

Les couches de la vésicule ombilicale, entièrement unies entr'elles, sont assez difficiles à distinguer l'une de l'autre, et plus difficiles encore à isoler.

ALLANTOÏDE.

Objet de nombreuses recherches, et source de graves erreurs, l'allantoïde dont aucun auteur, avant nous, n'avait bien, que nous sachions, déterminé la vraie signification, ne doit plus être, dans l'état actuel de la science, un obstacle à l'ex-

---

(1) Il est bien entendu que nous ne voulons parler ici que de l'oblitération du pédicule de la vésicule ombilicale, chez les mammifères; car, en traitant des oiseaux, nous verrons ce qu'ils présentent de spécial à ce sujet.

plication de certains phénomènes, relatifs au développement des mammifères, mais un moyen, au contraire, de se rendre compte de ces phénomènes.

Si, pour étudier l'allantoïde, nous nous étions placé, pour n'en jamais sortir, dans le cercle étroit où s'enfermaient les anatomistes; si, comme eux, nous nous étions borné à constater un fait isolé dans la série de ceux qui se produisent; enfin, si nous nous étions obstiné à vouloir résoudre un problème des plus intéressans en embryogénie, celui de la génèse et de la destinée de la vessie ovourinaire ou allantoïde, en la prenant à une époque déjà éloignée du moment de son apparition, nous ne serions certainement jamais parvenu, comme nous l'avons fait, à constater sa valeur réelle. Mais nous avons dû employer, dans nos recherches, des procédés plus rigoureux et plus rationnels; des procédés qui nous permissent de juger toute la durée du phénomène, et d'établir, par conséquent, sur un *à-posteriori*, une signification d'autant plus satisfaisante, qu'elle résulte des faits observés et recueillis dans une succession sériale. La publication de nos premiers travaux à ce sujet, a provoqué, de la part des auteurs qui ont écrit sur l'embryogénie, une opposition vive qui avait pour but, plutôt de défendre une opinion personnelle, qu'un intérêt vraiment scientifique ; mais nous croyons qu'aujourd'hui la majorité des personnes qui s'occupent de la même spécialité que nous, s'est rangée de notre côté, et qu'il ne peut plus y avoir opposition que de la part de ceux qui n'ont pas examiné les faits sur lesquels nous avons appuyé notre manière de considérer l'allantoïde.

Disons, avant de constater les modifications que subit la vésicule dont il est ici question, que dans l'origine elle se présente en général chez toutes les espèces sous une forme à-peu-près sphérique ; mais qu'elle ne persiste pas la même chez toutes, car bientôt, dans quelques-unes, elle affecte des dispositions particulières, dont nous parlerons en faisant l'histoire du développement de ces espèces. Dans ces cas, elle supplée presque toujours la vésicule ombilicale, en se réfléchissant sur l'embryon pour l'envelopper. Primitivement aussi l'allantoïde se montre sous l'aspect d'une vésicule transparente, et renferme un liquide que les anciens, pour le dire en passant, avaient pris pour de l'urine, mais à tort, puisque ce liquide existe dans cette vésicule bien avant que les reins, qui devraient la secréter, soient formés. D'ailleurs, chez certaines espèces, la cavité de l'allantoïde s'oblitère presque complètement au moment de sa naissance, comme

dans le lapin et dans l'espèce humaine, et alors
le système genito-urinaire est, chez ces espèces, à
peine ébauché.

Si nous ne consacrons pas, pour indiquer l'allantoïde, la dénomination d'*ovo-urinaire*, dénomination sous laquelle on l'a désignée dans ces
derniers temps, c'est que nous croyons que ce
nom donne une fausse idée des usages que cet organe est destiné à remplir pendant toute la durée
du développement. En effet, le mot ovo-urinaire
n'exprime qu'une partie du phénomène ; car l'allantoïde n'est, si l'on peut dire, vessie urinaire
que par une portion de son pédicule, et encore
cette portion de pédicule ne subit-elle les modifications qui la font organe permanent, qu'à une époque déjà avancée. Nous pensons donc qu'il vaut
beaucoup mieux conserver à cette vésicule le nom
d'allantoïde, qui lui a été donné par les premiers
anatomistes, parce que ce mot, n'exprimant qu'une
forme et n'impliquant aucune relation, on peut,
en le définissant bien, lui donner la valeur que
l'examen des faits lui assigne. Cette question, qui
n'est que secondaire, mériterait à peine de nous
occuper, si nous n'avions en vue d'établir une nomenclature embryogénique, dépouillée, autant que
possible, de tout ce qui peut porter à de fausses
interprétations.

Aussi, nous éleverons-nous encore contre une dénomination d'autant plus vicieuse qu'elle peut conduire plus facilement à faire confondre deux choses qui, toutes deux, se présentent sous le même aspect, quoiqu'elles soient affectées à des parties différentes. L'on sait, par exemple, que la vésicule ombilicale et l'allantoïde, portent chacune des vaisseaux, les uns connus sous le nom de *vaisseaux omphalo-mésentériques*, et les autres sous celui de *vaisseaux ombilicaux*. Or, la première idée qui résulte de ces diverses désignations, surtout pour les personnes qui ne s'occupent pas spécialement de ces questions, c'est que les vaisseaux ombilicaux doivent appartenir à la vésicule ombilicale. L'erreur, comme on le voit, serait ici facile à commettre ; car le système vasculaire dont nous parlons se porte exclusivement sur l'allantoïde, où il se montre permanent, jusqu'au terme de la gestation ; aussi, pour la faire éviter, proposerons-nous de substituer au nom généralement adopté de vaisseaux ombilicaux, pour désigner le système spécial affecté à l'allantoïde, celui des vaisseaux *allantoïdo-placentaires*. Chez les oiseaux et les autres vertébrés ovipares dont le développement se fait hors du sein maternel, et chez lesquels, par conséquent, la transformation en placenta d'une partie de l'allantoïde n'était pas nécessaire pour établir une adhérence entre la mère et le fœtus ; chez ceux là, disons-nous, les vaisseaux de l'allantoïde recevront simplement le nom de vaisseaux *allantoïdiens*. Ces dénominations, les seules que nous emploirons désormais lorsque nous voudrons parler du système vasculaire que porte l'allantoïde, soit dans l'une, soit dans l'autre classe des vertébrés, n'ont rien d'arbitraire, puisqu'en les établissant, nous n'avons fait que ramener à la signification de l'organe dont ils sont parties constituantes, des vaisseaux qui, par un nom mal consacré, pouvaient impliquer contradiction et conduire à des interprétations plus ou moins erronées.

Après ces considérations, il nous reste à suivre les métamorphoses que cette vésicule va subir, et à voir quelle part elle prend dans le phénomène du développement.

Nous croyons inutile de rappeler que l'allantoïde, étant un lobe de la vésicule blastodermique, ou, si l'on veut mieux, un cul-de-sac de la vésicule ombilicale, doit, comme celle-ci, posséder le même nombre de couches. Ceci admis, établissons d'abord comment il arrive que la vésicule, dont il est ici question, après n'avoir été qu'une expansion d'une autre vésicule, va se trouver en communication avec l'intestin rectum, et par quelle modification elle se transforme en véritable vessie urinaire.

Pour bien comprendre le mécanisme à la faveur duquel ces phénomènes consécutifs se réalisent, il ne faut pas perdre de vue que l'étranglement qui séparait d'abord la vésicule blastodermique en deux lobes, n'est, comme nous l'avons dit, que le pédicule naissant de la vésicule ombilicale. Or, si l'allantoïde est un cul-de-sac de cette même vésicule, ce que l'observation directe démontre d'une manière trop évidente pour qu'on puisse élever des doutes à cet égard, et si, comme elle, elle possède deux couches principales, abstraction faite de la couche accessoire, il s'en suit, dès lors, que l'allantoïde doit nécessairement se trouver en continuité par sa couche externe, d'une part avec la peau de l'embryon, vers le point où la symphyse du pubis et les parois illiaques du bassin se formeront, et de l'autre avec le péritoine, puisque celui-ci n'est, comme nous l'avons dit, qu'une continuation du périère; et de plus, l'allantoïde doit, par sa couche interne, qui, dans les premiers temps, répète presque exactement la couche périérique, se continuer évidemment avec la couche intestinale par les points où celle-ci est en contact avec ce qui sera le bassin, puisque (pour traduire notre pensée en un langage facile à comprendre) l'allantoïde commence où finit l'intestin.

Mais nous savons que l'allantoïde est une ex-

pansion de la vésicule ombilicale, et que, par conséquent, il doit y avoir communication non seulement entre les parois de l'une et de l'autre de ces vésicules, mais encore entre les cavités qu'elles concourent à former. Or, si nous avons égard au lieu où se fait cette communication, par rapport aux parties futures de l'embryon, nous verrons que c'est presqu'au point où s'ouvrira l'anus, par conséquent au rectum. En effet, lorsque la couche intestinale se détache de la couche périérique, et qu'elle tend à s'enrouler pour se convertir en intestin, il arrive alors que l'allantoïde se trouve être réellement en continuité par le feuillet interne de son pédicule, avec la portion rectale de la couche intestinale.

Si les choses se passent comme nous le disons, ce que, dans l'état actuel de nos connaissances, nous sommes autorisé à croire, puisque nous avons invoqué l'observation directe, il en résulte qu'à une époque originaire du développement les mammifères possèdent, comme les oiseaux, un cloaque qui, au lieu d'être permanent comme chez ceux-ci, n'a qu'une existence transitoire. Bientôt, en effet, la communication entre la partie terminale du rectum et la couche interne du pédicule de l'allantoïde devient de plus en plus douteux, et tend à s'oblitérer complètement.

Mais alors survient un autre phénomène : la couche interne du pédicule qui est contiguë au point où l'oblitération s'est opérée, subit, dans une étendue limitée de sa longueur, des modifications remarquables ; elle se dilate et s'épaissit pour constituer la vessie urinaire, vessie qui se trouvera toujours être en continuité avec l'allantoïde, par la portion du pédicule que nous allons connaître sous le nom d'ouraque. (Pl. I, fig. 6.)

Enfin, lorsque la couche périérique, après s'être recourbée en dedans pour se convertir en péritoine, converge de tous les points de la circonférence qui marque la limite de celui-ci et de la peau, vers un centre qui sera l'ombilic de l'embryon, alors la portion péritonale de la couche externe du pédicule de l'allantoïde, et la portion périérique qui se continue avec la symphyse du pubis et les parois iliaques, sont ramenées vers l'ombilic pour contribuer à former la paroi inférieure et antérieure du ventre, ou sous-ombilicale ; pendant que la couche interne de ce même pédicule, qui se continue, comme nous l'avons dit, avec la vessie, commence à se flétrir derrière la paroi abdominale, prend alors le nom d'*ouraque*, et porte le tronc des vaisseaux allantoïdo-placentaires.

La théorie que nous proposons pour expliquer la formation de la vessie et de l'ouraque, est con-

firmée par l'anatomie de l'animal adulte. L'on
trouve en effet que ces deux organes, l'un permanent, l'autre transioire, sont dans les mêmes rapports que nous venons d'indiquer; c'est-à-dire
qu'ils sont compris entre deux couches, une qui
appartient au périère, et l'autre au péritoine. Nous
pouvons donc, prenant l'embryon dès son plus
bas âge, le conduire successivement jusqu'à l'état
adulte, sans que rien ne vienne entraver la marche
du phénomène que nous avons décrit, ce qui est
la démonstration la plus positive de la vérité de
la théorie.

Cordon ombilical.

Jusqu'ici tous les faits que nous avons constatés
ne nous ont été fournis que par cette portion de
l'allantoïde que l'on pourrait appeler embryonnaire, puisqu'elle entre comme partie constituante
dans la formation du fœtus. Il nous reste donc à
voir comment se comporte, à l'égard de l'être qui
se développe, l'autre portion de l'allantoïde qui
demeure étrangère à sa formation; bien qu'elle
participe pour beaucoup au phénomène du développement.

L'on peut dire que sous ce rapport le rôle qui
est dévolu à l'allantoïde est d'une importance au

moins égale à celle de la fonction que la vésicule ombilicale était destinée à remplir ; car c'est par elle que va s'accomplir ce que celle-ci avait commencé ; c'est par elle, en un mot, que la nutrition va se continuer.

Or, quelles sont les modifications que subit l'allantoïde pour qu'une pareille fonction puisse s'exécuter ?

Sans plus nous occuper de la portion du pédicule qui, nous l'avons vu, s'est transformée en vessie urinaire et en ouraque d'une part, en péritoine et en périère de l'autre, nous allons, prenant l'allantoïde à son origine, ou du moins au moment où son pédicule ne s'est pas encore accolé à celui de la vésicule ombilicale ; nous allons, disons-nous, voir les phénomènes dont elle est le siége, et chercher par là l'explication de quelques faits jusqu'à ce jour demeurés très obscurs.

A mesure qu'elle acquiert du volume, l'allantoïde tend à s'appliquer sur la face interne de la membrane vitelline avec laquelle elle se confond de plus en plus, et par l'intermédiaire de celle-ci à s'accoler sur un ou plusieurs points des parois internes de l'utérus, pour former le placenta, comme nous allons le dire tout-à-l'heure. Or, de l'adhérence première et médiate que contracte l'allantoïde avec la matrice, résulte un phénomène bien intéressant à suivre, car il nous donnera la mesure de quelques autres phénomènes consécutifs, qui nous eussent échappé sans lui.

L'œuf, dans la matrice, se place, avons-nous dit, dans une position constante par rapport à celle que doit avoir primitivement le fœtus, et nous en avons déduit que celui-ci se montre toujours dans les premiers temps, le dos tourné vers la paroi voisine de l'utérus, et dans une position horizontale. Or, lorsque l'allantoïde va se placer de manière à ce que des points d'adhérence s'établissent médiatement entre elle et l'organe dans lequel l'œuf est renfermé, voici ce qui arrive :

Par l'effet du développement, l'ouverture ombilicale de l'embryon, que nous avons vue très-large dès l'origine, tend, en se rétrécissant de plus en plus, à mettre en contact tous les points du pourtour de cette ouverture, et à rapprocher par conséquent ainsi les pédicules de la vésicule ombilicale et de l'allantoïde, qui se trouveront alors saisis l'un et l'autre et comme étranglés dans ce même pourtour. Or, si l'extrémité caudale de l'embryon est fixée à l'utérus au moyen de l'allantoïde, il doit s'en suivre que, ce point d'adhérence étant le centre vers lequel toute l'action se portera, l'extrémité céphalique que rien n'assujétit, sera ramenée du côté de l'extrémité caudale, et subira dans ce mouvement une espèce de traction qui non seulement alors ramènera la forme de l'embryon à celle de la courbe, mais qui tendra de plus en plus à faire perdre à celui-ci la position horizontale qu'il avait d'abord. Pour bien comprendre le mécanisme, à la faveur duquel ces phénomènes s'exécutent, on n'a qu'à se figurer une bourse largement ouverte, dont on diminuerait de plus en plus l'ouverture, après avoir assujéti un côté de cette bourse à un corps résistant et immobile ; il est facile de voir que tout le pourtour de l'ouverture serait ramené vers le côté que l'on aurait préalablement fixé.

Lorsque le développement est arrivé à ce point, où le pédicule de l'allantoïde et celui de la vésicule ombilicale sont en contact, alors l'embryon, dont nous venons de constater le changement de position, exécute des mouvemens particuliers, à la faveur desquels il fait subir à l'allantoïde, unie au pédicule de la vésicule ombilicale, une torsion spirale qui la convertit en cordon ombilical.

Maintenant, ce cordon ombilical sera plus ou moins long, plus ou moins tordu, selon les espèces.

Or, puisque le cordon ombilical, ce qui nous est clairement démontré, n'est autre chose que le pédicule de l'allantoïde enroulé, il s'ensuit rigoureusement que les rapports de ce cordon avec l'embryon doivent être les mêmes que ceux qu'avait l'allantoïde ; et puisque, comme nous l'avons dit précédemment, l'allantoïde, au moment de sa conversion en cordon ombilical, se continuait avec le périère et le péritoine, d'une part, et de l'autre avec l'ouraque ; les formes seules étant changées, il en résulte que le cordon ombilical doit être dans les mêmes relations avec la paroi abdominale et le péritoine, d'une part, et de l'autre avec la vessie, par l'ouraque.

Mais cette continuation du cordon ombilical avec la peau et le péritoine, ne persiste pas toujours complète ; car à mesure que le terme de la gestation approche, l'atrophie gagnant successivement chaque couche du cordon, celui-ci tend à s'effacer, mais de manière que la portion qui porte les traces des vaisseaux allantoïdiens soit la dernière à se flétrir.

Quant à la possibilité de démontrer par la dissection que les couches des parois abdominales se rendent toutes vers le cordon ombilical, il est facile de concevoir que l'on puisse arriver à une pareille démonstration ; car, de ce qui précède, il suit, comme nous l'avons démontré, que l'embryon doit avoir avec ce cordon les mêmes rapports qu'il avait avec l'allantoïde ; mais que l'on puisse établir une identité de nombre entre les feuillets du cordon ombilical et les couches des parois de l'abdomen, c'est ce que nous nions formellement, bien que nous attachions peu d'intérêt à une pareille question. La stratification que présentent ces parois n'est qu'un phénomène secondaire, phénomène qui n'est dû, en quelque sorte, qu'à la muscularisation de ces mêmes parois. D'ailleurs, il suffit que l'on soit obligé, pour trouver dans le cordon ombilical le même nombre de feuillets, que, par le moyen du scalpel, l'on peut distinguer de couches dans les parois abdominales, de faire entrer comme partie constituante dans ce cordon, la membrane vitelline (chorion des auteurs), pour que nous considérions comme non advenu ce que l'on a dit de cette identité de nombre; car la membrane vitelline, dans aucun cas, ne fait partie des membranes propres du fœtus : son rôle se borne seulement à protéger celui-ci.

Placenta.

Pour terminer l'histoire de l'allantoïde, il ne nous reste plus qu'à montrer par quel mécanisme elle parvient à former le placenta ou les cotylédons.

Lorsqu'elle est assez développée, avons-nous dit, pour qu'elle aille, après s'être d'abord intimement accolée à la membrane vitelline, s'applatir, se déformer contre les parois de l'utérus, et se mettre en contact médiat avec lui, alors la partie de l'allantoïde, qui est soumise à ce contact, paraît subir une véritable hypertrophie, qui saisit son tissu et le fait s'épaissir considérablement : or, c'est cet épaississement qui va constituer le placenta fœtal.

Lorsque l'on cherche à voir comment est composé ce placenta, surtout chez les espèces que l'on pourrait appeler *monoplacentaires*, l'on voit que ce n'est rien autre chose qu'une agrégation, qu'une agglomération de villosités, qui, au lieu d'être libres ou en partie libres comme celles des houppes cotylédonaires des ruminans, s'enchevètrent les unes dans les autres, et se dépriment contre les parois de la matrice, pour se plaquer en quelque sorte sur elle. Chez les espèces à placentas multiples, les gâteaux placentaires offrent bien moins de complication ; leur structure très simple ne permet plus de douter de la manière dont ils se forment. On voit en effet qu'ils se composent d'une foule de villosités qui s'enfoncent (comme, par exemple, les racines d'un arbre dans la terre), sous forme de petits culs-de-sac, dans le parenchyme utérin ou cotylédon de la matrice, culs-de-sac qui se subdivisent en d'autres plus petits, et qui tous sont composés , comme nous l'établirons plus au long en parlant de la brebis,

1.° D'une couche externe, non vasculaire, appartenant à la membrane vitelline ;

2.° D'une couche profonde , vasculaire, provenant de l'allantoïde et portant les dernières ramifications des vaisseaux allantoïdiens.

Mais l'utérus ne demeure point passif à ce phénomène, car il s'hypertrophie, lui aussi, sur tous les points par lesquels il est en contact avec le gâteau placentaire fœtal, de manière à fournir, de son côté, non pas un véritable placenta utérin , comme on a semblé l'admettre dans ces derniers temps, mais un simple bourrelet charnu, formé aux dépens du tissu propre de l'utérus, et résultant, si nous pouvons ainsi dire, d'une sorte d'irritation permanente pendant toute la durée de la gestion, que déterminerait sur ce point la présence ou le contact des villosités placentaires. Ce qui tend à le différencier aussi des véritables placentas, c'est qu'au lieu de se détacher comme ceux-ci à une époque déterminée, il demeure fixé à l'organe d'où il émane, pour disparaître et s'effacer, ou se fondre peu à peu ; qu'enfin, si on étudie sa structure, on ne la trouve analogue sous aucun rapport avec celle du placenta fœtal.

La forme et le nombre des placentas peuvent se

déduire de la forme que l'allantoïde affecte lorsqu'elle se développe (ce qui donne les placentas circulaires, ceux en zone, etc.), et de l'étendue qu'elle prend : or, l'étendue multipliant nécesairement les points de contact d'un organe contenu dans un autre organe, et chaque point de contact devenant gâteau placentaire, on peut concevoir facilement qu'il puisse exister des espèces à placentas multiples.

Maintenant, quels sont les usages du gâteau placentaire? Il est destiné, comme on sait, à faire passer au fœtus les matériaux nutritifs dont il a besoin pour son développement, durant sa vie intra-utérine. Mais comment se fait ce passage du fluide de la mère, à l'embryon? C'est ce que nous allons chercher à éclaicir.

Nous n'examinerons pas toutes les opinions qui ont été émises à ce sujet; car toutes se réduisent à admettre une nutrition ou par absorption, ou par transmission directe des fluides, transmission qui s'effectuerait au moyen de conduits vasculaires spéciaux. Or, faire l'examen de cette dernière opinion, pour la juger, sera également porter un jugement sur la première, et du rejet de l'une résultera nécessairement l'admission de l'autre. A l'étude du placenta se rattache donc naturellement la question des vaisseaux *utero-placentaires*.

L'existence de ces vaisseaux, tour-à-tour niée ou admise, n'est pas encore clairement démontrée : nous disons même qu'elle ne peut l'être, bien que dans ces derniers temps on soit venu pour fixer l'opinion des anatomistes à ce sujet, donner une solution affirmative de leur existence, dans un mémoire lu à l'Académie des sciences. Les faits sur lesquels on s'est appuyé pour prouver la communication vasculaire qui existerait entre la mère et le fœtus, ont été fournis par des injections faites surtout chez les rongeurs. L'on a vu que de la matière injectée passe du fœtus à la mère, et réciproquement de la mère au fœtus, et l'on a conclu « qu'il existe, par conséquent, une *commu-* » *nication vasculaire évidente*, constante entre » la mère et le fœtus, comme entre le fœtus et la » mère (1). »

Mais des tentatives nombreuses et multipliées sur les animaux à placentas multiples, n'ayant jamais conduit au même résultat, on a été porté à dire que, « deux modes distincts constituent les » rapports de l'utérus avec l'œuf, de la mère avec » le fœtus, ou une *communication vasculaire*, » et qui alors se fait par un seul point, par un

(1) Comptes rendus des séances de l'Académie des sciences. (1836, n.º 7, *p.* 171.)

» *placenta unique*, ou une communication de
» simple contact, de *simple adhésion*, et qui
» alors se fait par un très grand nombre de
» points, par des placentas multiples.

» En d'autres termes, dit l'auteur, la commu-
» nication du fœtus avec la mère se fait par *conti-*
» *guité* ou par *continuité :* l'étendue de la surface
» ou des points de contact suppléant, dans le pre-
» mier cas, *au défaut d'énergie du mode de com-*
» *munication*, et *l'énergie du mode de communi-*
» *cation* suppléant, dans le second, au *défaut*
» *d'étendue de la surface.* (1) »

On le voit, en défendant une opinion fort ancienne d'ailleurs, l'auteur du mémoire s'explique
d'une manière très explicite : d'après lui il y a évidemment communication directe entre la mère et le
fœtus, mais chez certaines espèces seulement; la
communication chez les autres se faisant par contiguité : cette distinction est un point essentiel à
noter, parce que plus tard nous aurons à y revenir.

Or, lorsque de notre côté nous nous sommes
livré à l'examen de cette importante question;
lorsque nous avons voulu juger nous-même les
faits sur lesquels était fondée l'existence des
vaisseaux utero-placentaires, les résultats que

____

(1) Loc. cit., p. 172.

nous avons obtenus nous ont conduit à avoir une opinion contraire à celle qui a été renouvelée de nos jours. Mais, comme dans les sciences, et surtout comme en bonne logique on ne saurait nier ce qui a été présenté comme fait, sans motiver sa négation par des preuves qui combattent ou détruisent ce prétendu fait, nous allons examiner avec la sévérité que demande une question aussi délicate, tout ce qui est susceptible de faire révoquer en doute l'existence des vaisseaux utero-placentaires.

Si d'abord nous avons recours à l'observation directe, la première pensée qui vient à l'esprit, après un examen un peu attentif, c'est que l'opinion de ceux qui ont admis l'existence de ces vaisseaux est le résultat d'une véritable illusion. En effet, lorsque nous avons étudié des placentas injectés sur place, pour voir quelle pouvait être la relation qui existe entre la mère et le fœtus, nous avons été tout d'abord surpris en rencontrant entre le placenta fœtal et ce qu'on nomme à tort le placenta utérin, deux ou trois petits corps allongés, cylindriques comme injectés, et simulant presque assez bien des vaisseaux : ils paraissaient s'enfoncer d'un côté vers le cordon ombilical, et de l'autre vers l'utérus. Nous en avons été surpris, disons-nous, au point de les prendre pour les vaisseaux utero-placentaires que nous cherchions à découvrir. Comme nous, les personnes que nous avions priées d'examiner ce fait, ont pu avoir un moment cette conviction. Mais une observation plus soutenue, aidée de moyens amplificateurs, nous a bientôt démontré le contraire. Nous avons vu que ces filamens vasculiformes, les seuls que l'on ait pu prendre pour les vaisseaux utéro-placentaires, ce que nous sommes autorisé à croire, puisque noûs les avons découverts à l'œil nu ; puisque nous les ayons vus en même nombre, et puisque enfin nous leur avons reconnu la même position que l'anatomiste qui les a signalés ; nous avons vu, disons-nous, que ces prétendus vaisseaux ne sont autre chose qu'une sorte de matière albumineuse condensée, sur le pourtour de laquelle s'est déposée une partie de l'injection qui a pénétré le tissu placentaire.

D'ailleurs, ces filamens, plus ou moins irréguliers, ont des contours vagues, indécis, qui suffiraient pour faire naître du doute sur leur nature vasculaire ; car tout le monde sait qu'un vaisseau veineux ou artériel, est parfaitement circonscrit, et qu'il offre des lignes régulières. En outre, coupés transversalement, et observés à la loupe, ces filamens n'offrent ni la lumière ni le caillot sanguin que présentent toujours à l'examen les véritables vaisseaux ; leur consistance, enfin, établit encore une distinction importante, puisque loin de se rompre, comme ceux-ci, sous l'effort d'une traction un peu considérable, ils s'y prêtent aisément, et sont susceptibles d'une grande élongation.

Les vaisseaux utero-placentaires offrent, particulièrement chez les rongeurs et les carnassiers, espèces sur lesquelles on les a le mieux étudiés, un volume, a-t-on dit, assez considérable. Or ce seul fait suffirait, ce nous semble, pour faire soupçonner d'erreur l'existence de ces vaisseaux. Comment admettre que c'est à l'aide de troncs vasculaires assez volumineux (puisqu'ils sont visibles à l'œil nu), qu'est établie la communication entre la mère et le fœtus, sans concevoir pour celui-ci des chances de destruction innombrables? En effet, toutes les passions qui agiteront la mère, il y sera soumis lui-même; il ressentira immédiatement, et dans leur entière énergie, toutes les sensations que le monde extérieur fera naître chez celle-ci. En un mot, du trouble de la mère résulterait, surtout dans les premiers temps, la destruction inévitable de l'être faible qu'elle porte.

La philosophie toute entière, disons-le, dépose contre l'opinion d'une communication directe entre la mère et le fœtus; et si l'observation ne venait la nier de la manière la plus formelle, l'intelligence des lois de la nature nous forcerait à la rejeter. Comment soutenir, sans s'exposer à une grossière inconséquence, que la nature, si féconde dans son admirable harmonie à fournir à chaque être des moyens de conservation en rapport avec les dangers qui le menacent, aura semé de périls inévitables l'entrée de la vie, et placé tant d'embûches à l'entour d'un être incapable de les éviter?

Nous le répétons, lors même que nous n'aurions pas cherché dans l'observation des faits une réfutation de cette opinion, nous nous croirions autorisé à la rejeter comme contraire à la philosophie, à la marche habituelle de la nature, aux fins de la création.

D'ailleurs, il suffirait de dire que ceux même qui admettent l'existence d'un système vasculaire spécial entre la mère et le fœtus, reconnaissent que les pulsations du cœur de celui-ci ne sont pas isochrones à celles de la mère; pour donner une idée de leur inconséquence, et pour faire préjuger, en l'absence d'autres preuves, que la circulation de l'embryon étant tout-à-fait indépendante de celle de la mère, il ne peut y avoir communication directe entre l'un et l'autre.

Mais ces considérations ne sont pas les seules preuves à opposer à l'opinion des anatomistes qui croient voir cette communication. Un fait qui nous paraît concluant est celui de l'existence d'un

sang rouge (le fœtus de la brebis montre cette particularité d'une manière très évidente) (1), avant
que toute adhérence soit établie entre la mère et le
fœtus, et ce sang acquiert la couleur qu'il aura désormais, même plusieurs jours avant l'apparition
d'un placenta. On voit ce fluide rouge parcourant
les vaisseaux, le cœur battre, en un mot une circulation s'établir indépendamment de celle de la
mère. Ne faut-il pas conclure de ce fait, que la
nécessité d'une communication vasculaire entre
l'utérus et l'embryon, ne saurait être démontré,
puisque celui-ci a déjà sa circulation *rouge* qui lui
est propre, avant qu'il ait pu en recevoir une de sa
mère.

Le gâteau placentaire, avons nous dit aussi, est
formé par des villosités qui sont agglomérées et
qui s'enchevêtrent les unes dans les autres ; hé bien,
nous concevons que quelques-unes de ces villosités isolées, pénétrant dans le tissu même de la matrice, comme c'est un fait général pour toutes les
villosités placentaires des ruminans, et les vaisseaux de chacune de ces villosités isolées étant
remplis par de l'injection, nous concevons, disons-nous, qu'il soit possible de prendre ces villosités isolées et injectées pour une démonstration

_____

(1) Voir l'ovologie de la brebis.

d'une communication directe ; communication pourtant qui n'existerait pas plus chez les rongeurs, les carnassiers et l'homme, où ces faits peuvent se reproduire, qu'elle n'existe chez les ruminans.

Mais ce que nous nous expliquons bien plus difficilement, c'est le mécanisme par lequel les vaisseaux *utero - placentaires* s'aboucheraient avec ceux du fœtus et de la mère. On ne peut en effet concevoir comment des tubes vasculaires qui, comme ceux du placenta, ont, lorsqu'ils se divisent dans les villosités dont ils sont partie constituante, une ténuité telle qu'ils sont capillaires, peuvent offrir un point d'anastomose aux vaisseaux uteroplacentaires que l'on dit être visibles à la vue simple ? On ne peut le concevoir, disons-nous, à moins qu'on n'imagine un système spécial ; à moins qu'on ne suppose un vaisseau ayant la forme d'un arbre, intermédiaire à l'utérus et au placenta, plongeant par ses racines dans le premier, pour s'anostomoser avec les capillaires utérins, et étendant ses branches nombre de fois ramifiées dans les enveloppes du fœtus, pour s'aboucher avec les vaisseaux capillaires de celles-ci. De cette manière l'on pourrait réaliser une communication que nous concevrions, mais que nous persisterions toutefois à combattre comme simple hypothèse et non comme fait démontré.

Mais un fait qui, plus que tous les autres, donne la valeur de l'opinion que nous rejetons, est celui de la non existence des vaisseaux utero-placentaires chez tous les mammifères ; on a été même jusqu'à séparer, sous ce rapport, cette classe en deux grandes divisions, dont l'une renfermerait ceux chez lesquels la communication a lieu directement entre la mère et le fœtus, et l'autre ceux qui en sont entièrement privés : tandis que les rongeurs et les carnassiers appartiendraient à la première section, par une étrange et inexplicable ordonnance, les ruminans se trouveraient dans la seconde. Le seul fait de la possibilité d'une division de la sorte est, disons-le, concluant; en effet, est-il possible de concevoir que lorsqu'il s'agit d'un phénomène d'une aussi grave importance, il puisse y avoir de telles exceptions, et surtout est-il rationnel d'admettre qu'elles auront lieu pour des animaux aussi voisins les uns des autres que le sont les ruminans des rongeurs? En vérité, pour quiconque se donnera la peine d'y réfléchir, ce seul fait est une véritable réfutation de l'opinion que nous croyons maintenant avoir suffisamment combattue pour en démontrer l'impuissance.

Ainsi donc, les anatomistes qui ont admis l'existence de ces vaisseaux ont été le jouet d'une illusion, ou bien nous-même avons mal interprété

la description qu'ils en donnent; mais, en vérité,
elle est trop précise pour qu'on puisse s'y méprendre, et les injections que nous avons répondent
à cette description. Il faut donc admettre que sans
pousser l'investigation aussi loin qu'il eût été
utile de le faire dans l'intérêt de la vérité, ils se
sont arrêtés aux formes extérieures, prenant pour
des vaisseaux ce qui n'en est qu'une apparence,
pour de véritables ramifications ce qui n'en est
qu'une assez infidèle représentation; mettant ainsi
contre eux, en même-temps que les faits réels, les
preuves décisives que fournit l'argumentation.

Mais dans une pareille question, si les preuves
et les raisonnemens que nous avons employés pour
démontrer l'erreur dans laquelle les anatomistes
sont tombés relativement à la possibilité matérielle
d'une communication directe, nous manquaient,
nous pourrions encore invoquer les preuves historiques. L'on sait en effet que Robert Lee, qui fut
couronné à Londres pour la prétendue découverte
des vaisseaux utero-placentaires, vint, quelques
années après, déclarer publiquement que c'était
par suite d'une véritable illusion qu'il croyait être
arrivé à la découverte qui avait mérité les suffrages
de ses savans confrères, et apporter des preuves
à l'appui de la nouvelle opinion dont il se décla-
rait le défenseur. Certes, lorsque nous voyons

chaque jour, même dans les affaires où l'intérêt personnel se trouve le moins engagé, une mauvaise honte empêcher d'avouer l'erreur qu'on a commise, une renonciation semblable à celle de Robert Lee doit être au moins un motif puissant pour ceux qui croient devoir résoudre affirmativement la question de l'existence des vaisseaux utero-placentaires, de douter de la certitude des résultats auxquels ils pensent être arrivés, et de les soumettre à l'épreuve de nombreuses expériences et d'une critique sévère et éclairée.

Quant à nous, fort de l'observation directe des faits et des preuves logiques, nous rejetons formellement cette manière de voir, et nous croyons que son admission serait un retour à plusieurs siècles.

Les vicissitudes que la question des vaisseaux utero-placentaires a subies, s'expliquent cependant par la difficulté des injections en général, et particulièrement des injections fines. Il faut bien qu'il y ait là des obstacles réels pour que tant d'erreurs aient été commises sur un si grand nombre de points importans et par tant d'hommes de génie. Ruysch, par exemple, si célèbre par son habileté comme anatomiste, et dont les belles préparations ont à jamais assuré la gloire, n'est-il pas venu à plusieurs reprises nier certaines découvertes qu'il avait d'abord proclamées, confessant l'erreur

de ses sens, et appuyant son opinion nouvelle
par de nouvelles préparations? Les exemples plus
récens ne manquent pas non plus pour nous
avertir du soin et de l'attention que demandent
ces sortes de recherches ; ainsi, pour citer un fait
entre mille, nous dirons que deux anatomistes modernes, dont les travaux ont beaucoup contribué
aux progrès des sciences médicales, ont décrit,
l'un dans une thèse de concours, et l'autre dans
le dictionnaire des sciences médicales, des espèces
de canaux qui, partant des points ciliaires, com-
muniqueraient avec la capsule cristalline, et ser-
viraient, suivant eux, à nourrir l'humeur de Mor-
gagny. En 1834, au moment du concours pour
la place d'aide d'anatomie, M. Giraldés présenta à l'Ecole de Médecine des pièces où ces canaux se trouvaient injectés ; ainsi leur existence
semblait être un fait acquis.

Mais plus tard ce jeune anatomiste, en examinant de nouveau la rétine non injectée, vit que ces
canaux étaient artificiels, et qu'ils étaient le résultat de l'injection qui, en décollant les lames de la
rétine, avait formé des culs-de-sac ayant la forme
de canaux. C'est également à cette valeur que doivent être réduits les vaisseaux que l'on a dit se
former dans les fausses membranes ; nous avons
pu vérifier qu'il n'y avait encore là qu'une véri-

table infiltration. Le célèbre Delpech, qui admettait dans ce cas la formation d'un système vasculaire particulier, n'avait été conduit à cette manière de voir que par une pure abstraction, et nullement par l'observation directe.

Il résulte des preuves que nous avons invoquées, que les vaisseaux utero-placentaires sont encore à démontrer, et que par conséquent l'absorption ou l'imbibition est, comme quelques physiologistes, tant anciens que modernes l'ont avancé, le mode par lequel s'opère la nutrition du fœtus. Disons encore que celui-ci, d'après nous, ne puise pas dans le sein maternel du sang en nature pour se l'assimiler, mais la partie de ce sang qui convient à son accroissement, car il a en lui tout ce qu'il faut pour convertir les fluides qu'il absorbe en véritable sang.

Telle est notre opinion sur l'existence des vaisseaux utero-placentaires, et tel est, en dernière analyse, le mode qui, selon nous, est le plus rationnel, pour expliquer le passage des fluides nutritifs de la mère au fœtus.

Ainsi, il résulte de ce que nous avons dit de l'allantoïde, que cette vésicule passe par une série de modifications qui la transforment, d'une part, en vessie urinaire et en ouraque, et de l'autre en cordon ombilical et en placenta.

Si les auteurs n'ont pas été conduits à envisager l'allantoïde, comme nous croyons qu'on doive la considérer désormais, c'est que presque tous se sont bornés à constater, dans la série des modifications qui résultent du même phénomène, quelques faits isolés, particuliers, dont l'origine leur est demeurée inconnue ; c'est que la plupart ont pris, pour sujet de leurs recherches, des embryons à une époque déjà trop avancée, pour que la vérité toute entière pût se manifester à eux. Aussi, que d'erreurs ne sont-elles pas nées de cette manière vicieuse de procéder!.. Les uns ont été portés à nier l'existence de l'allantoïde chez certaines espèces ; d'autres l'ont méconnue, et ne soupçonnant pas que ce fût elle qui eût, par ses transformations, réalisé le placenta et le cordon ombilical, ont donné le nom d'allantoïde, et ont décrit comme telle une partie des enveloppes du fœtus, qui, nous pouvons le dire, est certes loin d'avoir quelque analogie avec cette vessie signalée depuis long-temps par les auteurs anciens ; quelques autres enfin, admettant une allantoïde dans les premiers temps de l'évolution fœtale, ont avancé qu'elle ne persistait pas jusqu'à la fin du developpement, et qu'elle disparaissait même à une époque peu avancée.

Nous proclamerons donc encore ici cette néces-

sité de procéder, d'une manière logique et rigoureuse, à l'investigation des faits; de poursuivre un
phénomène dans son entier, et de ne l'abandonner qu'après qu'il est complètement épuisé. Si l'on
avait ainsi fait, l'on n'eût jamais nié l'existence de
l'allantoïde, à quelqu'époque du développement
que l'on prît l'œuf, puisque; comme nous l'avons
vu, elle persiste en dehors du fœtus, modifiée en
cordon ombilical et en placenta, et, disons-le,
l'on fût arrivé, dès-lors avant nous, à donner la
véritable génèse de cette membrane.

AMNIOS.

En commençant l'histoire de la vésicule blastodermique, nous avons dit que cette vésicule devait être considérée comme composée de trois
couches, dont deux essentielles et une accessoire.
Mais nous avons dû, pour que l'exposé que nous
avions à donner des phénomènes consécutifs du
développement de l'embryon ne fût pas entravé
par des considérations d'un ordre secondaire;
nous avons dû, disons-nous, faire momentanément
abstraction de cette dernière, pour ne nous occuper que des deux couches principales, les seules qui
aient concouru, ainsi que nous l'avons vu, à la
formation du fœtus. Or, maintenant que la signi-

fication de ces couches nous est parfaitement connue ; maintenant que nous savons quelle part chacune d'elles prend à la réalisation d'un être, voyons ce que peut signifier par rapport à celles-ci, le feuillet accessoire que présentait primitivement la vésicule blastodermique.

Si l'on examine l'œuf peu de temps après sa chute de l'ovaire, et qu'on étudie alors le blastoderme, on voit, non sans beaucoup de difficulté toutefois, que tous les feuillets de ce blastoderme sont entr'eux dans un rapport tellement intime, qu'on serait porté à considérer celui-ci comme formé seulement d'une couche. Bientôt pourtant, chacune d'elles se caractérise : la couche intestinale et la couche périérique cessent d'être confondues, et alors aussi on aperçoit comme une pellicule transparente qui se détache de toute la surface de la couche externe ou périérique, pour s'en isoler de plus en plus. La cause de cet isolement est sans doute dû à un phénomène d'endosmose analogue à celui que nous avons vu se produire sous nos yeux, lorsque, après avoir mis un œuf fécondé et pris dans l'utérus quelque temps après l'accouplement, dans de l'eau, nous avons vu passer une partie de cette eau à travers la membrane vitelline, et détacher des parois de celle-ci une autre vésicule dont nous n'eussions pu, sans ce phénomène, constater l'existence. Il est probable que les fluides de l'utérus, dont l'œuf pour ainsi dire s'endosmose, produisent le décolement dont il est ici question.

Mais nous avons avancé que le feuillet accessoire dont nous cherchons à connaître la signification, ne se montre ainsi détaché que de toute la périphérie de l'embryon. Lorsqu'on examine ce fait avec l'attention qu'il réclame, l'on voit que cette pellicule, dont l'ensemble forme une sorte de poche dans laquelle est contenue le fœtus, semble n'adhérer à celui-ci que dans tout le pourtour de son ouverture ombilicale : elle est libre sur tous les autres points. Si l'on cherche à poursuivre ce feuillet au-delà du pourtour de l'ouverture ombilicale de l'embryon, on parvient bien dans quelques espèces à constater son décollement jusque même dans la cavité abdominale, circonstance qui a pu faire croire à sa continuité avec le péritoine (opinion sur laquelle nous allons revenir); chez d'autres, il paraît au contraire se continuer avec les parois abdominales, ou même encore avec l'épiderme du fœtus, ce que quelques auteurs ont cru devoir admettre; mais dans la généralité des cas, on le voit s'arrêter là où se fait la limite de la peau proprement dite, avec la séreuse péritonéale, c'est-à-dire au pourtour ombilical. Il semble même que cette pellicule, que les auteurs ont prise pour un feuillet séreux, se termine précisément au point que nous indiquons ; nous ne prétendons pas dire qu'elle s'arrête réellement là, nous voulons seulement faire comprendre qu'à ce point elle cesse d'être isolée, et qu'elle est même plus ou moins confondue avec ce pourtour, ce qui pourrait faire penser qu'elle ne s'étend pas plus loin. Sur la vésicule ombilicale, par exemple, ou sur l'allantoïde, la difficulté de distinguer ce feuillet est très grande ; il est tellement accolé à la couche externe ou périérique, que l'attention la plus soutenue ne suffit souvent pas pour le faire apercevoir : pourtant nous sommes parvenu quelquefois, non seulement à pouvoir le distinguer, mais encore à l'isoler dans une certaine étendue.

Or, qu'est ce feuillet, et quelle est dans la nomenclature des enveloppes ou des membranes que l'on distingue dans l'œuf des mammifères, la signification qui lui est assignée ? Evidemment il ne saurait y avoir équivoque sur ce point, et ce feuillet est celui que les anatomistes et les embryogénistes de tous les temps ont généralement connu sous le nom d'*amnios ;* mais quelle est la valeur réelle de cet amnios ?

Jusqu'à ce jour tous les auteurs, ou presque

tous, se sont accordés à dire que l'amnios ayant une structure à peu près semblable à celle des séreuses, on devait le considérer comme l'analogue de celles-ci. Quelle que soit la nature de son tissu, la pellicule amniotique est pour nous un véritable épiderme de la vésicule blastodermique.

Si nous nous servons du mot *épiderme* pour désigner le feuillet accessoire du blastoderme, feuillet qui, nous le savons maintenant, se détache de la surface externe de la tache embryonnaire pour constituer l'amnios ; si nous nous servons de ce mot, disons-nous, c'est qu'il a pour nous un sens, une signification qui nous semble convenir parfaitement pour désigner une membrane dont le rôle se borne à des fonctions de protection, sur laquelle on ne découvre aucune trace de vaisseaux, bien que quelques anatomistes aient soutenu le contraire, et qui est destinée à tomber, à se séparer entièrement du fœtus à une époque déterminée.

Disons aussi que ces faits justifient, d'une manière complète, la dénomination d'*accessoire* que nous avons employée pour indiquer le feuillet de la vésicule blastodermique au-dessous duquel existent les deux couches principales. D'ailleurs, ce qui prouve encore que ce feuillet n'est que très secondaire, c'est que dans les animaux inférieurs, dans les crustacés, par exemple, on ne le trouve déjà plus : le développement de ces animaux a lieu, en effet, sans qu'à aucune époque il se manifeste la plus légère trace d'amnios.

Maintenant reste une question à juger.

L'amnios se continue-t-il avec la peau ou bien avec le péritoine?

Les opinions sont partagées sur ce point. Les uns prenant sans doute pour sujets de leurs recherches des espèces dans lesquelles le feuillet amniotique n'est jamais décollé au-delà du pourtour qui marque la limite du péritoine et de la peau, ont avancé qu'il se continuait avec celle-ci ou avec l'épiderme du fœtus. D'autres, au contraire, cherchant leurs preuves chez les espèces dans lesquelles l'amnios offre un décollement qui se prolonge jusqu'au-delà du pourtour ombilical de l'embryon, c'est-à-dire jusque dans la cavité abdominale, ont été portés à supposer que l'amnios était en continuité avec le péritoine, et qu'il formait cette séreuse.

Nous ne pensons pas que ni l'une ni l'autre de ces opinions soit susceptible d'être soutenue; car, selon nous, elles ne s'appuient pas sur des faits réels, mais simplement sur des apparences. *A priori*, nous serions porté à nier une continuité quelconque de l'amnios, soit avec la peau, soit avec le péritoine, puisque celui-ci, dès l'origine,

avait une existence à part, c'est-à-dire qu'il était
feuillet faisant partie de la vésicule blastodermique, et était distinct des deux autres couches
au - dessus desquelles il était placé ; et puisqu'aussi nous avons vu le péritoine et la peau se
former indépendamment de lui ; mais ce que nous
concevons *à priori* est confirmé par l'observation
directe. On voit en effet, lorsqu'on incise sur un
embryon, dont le pourtour ombilical n'est pas encore entièrement clos, un point de ce pourtour,
on voit qu'au sommet de l'espèce d'angle qui résulte de cette incision, angle qui est formé,
comme nous l'avons dit, par la lame périérique
et la lame péritoniale, vient se rendre le feuillet
amniotique, et qu'il s'y place ou un peu plus, ou
un peu moins en dehors, ou en dedans, selon les
espèces ou l'âge des individus : or, cet adossement
de la membrane amnios sur les tissus embryon-
naires, simule assez bien une continuité avec ces
tissus, pour qu'on ait pu croire à cette continuité
lorsqu'on n'a apporté dans l'examen de ce fait
qu'une attention peu soutenue ; mais l'observation
attentive conduit à ceci : que toute continuité avec
la peau ou le péritoine, n'est rien qu'une simple
apparence, et que la lame amniotique passe au-
dessus de ces parties sans se continuer avec elles,
bien qu'elle puisse leur être étroitement accolée.

D'ailleurs, le feuillet accessoire ou amniotique n'a fait que subir toutes les transformations de la couche périérique ; elle lui a, pour ainsi dire, obéi, et elle est, par conséquent, demeurée toujours avec elle dans les mêmes rapports lorsque celle-ci s'est repliée sur elle-même pour devenir péritoine.

Telles sont les considérations générales que nous avions à donner sur le feuillet accessoire ou amniotique.

Quant aux particularités qu'il offre selon les espèces, nous verrons en quoi elles consistent lorsque nous ferons l'histoire de leur développement : nous verrons aussi que le *faux amnios* de Wolf n'est rien autre, dans le lapin, par exemple, où la chose se montre dans toute son évidence, que la voûte fœtale de la vésicule ombilicale qui, en s'appliquant sur l'amnios, et en se réfléchissant sur lui, a pu simuler une seconde poche analogue, ou presque analogue, à celle qu'il forme.

Il est inutile de dire que la poche amniotique renferme une sérosité plus ou moins limpide, dont la quantité augmente à mesure que l'embryon se développe.

CHAPITRE VI.

CONSPECTUS GÉNÉRAL DE L'OEUF. — EXPOSÉ
D'UNE PRÉTENDUE THÉORIE GÉNÉRALE SUR
LE DÉVELOPPEMENT.

APRÈS avoir exposé d'une manière générale l'o-
vologie des mammifères ; après avoir conduit le
développement de l'embryon jusqu'à l'époque de
l'apparition des organes , nous devons négliger
pour le moment de suivre plus loin ce développement, d'abord, parce que les changemens
que nous verrions se produire à l'intérieur du
fœtus, n'étant que des changemens de formes dus
à un phénomène d'accroissement et de perfectionnement, ne serait plus pour nous que d'un intérêt
purement secondaire ; et ensuite, parce que le développement des organes, devant faire le sujet
d'une partie spéciale de ce cours , recevra son exposition ailleurs, lorsque, par conséquent, nous
traiterons de l'organogénie.

Mais si nous résumons ce qui précède pour voir l'œuf dans l'ensemble de ses parties, nous aurons, en procédant de l'extérieur à l'intérieur :

1.º Une membrane *adventive* ou exhalée (caduque des auteurs), fournie par l'utérus après l'arrivée de l'œuf dans cet organe ;

2.º Une membrane *vitelline* (chorion des auteurs) que possédait l'œuf dans l'ovaire, membrane entièrement dépourvue de vaisseaux, et ne disparaissant pas, comme on a pu le croire, mais persistant au contraire pendant toute la durée de la gestation ;

3.º Un *amnios* plus ou moins développé, selon les espèces, et, comme la membrane précédente, ne renfermant aucun vaisseau dans son épaisseur. Cet amnios n'est, comme nous l'avons dit plus haut, qu'un épiderme détaché de toute la surface de l'embryon ;

4.º Enfin, le fœtus, de l'ombilic duquel sortent comme des expensions de son tissus :

Une vésicule ombilicale, plus ou moins grande selon les espèces sur laquelle on l'observe, et devenant, dans quelques cas, organe de protection en fournissant une enveloppe au fœtus, en se réflectissant sur lui et en se plaçant entre la membrane vitelline et l'amnios ;

Et une allantoïde, dont l'extension se fait en raison inverse de celle de la vésicule ombilicale ; mais de laquelle toujours résultent un cordon ombilical, et un ou plusieurs placentas. C'est elle aussi qui supplée la vésicule ombilicale dans ses fonctions de protection, lorsque celle-ci s'atrophie ou qu'elle n'est pas assez développée pour pouvoir les remplir.

Tel est l'œuf des mammifères arrivé à une certaine époque de son développement.

Il est inutile de rappeler que primitivement l'œuf dans l'utérus, se composait de deux vésicules emboîtées l'une dans l'autre, et que c'est de la plus interne de ces deux vésicules qu'est résulté l'embryon : nous avons vu, en effet, que la vésicule blastodermique, divisée elle-même en deux couches principales, réalisait par sa couche externe la peau de l'embryon, et par sa couche interne l'intestin; en outre que c'est de cet intestin qu'émanent, sous forme de cœcums, tous les organes contenus dans les cavités thorachiques et abdominales, tels que les poumons et les glandes.

Or, maintenant que nous avons une mesure propre à nous faire apprécier tous les temps d'un phénomène que nous ignorions, il nous serait facile de juger les écrits de ceux qui se sont livrés à l'étude du développement ; mais les opinions diverses, émises par les auteurs à ce sujet, ne doivent être examinées qu'alors que nous ferons l'histoire de la science : les exposer ici serait nous écarter de notre véritable but. Pourtant, et pour en finir avec une aberration qui s'est placée sous le patronage d'un homme qui ne laisse pas de jouir d'un certain crédit, et qui, par cela même, pourrait trouver faveur auprès de ceux qui sont portés à adopter une opinion plutôt à cause du nom de son auteur, que parce qu'ils auront soumis cette opinion à l'examen d'une critique sévère ; nous devons signaler ici un essai de théorie générale sur le développement, théorie qui, selon nous, est l'invention la plus étrange qui soit jamais sortie de la tête d'un homme. La meilleure critique que nous puissions en faire, c'est d'en proposer la lecture aux personnes pour qui les questions de développement peuvent avoir quelque intérêt ; peut-être seront-elles plus heureuses que nous ; car, nous l'avouons bien sincèrement, il n'a pas été à notre pouvoir de la comprendre, malgré la bonne volonté que nous avions d'y trouver quelque chose qui pût nous faire croire que son auteur pensait sérieusement en l'écrivant. Cet exposé porte pour titre :

Théorie du développement vésiculaire appliqué à l'évolution de l'embryon des mammifères.

« L'ovule a été primitivement une cellule née sur la paroi intérieure d'une cellule plus grande, faisant partie du tissu cellulaire de l'ovaire. Cette *cellule-ovule* a donné naissance à son tour, par les globules de ses parois, à une autre cellule plus interne qui s'infiltre d'un liquide organisateur ; en sorte que, lorsque la fécondation vient détacher cette *cellule-ovule*, elle se compose de deux vésicules, l'une externe (*chorion*), et qui, devenant crétacée chez certains animaux, prend le nom de coquille, et l'autre interne (*amnios*). Mais celle-ci, sous l'influence de la même cause, donne naissance, par un globule auparavant invisible de ses parois, à une nouvelle cellule dont le *hile* s'allonge de plus en plus, et reçoit le nom de *cordon ombilical*. La cellule qui le termine s'organise avec les matériaux que lui transmet la branchie placentaire, et de jour en jour ses organes se développent et se rapprochent du type original qui l'a fécondée. Voici comment je conçois maintenant l'évolution embryonnaire en général. La vésicule externe produit symétriquement deux cellules internes **A** qui viennent en tapisser toute la surface, en s'aplatissant de

chaque côté; elles se touchent par la partie antérieure ; et, par la partie postérieure, elles sont tenues
écartées l'une de l'autre par le développement d'une
troisième cellule B interne, qui s'allonge sans s'é-
largir autant qu'elles; celle-ci est la boîte de l'encéphale. Chaque cellule A donne naissance à deux
cellules, l'une supérieure C, et l'autre inférieure D.
Les deux cellules C forment les deux cavités thorachiques où viennent se loger les deux poumons,
et le médiastin qui n'est que l'agglutination de leurs
parois. Les deux cellules D forment les deux régions latérales de la cavité abdominale, et donnent
naissance, l'une à l'organe du foie, et l'autre à
l'organe de la rate, etc. Le point commun où ces
quatre cellules CC DD se rencontrent forme le dia-
phragme, au centre duquel se dessine, pour ainsi
dire, leur interstice, par une tache aponévrotique.
Mais bientôt ces quatre cellules se dédoublent dans
le sens de leur longueur, pour donner passage au
canal intestinal, qui, en augmentant de capacité,
finit par refouler les deux cellules abdominales D,
l'une vers la région droite, et l'autre vers la région
gauche, et l'abdomen ne présente plus alors qu'une
cavité. Cependant l'organe nerveux pousse diverses
paires de prolongemens, dont une paire s'allonge
vers la partie postérieure, pour y former un seul
faisceau, d'où partiront symétriquement de nou-

velles paires de troncs nerveux. Chaque tronc nerveux s'insinue entre les parois des cellules, pour
se rendre à l'intérieur du corps, et par le *hile* des
cellules, pour aller animer les organes qu'elles recèlent. Les trous de la paire supérieure se font jour
à travers la fente des paupières, pour s'y développer en organes optiques; et là l'emboîtement le
plus externe s'arrondit en choroïde, en cornée
opaque et transparente; le second emboîtement en
rétine; le troisième vient former, par devant, la
chambre de l'humeur aqueuse; le quatrième, la
région cristalline; le cinquième s'organise en corps
vitré, et les emboîtemens centraux, en foyer chargé
de transmettre l'image à l'organe de la pensée. Les
troncs d'une paire suivante viennent s'épanouir en
organe alfactif, deux autres en organe auditif, deux
autres se disséminent sur la langue et dans les différentes régions de la cavité buccale en papilles du
goût; enfin, toutes les autres vont se distribuer
entre toutes les cellules du derme, pour s'organiser
en papilles du tact, en poils, en cornes, en plumes
et en ongles, etc. Mais toutes les cellules ont besoin, pour élaborer d'autres cellules, d'aspirer à
chaque instant des substances organisatrices; aussi
se dédoublent-elles encore pour donner passage
à un liquide, et former ainsi un canal avec leurs
parois; or, comme cette propriété d'aspirer est

inhérente à toute leur périphérie, ce fleuve de la vie ne manquera pas de devenir circulaire ; et s'étendant de proche en proche, appelé par de nouvelles cellules, il formera bientôt un vaste réseau sur la vésicule externe d'un organe, puis s'introduira, par le *hile*, dans les parois de la vésicule et des vésicules plus internes ; enfin, avec ce mécanisme, il finira par envahir de son vaste réseau l'économie toute entière du corps. Le cœur, double ou simple, ne sera qu'un réservoir plus actif de ce grand cercle, et les reins en seront deux filtres, qui, par l'appareil urinaire, en verseront le rebut au dehors. Parmi les cellules de nouvel ordre, dont se composeront les cellules principales, les unes pourront se solidifier en s'incrustant, et formeront des leviers que l'on désignera par le mot *d'os*, et les autres conservant leur propriété de se contracter, en restant attachés aux os, formeront tout autant de ressorts dociles à la volonté. Enfin, de la surface externe de cette boîte vivante, pourront surgir des vésicules appendiculaires, qui s'organiseront par un mécanisme analogue, et qui apparaîtront, par les modifications de leur structure, sous la forme de bras et jambes, chez les mammifères, d'ailes chez les oiseaux, et de nageoires chez les poissons. Je dois laisser à l'anatomie réformée, le soin de poursuivre les applications de cette théorie dans tous ses détails. »

« Mais j'ose dire qu'avec son secours tous les animaux seront ramenés au même type primitif, depuis le mammouth jusqu'au vibrion, qui se dérobe par sa petitesse à la perspicacité de l'observateur. L'embryon humain, à une certaine époque, s'est trouvé réduit à la petitesse du vibrion ; et l'analogue nous indique que sa structure était alors tout aussi compliquée qu'aujourd'hui. »

Après la lecture d'un pareil rêve, il sera aisé de voir que l'auteur de la *théorie du développement vésiculaire, etc.*, était dans un de ces momens d'hallucination pendant lesquels une imagination active donne une forme matérielle à toutes les visions qui l'assiégent, et dont il conserve, après le réveil, un souvenir assez vif pour affirmer de bonne foi leur *existence corporelle*. Mais dans les sciences exactes, de semblables *inspirations* ne peuvent être prises au sérieux, et doivent être considérées comme non avenues. Il sera également facile de s'apercevoir que les prétentions énoncées dans le dernier paragraphe, sont au moins exagérées.

D'ailleurs, nous devons exprimer le regret que nous avons eu de ne pas trouver de figures propres à nous expliquer ce que l'auteur n'a peut-être pas assez développé pour rendre sa théorie intelligible, et nous l'invitons, s'il croit que son opinion puisse être soutenue, ou d'accompagner son exposé de coupes théoriques, ou de développer plus au long sa pensée. Jusqu'alors, nous croyons pouvoir placer cette théorie au rang de *l'aberration systématique qui*, pour nous servir des expressions de l'auteur, *présenta un jour à l'Académie l'animalcule spermatique comme venant former le système nerveux de l'embryon.* (1)

(1) Voyez le *Réformateur.* — Feuilleton (1835.)

EMBRYOGÉNIE COMPARÉE.

OVOLOGIES SPÉCIALES.

OVOLOGIE HUMAINE.

CHAPITRE VII.

CONSIDÉRATIONS PRÉLIMINAIRES.

L'HISTOIRE de l'œuf humain est encore , malgré les efforts des anatomistes les plus habiles , un problème dont la complication s'est accrue de tous les faits recueillis sans discernement , et entassés sans ordre par des auteurs qui se sont interdit toute possibilité de solution , en proscrivant l'analogie comme dangereuse , ou comme impuissante à rallier des phénomènes dont quelque altération pathologique a presque toujours interrompu l'enchaînement. Mais avant de s'isoler ainsi, avant d'étudier l'espèce humaine comme une exception, avant de consacrer l'erreur capitale de l'existence de différences réelles entre l'œuf de la femme , celui des mammifères, des oiseaux, etc.; ceux qui se sont aussi étroitement circonscrits avaient-ils pu se placer à un point de vue assez élevé pour mesurer toute l'étendue de la question? Et jetant un coup-d'œil sur toute la série animale, autant du moins que le permet l'état actuel de la science, avaient-ils convenablement comparé tous les faits connus ou nouvellement observés par eux, de manière à légitimer une semblable assertion? Privés du secours de l'analogie, quel moyen leur restait-il pour reconnaître si, dans l'histoire de la science, il n'existe pas quelque fait qui, dominant tous les autres, pût leur indiquer la route qu'ils devaient tenir? Ou bien, après avoir reconnu que le passé ne pouvait leur fournir aucun moyen de conduire à une conclusion satisfaisante, ont-ils abordé l'étude de l'ovologie humaine d'une manière assez largement philosophique, pour que tous les termes dont le phénomène se compose, aient pu se présenter à eux dans l'ordre de leur rigoureuse succession? Malheureusement il n'en est pas ainsi; il n'ont presque jamais, dans un sujet aussi grave et aussi intéressant, consulté que leur propre autorité, et ont méconnu ou même repoussé, comme anormaux, précisément les seuls faits qui eussent pu les mettre sur la voie de la vérité. Malheureusement aussi, pour eux, le plus souvent, l'histoire de la science consiste à placer des citations à la suite les unes des autres, non seulement sans chercher à en apprécier la valeur, mais encore sans essayer d'en tirer des conséquences rationelles.

N'ayant étudié l'œuf humain qu'après sa chûte dans la matrice, c'est-à-dire alors qu'il a déjà subi des transformations assez nombreuses et assez profondes pour dissimuler des analogies réelles ; et cet œuf n'ayant presque jamais été recueilli qu'à la suite d'un avortement, qui en avait plus ou moins altéré la composition et la forme , on a pris pour l'état normal une maladie variable , suivant la cause qui l'a produite , et, de là, la divergence des résultats qu'on a obtenus ; de là surtout l'opinion que l'œuf de la femme présente des différences fondamentales qui ne permettent une comparaison avec celui des mammifères et des oiseaux , que dans des limites très restreintes. Cependant, si avant de proclamer une assertion aussi erronée, on avait eu la précaution de faire l'analyse comparative de l'œuf pris dans l'ovaire, on n'aurait pas manqué de s'apercevoir que la ressemblance est tellement intime dès l'origine, qu'une différence dans le développement ne saurait consister que dans l'exagération, où la manifestation, moins sensible , mais constante, de faits généraux et communs à toutes les espèces, puisque le phénomène de la génération ne se compose pas de faits indépendans les uns des autres, mais qu'il est au contraire, comme nous l'avons établi au chapitre général du développement, le résultat d'une série non interrompue

dés mouvemens déterminés qui s'enchaînent toujours dans le même ordre, depuis l'époque de la
conception, ou mieux depuis l'origine de la première impulsion qu'elle détermine, jusqu'à un terme
plus ou moins éloigné de cette époque : il s'ensuit donc qu'un fait quelconque doit être d'autant
plus difficile à comprendre, que l'on ignore davantage ses relations avec ceux dont il émane. Si nous
avions besoin de preuves pour faire sentir combien peuvent être graves en effet les erreurs auxquelles doit nécessairement être conduit tout observateur qui se borne à amasser, à constater des
faits, sans chercher s'il n'y a pas entre tous ces faits
une étroite dépendance, un lien qui les enchaîne,
et qui devienne l'explication des uns et des autres,
il nous suffirait de dire, par exemple, pour
ne pas sortir de notre sujet, que l'on n'aurait pas
été exposé à créer une *allantoïde* dans l'espèce
humaine, différente du cordon ombilical et du
placenta, si l'on avait appris par l'étude de l'ovologie des mammifères que l'allantoïde, dans la
succession des transformations qui ont pu la faire
méconnaître, venait, en prolongeant l'embryon,
se confondre avec la membrane vitelline (chorion),
et constituer le placenta par son adhérence à la
matrice, et le cordon ombilical par l'enroulement
en spirale de son pédicule.

Or, le silence absolu qu'on a gardé sur la structure de l'œuf dans l'ovaire, laisse persister une lacune immense, et qu'il est d'autant plus important de combler, qu'elle commence le premier terme générateur d'une série continue. Il est vrai que cette lacune étant comblée, il y aura encore loin de là à l'état d'un œuf qui a séjourné quelque temps dans *l'utérus ;* mais si nous parvenons à démontrer que l'œuf de la femme, pris dans l'ovaire, est tout-à-fait semblable à celui des autres mammifères (1), il deviendra alors infiniment probable, que les premières modifications qu'il éprouvera dans la matrice, seront aussi tout-à-fait analogues, et si nous présentons des faits qui prouvent que ces modifications se lient d'une manière intime à celles qui se réalisent dans l'espèce humaine, pendant toute la durée de la gestation, il faudra bien alors nécessairement reconnaître que le problème se trouve enfin résolu.

Pour atteindre ce but, nous avons deux routes

(1) Les œufs des autres mammifères, pris dans l'ovaire, sont tellement identiques entre eux, chez toutes les espèces, que nous avons pu les soumettre à une description et à une signification générale. Ce serait déjà une forte présomption pour nous faire admettre que celui de l'espèce humaine doit présenter la même identité, si, comme nous allons le voir, des faits ne venaient à l'appui de cette opinion.

différentes à suivre : l'examen de faits acquis depuis long-temps à la science, mais qui, jusqu'à
présent restés sans interprétation, n'ont été que
d'inutiles documens; et l'observation directe qui
sera la confirmation, pour ainsi dire, de ce que la
science nous aura fourni de preuves et d'exemples
à l'appui de notre opinion. Ces deux voies nous
offriront des faits qui, étudiés comparativement,
s'éclaireront les uns les autres, et ajouteront réciproquement à leur valeur, en même temps qu'ils
seront des moyens d'épreuve, qui permettront
de distinguer les cas normaux des cas pathologiques.

Or, nous le disons à regret, ce n'est point dans
les livres des anatomistes français que nous devons
trouver des preuves historiques qui soient de quelque valeur; car ce qui a été fait chez nous, bien
loin de contribuer aux progrès de la science, n'a
guère servi qu'à compliquer les problèmes déjà si
difficiles, qui sont du domaine de l'ovologie humaine, et cela, à cause, comme nous l'avons dit,
de l'absence de données philosophiques et des lumières de la comparaison qui, dans des observations aussi délicates que celles de l'embryogénie,
devaient, quoiqu'on en ait pu dire, être souvent
mises à contribution.

Quelque soit le mérite des savans qui se sont

livrés, en France, à cette étude, leurs travaux sont, nous devons l'avouer, une formelle négation de la science. En vain fouillerait-on dans leurs écrits, pour trouver, nous ne dirons pas une description de l'œuf dans l'ovaire, quoique ce fût là le véritable point de départ, mais quelque chose qui puisse au moins faire soupçonner qu'ils ont cherché à s'assurer par eux-mêmes si réellement cet œuf était tel qu'on l'avait signalé; tous gardent à ce sujet le plus profond silence. L'un, prenant l'œuf dans la matrice, long-temps après sa descente dans cette cavité, et le comparant, à cette époque avancée, à l'œuf des mammifères observé dans l'ovaire, tel que Baer en a donné la description, se croit en droit de consacrer des différences, et se trouve alors conduit, mais on le voit, par une absence de tous les principes de la logique, à nier l'analogie, et à la proscrire comme une route dangereuse : un autre donne une longue énumération des auteurs qui ont écrit sur l'ovologie, mais sans avoir de mesure qui lui permette d'apprécier leurs différentes opinions. Enfin, oubliant tous les principes qui doivent servir de guide dans les recherches scientifiques, il suffira qu'un ancien auteur ait proféré le nom d'allantoïde, de cordon ombilical, etc., pour qu'aussitôt ces noms soient indistinctement appliqués par eux à tous les objets qu'ils ont sous les yeux, sans plus de raison pour donner tel nom à cet organe plutôt qu'à cet autre.

Il nous faut donc faire abstraction de tout ce qui a été écrit en France sur l'ovologie, et avoir recours aux travaux étrangers qui ont été publiés sur cette matière, si nous voulons trouver des faits propres à rendre la question de l'embryogénie humaine, d'une solution facile. Pour ne pas nous égarer dans l'interprétation des faits dont la science est encombrée, et au milieu desquels l'état normal ne se présente que comme une rare exception, nos premiers soins ont été employés à trouver chez les animaux les plus voisins de l'homme, que nous avons pu nous procurer, une série d'observations qui fussent assez nettement exprimées, pour servir de type ou de mesure, afin que les faits relatifs à la question qui nous occupe, rapprochés de cette mesure, reçussent une appréciation qu'on n'aurait pu leur donner sans cette étude préalable. Or, les recherches que nous avons faites sur l'œuf et le développement de plusieurs mammifères, développement que nous avons pu suivre jour par jour, heure par heure, en nous permettant de constater que les mêmes phénomènes se reproduisent toujours et partout identiques, et dans un ordre successif, nous ont conduit à voir que le développement des mammifères pouvait, sauf quelques différences spéciales dans l'époque de l'apparition des phénomènes et dans quelques particularités de forme de tel ou tel organe, être considéré d'une manière générale, comme nous l'avons fait dans la première partie de cet ouvrage.

Il nous reste donc maintenant, si nous voulons établir une monographie rationnelle de l'œuf humain, à placer les faits relatifs à cette espèce dans le même ordre, c'est-à-dire en regard de leurs homologues, et en procédant ainsi, nous aurons du moins l'avantage d'aborder la difficulté avec un élément sans lequel il n'y a pas de solution possible.

CHAPITRE VIII.

DE L'ŒUF HUMAIN ET DE SON ÉVOLUTION.

Œuf dans l'ovaire.

Nos recherches sur la structure de l'œuf des mammifères dans l'ovaire, nous avaient appris qu'il suffisait, comme nous l'avons dit, de la plus légère altération cadavérique, cette altération ne fût-elle que le simple résultat de la cessation de la chaleur animale, pour que l'état normal de l'œuf en éprouvât une modification désorganisatrice ; et comme cette désorganisation devait naturellement commencer par les parties les plus faibles, il s'ensuivait qu'elle atteignait d'abord ce petit corps sphérique que nous avons dit être l'analogue de la vésicule de Purkinje, et dont la transparence et la fragilité sont analogues à celle d'une bulle de savon. C'est pour cette cause, sans doute, qu'on n'avait point encore constaté son existence. Il nous fallait donc, afin de ne plus nous en laisser imposer, étudier l'œuf de la femme dans des conditions telles que rien ne fût changé dans sa composition normale; mais l'incertitude des signes de la mort ayant donné lieu à des réglemens qui s'opposent à l'ouverture des cadavres avant une époque rigoureusement déterminée, nous avons dû long-temps attendre des circonstances favorables; enfin, elles se sont présentées, et nous avons vu se confirmer complètement tout ce que nous avions déjà vu chez les mammifères. Depuis, le docteur John, en Angleterre, servi par des circonstances tout à fait favorables, a eu l'occasion d'observer l'œuf dans l'ovaire, et ses observations ont eu les mêmes résultats que celles que nous avions publiées.

L'œuf de la femme, étudié dans l'ovaire, se compose :

1.° D'une enveloppe extérieure qui est, comme celle des mammifères, l'analogue de la membrane qui renferme le vitellus des oiseaux, et que pour cette raison nous avons désignée sous le nom de *membrane vitelline;*

2.° D'une petite masse grise, contenue dans la cavité de la membrane vitelline, qui est l'analogue du jaune ou vitellus des oiseaux, et qui doit, par conséquent, porter le même nom ;

3.° Enfin, à la surface du vitellus de l'œuf de la femme, on peut constater aussi la présence de

la vésicule diaphane que nous avons comparée à
celle dont Purkinje a démontré l'existence chez
les oiseaux. Cette vésicule doit nécessairement se
rompre après la chûte de l'œuf dans la matrice, et
déposer les matériaux qui contribueront à constituer les premiers rudimens du nouvel être; car des
mêmes faits résultent les mêmes phénomènes, et
nous savons que cette vésicule se dissout après la
conception, chez les mammifères, les oiseaux, etc.

OEuf dans la matrice, et modifications qu'il y subit.

Faits historiques. Ainsi donc, cette vésicule
étant rompue, ce à quoi nous ne mettons pas le
moindre doute, l'œuf de la femme, quand il passe
dans l'utérus, ne diffère encore en rien de celui
des mammifères. Or, si ayant égard à cette similitude, nous supposions pour un instant que les premières modifications qu'il va subir immédiatement
sont aussi pareilles, il adviendrait que le vitellus
de la femme serait employé à former, par la condensation des granules qui le composent, une
membrane vésiculeuse accolée à la face interne de
la membrane vitelline, et que l'œuf serait alors
composé, comme nous l'avons vu, de deux vésicules emboîtées; l'une extérieure *vitelline*, née

dans l'ovaire; l'autre intérieure, développée après la conception et sous son influence, vésicule que nos observations nous ont démontré être l'analogue du blastoderme des oiseaux, et que pour cette raison nous avons nommée *vésicule blastodermique*.

Enfin, si notre supposition était réellement fondée, il arriverait aussi que dans un point circonscrit de l'épaisseur des parois de la vésicule blastodermique, on verrait apparaître la tache embrionnaire, circulaire d'abord, mais dans la suite de son développement se repliant du côté de la tête pour former le capuchon céphalique ou la peau du col et de la poitrine; du côté de la queue, pour former le capuchon caudal ou la peau des parois iliaques et pubiennes; sur les parties latérales enfin, pour former les parois abdominales, et se diriger vers l'ombilic qui est le point de concours commun. En se repliant ainsi, la tache embryonnaire tendrait à convertir la vésicule blastodermique en une vessie inégalement bilobée, dont le plus petit lobe serait la partie qui se convertit en embryon, et dont le plus grand, en continuité avec le précédent, ferait saillie à l'extérieur de l'embryon, prendrait le nom de *vésicule ombilicale*, et porterait les vaisseaux omphalo-mésentériques. L'espèce d'étranglement qui séparerait ces deux lobes de la vésicule blastodermique, deviendrait, en s'allongeant, le conduit vitello-intestinal, ou *pédicule de la vésicule ombilicale*.

Mais pour démontrer qu'en réalité les choses se passent dans l'espèce humaine comme nous venons de l'indiquer, il ne s'agirait plus maintenant que de rechercher s'il n'existe pas dans l'histoire de la science quelque fait méconnu, mal apprécié, ou même repoussé comme un état anormal qui puisse coïncider avec ceux que nous avons eu nous-même occasion d'observer. Hé bien, nous croyons pouvoir citer le suivant, comme propre à conduire à la solution d'une question aussi difficile.

« Dans la matinée du sept janvier 1817, raconte » Evrard Home, une servante s'absenta de la mai- » son de ses maîtres pendant plusieurs heures, et » rentra très agitée, disant qu'elle venait d'acheter » un corset et autres vêtemens. Dans la soirée, » elle pria sa compagne de service de lui aider à » mettre son corset, et tandis qu'on la laçait, elle » se plaignit d'un malaise, et perdit connaissance: » mais bientôt, ayant repris ses sens, elle se mit » au lit.

« Le lendemain, elle se trouva dans le même » état. L'époque de la menstruation était venue, » et l'écoulement périodique n'ayant pas lieu, son

» trouble augmenta. Le treize, elle eut du délire,
» et le quinze, à dix heures du soir, elle était
» morte. A l'ouverture du cadavre, l'UTÉRUS pré-
» senta des signes de grossesse, et d'après les
» renseignemens qui ont été recueillis, on *sup-*
» *pose* que la conception n'avait eu lieu que huit
» jours avant la mort. La matrice fut mise d'abord
» dans l'alcohol, et plus tard, lorsqu'on l'ouvrit,
» on la trouva remplie d'une exsudation de lymphe
» coagulable, et l'on reconnut près de son col un
» petit corps plongé dans cette même lymphe. » (1)

» Ce petit corps, que M. Evrard Home détacha
avec la pointe d'une aiguille dont il se servait,
s'éleva à la surface de l'alcohol, et se montra opaque dans une portion de son étendue, et demi-
transparent dans l'autre ; mais, par l'action de l'alcohol, il devint tout-à-fait opaque.

» La petitesse de ce corps pouvant laisser quelques doutes sur sa nature, M. Evrard Home pria
M. Bauer d'en faire l'analyse microscopique. Cet
habile observateur trouva qu'il consistait en une
membrane très peu transparente, lisse et d'un
blanc de lait, formant une espèce de sac ou de
poche irrégulièrement ovalaire, d'un $^{19}/_{200}$ de
pouce de longueur, et d'un $^{9}/_{200}$ de largeur. D'un

(1) Voir la Planche II, Fig. 1.

côté, ce sac présentait un large repli dans toute sa longueur ; du côté opposé, il paraissait ouvert dans toute son étendue, mais cette fente n'avait pas l'apparence d'une déchirure, les bords de la membrane étant unis et roulés en dedans, ce qui simulait l'aspect d'une petite coquille du genre des *volutes*.

» Ce petit corps ayant été placé sur un verre, il devint facile de déployer la membrane des deux côtés, à l'aide de la pointe d'un pinceau fin de poil de chèvre d'Angora. M. Bauer trouva qu'elle contenait une autre poche plus petite, d'un peu moins d'un $^{18}/_{100}$ de pouce de long, et pas tout-à-fait $^{5}/_{100}$ de large. Une de ses extrémités se terminait en pointe, et l'autre était très obtuse et comme tronquée à sa partie moyenne ; elle était légèrement contractée, ce qui lui donnait l'apparence d'un jeune ovaire de plantes, contenant deux amandes (capsules biloculaires). Elle paraissait très mince, parfaitement unie, luisante, consistante, se laissait tirailler non seulement avec le pinceau, mais encore avec la pointe d'une plume, et paraissait remplie d'une substance muqueuse épaisse. En effet, lorsqu'on y plongeait la pointe d'un instrument, il s'échappait une matière semi-fluide qui restait collée à l'ouverture. Elle contenait deux corpuscules jaunâtres, visibles à l'œil nu. Enfin, elle présentait deux points saillans que M. Bauer considéra comme l'indication de la situation future du cœur et de l'encéphale. »

S'il s'agissait ici de démontrer seulement que l'*utérus* était le siège d'une véritable grossesse, le trouble extrême de cette femme, avant même que l'époque de la menstruation ne fût arrivée, nous donnerait à peu près la certitude qu'elle avait la conscience de son état. Mais là ne doivent pas se borner nos investigations, il nous importe de mettre hors de doute, par l'examen le plus détaillé, que le petit corps, dont nous venons de donner la description, est bien réellement un œuf.

Et d'abord, il est évident qu'il était transparent avant d'avoir été plongé dans l'alcohol, car nous l'avons vu devenir opaque sous l'influence de ce liquide, et cette transparence, comme la faculté de devenir opaque par l'action de l'alcohol, est une propriété qui lui est commune avec l'œuf des autres mammifères pris à une époque correspondante de son développement. En effet, si l'on extrait de la matrice d'une lapine, par exemple, un œuf, après sept à huit jours de gestation, on le trouve parfaitement translucide ; mais il suffit de l'action de l'alcohol, de celle de l'eau, ou même d'un abaissement de température, pour qu'il se trouble et devienne complètement opaque, par suite de la coagulation du fluide albumineux qu'il renferme, comme on peut aisément s'en convaincre. Mais en outre de ces caractères communs qui, du reste, nous paraissent de fort peu d'importance, on peut constater que le petit corps dont il s'agit se trouve composé, comme l'œuf des mammifères, dont nous avons donné la signification générale, de deux membranes emboîtées, l'une extérieure, l'analogue de la membrane vitelline (chorion), l'autre intérieure, l'analogue de la vésicule blastodermique. Il est vrai que si nous n'avions pas d'autres preuves pour démontrer ces analogies, on pourrait encore élever des doutes sur leur réalité ; mais un dessin que nous avons reproduit dans notre atlas (Pl. II, fiig. 2 et 3), dessin exécuté par M. Bauer lui-même, et qui représente le petit corpuscule, laisse voir sur la membrane blastodermique une figure en forme de corps de guitare, qui est, comme nous l'avons dit, l'image fidèle de la tache embryonnaire, lorsqu'elle n'a encore subi que ses premières modifications, et cette similitude est tellement rigoureuse, que par une comparaison avec les mammifères et même les oiseaux, on peut signaler déjà quel est le point où sera le cœur, et celui où se trouvera la tête, la queue, etc., comme, du reste, Bauer en fait lui-même la remarque. Ajoutons que cette membrane interne qui, pour nous, est réellement la vésicule ou l'analogue de la vésicule blastodermique, contient aussi une matière semi-fluide qui s'écoule difficilement; or, nous avons vu que l'un des caractères de la vésicule blastodermique est de renfermer dans son intérieur un liquide qui occupe la place qu'avait le vitellus.

Mais, dira-t-on, comment concevoir alors que la membrane *vitelline* présente une large fente, et le petit corps tout entier une forme aussi éloignée de la forme sphérique ou ovalaire qui est ordinairement propre à l'œuf? A cela il nous suffira de répondre que la matrice a d'abord été plongée dans l'alcohol ; que la dissection en a été faite dans ce liquide ; que le petit corps a été extrait avec la pointe d'une aiguille, qu'il a été laissé dans l'alcohol tout le temps nécessaire pour qu'on pût le faire parvenir à M. Bauer qui habitait une campagne assez éloignée, et que, par conséquent, on doit attribuer sa déformation à l'action de l'alcohol, et la fente de la membrane vitelline à l'instrument dont M. Home a fait usage. Que si l'on argumentait de ce que cette fente ne présentait pas la plus légère apparence de déchirure, nous ajouterions qu'à cette époque les membranes de l'œuf sont tellement homogènes et mucides, que les divisions qu'on leur a fait subir se montrent toujours sans lambeaux. C'est une expérience que nous avons eu souvent l'occasion de vérifier sur les œufs des autres mammifères.

Ainsi donc, nous croyons être en droit de conclure, après cet examen, que le petit corps dont parle Evrard Home, est véritablement un œuf, composé comme celui de tous les mammifères à une époque correspondante :

1.º D'une membrane vitelline (chorion) ;

2.º D'une vésicule blastodermique qui, par les transformations que subira la tache embryonnaire, sera, d'une part, embryon, et, de l'autre, vésicule ombilicale.

Cela étant, et si nous continuons à poursuivre notre hypothèse, il doit arriver que la tache embryonnaire après avoir, par son reploiement, transformé la vésicule blastodermique en deux lobes, restant toujours renfermé dans la cavité de la membrane vitelline, son épiderme alors se détachant comme chez les mammifères, par l'introduction d'un liquide qui le décolle, donnera naissance à l'amnios, pendant qu'une seconde vésicule s'élançant hors de l'ombilic, au-dessous de la vésicule ombilicale, entre cette dernière et la face interne du pubis, viendra s'appliquer sur un point de la membrane vitelline, en prolongeant la vessie sous le nom d'allantoïde.

S'il en était ainsi, l'œuf de la femme serait

alors encore, abstraction faite de ce qu'on nomme la caduque dont, plus tard, nous rechercherons l'analogue, composé, comme nous l'avons vu dans la description générale que nous avons faite de celui des mammifères, d'une enveloppe que nous nommons membrane *vitelline*, qui n'est, comme nous l'avons déjà dit, autre chose que le chorion, membrane qui contiendrait dans sa cavité l'embryon coiffé de son amnios, et laissant échapper par son ombilic deux poches, l'une prolongeant l'intestin, l'autre la *vessie, les parois abdominales, etc.*

Or, non seulement nous allons tout à l'heure prouver, à l'aide des faits qui nous sont propres, que les choses se passent ainsi ; mais nous allons montrer que parmi les faits déjà connus il en existe quatre qui nous paraissent établir, d'une manière évidente, que les choses se passent en effet chez la femme comme nous venons de l'indiquer. Ces faits ont été recueillis par le docteur Pockels, qui a eu l'occasion d'étudier plus de cinquante œufs humains, et qui n'en a trouvé cependant parmi ce nombre que quatre, parfaitement conformés, qui furent expulsés de la matrice, du huitième au seizième jour après la conception.

Nous allons d'abord donner un extrait des observations du docteur Pockels, observations qui sont vraiment trop peu connues en France, nous pourrions même dire trop négligées ; ensuite, nous ferons remarquer les points qui viennent à l'appui de notre opinion, et nous exposerons enfin les faits que nous avons été à même de constater, faits qui établissent irrévocablement l'analogie entre l'œuf de la femme et celui des autres mammifères.

M. Pockels expose dans les termes suivans les résultats de ses recherches (1) :

« 1.° L'œuf bien conformé est, jusqu'au quatorzième jour après la conception, de la grosseur d'une noisette, enveloppé avec le chorion dans la membrane caduque de Hunter ; et en ouvrant cette membrane, on peut l'extraire de la cavité qu'il occupe, sans déchirer les lames du chorion. Il y a une espèce de communication entre ces deux enveloppes ; la cavité du chorion contient une sorte de fluide rouge, transparent, de la consistance du blanc d'œuf, et une membrane incolore, très tenue, le traverse en plusieurs sens ; disposition analogue à celle de l'humeur vitrée dans l'œil. Le

(1) Quelques considérations pour servir à l'histoire du fœtus humain pendant les trois premiers mois après la conception, par le docteur Pockels. (Isis. décembre 1825.)

docteur Pockels assure n'avoir jamais trouvé aucune trace de la membrane qui, dit-on, tapisse le chorion, et en particulier de l'allantoïde.

» 2.° On aperçoit alors un petit corps blanc, c'est l'embryon et les organes qui lui sont unis, ainsi que l'amnios. Cette vésicule est habituellement unie au chorion par son prédicule pyriforme, au moyen d'une petite membrane assez dense ; tandis que par son extrémité conique il s'avance dans le liquide albumineux , ses parois sont tout-à-fait diaphanes, et elle renferme un liquide clair et transparent.

» 3.° Même au quatorzième jour de la grossesse l'embryon peut être distingué à l'œil nu , et se présente sous la forme d'un corps blanc jaunâtre d'à peine $\frac{1}{12}$ de pouce (mesure anglaise) de longueur, aplati vers la partie moyenne, plus épais à ses extrémités, un peu arrondi, et d'une consistance gélatineuse. Jusqu'au douzième jour l'embryon est placé au dehors de l'amnios ; sa partie postérieure est logée dans une légère dépression située à la face externe de cette membrane, à laquelle elle est unie par une membrane celluleuse et transparente. Il résulte de cet arrangement, qu'on peut le détacher de l'amnios, sans être obligé d'ouvrir cette vésicule ; enfin, la surface antérieure est en rapport avec le chorion.

» 4.° Vers le huitième jour l'embryon adhère donc par sa partie postérieure à la face externe de l'amnios; mais par les progrès du développement il finit par pénétrer dans la cavité de cet organe. Vers le seizième jour, ce changement a eu lieu, et l'on voit l'embryon placé tout près de la face interne de la vésicule amniotique, et sans cordon ombilical. On peut reconnaître la tête et les membres postérieurs, qui paraissent comme de petits nœuds saillans et blanchâtres; le dos est encore concave. A mesure que le développement a lieu, l'embryon descend de plus en plus dans la cavité de l'amnios, et la cloison de la surface antérieure s'allonge progressivement.

» 5.° Avant, et même peu de temps après le passage de l'embryon dans l'amnios, on trouve au dehors de cet organe, et réunies avec l'embryon, la *vésicule érythroïde* et la *vésicule ombilicale*.

» 6.° La première, qu'on n'avait pas aperçue jusqu'à présent, est une espèce de petite vésicule, comprimée, allongée, pyriforme, et dont l'extrémité arrondie repose sur l'amnios, au-dessus de la partie la plus basse de l'embryon, et dont l'autre extrémité, plus petite, s'ouvre dans l'abdomen de l'embryon; un peu avant cette insertion, elle est légèrement courbée et dilatée. **Dans les œufs** de huit à dix jours, cette vésicule a trois fois la longueur de l'embryon, et vers la quatrième semaine on ne peut plus l'apercevoir. Il est facile de la détacher de la surface externe de l'amnios et de l'enlever avec l'embryon; mais il arrive quelquefois qu'elle y adhère si intimement, qu'on ne peut l'en séparer.

» 7.º La vésicule érythroïde est transparente, d'une couleur blanche laiteuse, et dans ses parois qui sont très grandes, proportionnellement à son volume, on peut voir une grande quantité de petits globules rouges disséminés çà et là dans tous les sens, mais qui perdent promptement leur couleur dans l'esprit-de-vin. Il y en a plusieurs groupes qui forment comme une double corde, interrompue par intervalle, et dans laquelle on n'aperçoit d'abord que des globules d'un blanc jaunâtre. Immédiatement après l'entrée de l'embryon dans la cavité de l'amnios, ce filament paraît à l'œil nu, comme un cordon vermiforme couché dans le creux de la vésicule érythroïde; au milieu de cette vésicule il se divise en deux petits canaux, visibles seulement avec une forte loupe, et qui pénètrent dans l'abdomen du fœtus.

» 8.º Lors du passage de l'embryon dans la cavité de l'amnios, la grosse extrémité de la vésicule érythroïde s'en détache, et suit l'abdomen

du fœtus qui se retire dans l'espèce de gaîne formée par l'amnios, la remplit complètement, et
dans l'œuf humain cette tunique érythroïde devient ainsi le cordon ombilical. Ce changement
s'opère vers la troisième semaine, et dans les
œufs bien conformés ; alors on ne trouve plus à
cette époque de la gestation la vésicule érythroïde
à la surface de l'amnios. Au contraire, on voit
souvent dans les œufs bien conformés, même vers
la quatrième ou cinquième semaine, près de l'insertion du cordon ombilical, la grosse extrémité
de la vésicule érythroïde, oblitérée, et qui paraît
comme une lamelle blanche placée vis-à-vis de la
vésicule ombilicale, à la surface de l'amnios, et
venant se perdre dans la gaîne du cordon ombilical.

» 9.° Le cordon vermiforme, dont nous avons
parlé (7.°), se porte en haut, vers l'abdomen de
l'embryon, en formant plusieurs circonvolutions ;
son extrémité simple et arrondie reste dans la
vésicule érythroïde, qui enveloppe les deux petits canaux qui pénètrent dans l'embryon, et sa
cavité s'oblitère graduellement de sa grosse extrémité, vers l'abdomen de l'embryon. Dans l'état
naturel il reste dans ce point jusqu'à la onzième
ou douzième semaine, une petite ouverture de la
vésicule érythroïde, qui communique avec la ca-

vité abdominale, et où l'on trouve, même à une époque très avancée de la gestation, plusieurs anses d'intestins, dispositions que l'on connaît déjà. Vers le vingtième jour, ces cordons recourbés supérieurement, pénètrent entièrement dans le fœtus, et alors sa partie moyenne ne paraît plus aplatie, son dos n'est plus concave, et l'abdomen devient proéminent.

» 10.° L'examen le plus attentif du développement progressif de ce cordon vermiforme, de son passage dans l'abdomen de l'embryon ; cette partie qui reste en arrière dans l'extrémité abdominale du cordon ombilical, et qui paraît être réellement l'intestin, démontre d'une manière indubitable que le fait découvert par Oken dans les mammifères, se recontre de même dans l'embryon humain ; c'est-à-dire que les intestins naissent, du moins en partie, dans la vésicule érythroïde ; et que, dans le fœtus humain, ils se forment non aux dépens des tuniques de cette vésicule, mais dans sa cavité.

» 11.° La vésicule ombilicale est le second organe important, placé au dehors de l'amnios, qui soit en connexion avec l'embryon. C'est une vésicule globuleuse un peu plus grosse que l'embryon, et située un peu au-dessus du sommet de sa tête, et très lâchement unie à l'amnios. Elle est ordinairement d'une couleur blanche jaunâtre, transparente et remplie d'un liquide limpide comme de l'eau, et qui ne se trouble pas dans l'esprit de vin. Le docteur Pockels assure n'y avoir jamais aperçu de globules rouges, et encore moins de vaisseaux, soit à sa surface, soit dans son intérieur. Cette vésicule augmente de volume en proportion de l'embryon, jusqu'au moment où le cordon ombilical apparaît; mais même alors elle n'a que deux lignes de diamètre, et ne s'accroît pas davantage.

» 12.° De la vésicule ombilicale, il naît un canal extrêmement fin, d'une à trois lignes de long, et qui, à l'œil nu, paraît comme un fil blanc très délicat, placé sur l'embryon dans la vésicule érythroïde, au point où elle se recourbe et se dilate. Immédiatement après l'apparition des intestins, on aperçoit, à l'aide d'une forte loupe, deux filets très déliés, qui, de ce canal, se portent dans sa vésicule érythroïde; l'un se dirige vers l'embryon, et l'autre a paru suivre une direction contraire; mais sa grande finesse a empêché de l'observer avec exactitude.

» 13.° Lorsque le cordon ombilical existe, la vésicule ombilicale se réunit à la surface extérieure de l'amnios; et, à mesure que cet organe se remplit davantage de liquide, elle se sépare de plus en plus du point où elle était d'abord attachée et de l'insertion du cordon ombilical ; en même temps , le canal qui est en rapport avec la vésicule érythroïde s'allonge proportionnellement ; la vésicule ombilicale s'oblitère et se convertit ensuite en un point blanc arrondi, qui persiste quelquefois jusqu'à la fin du troisième mois de la gestation. Ce canal très délié, dont les deux branches se portent avec les circonvolutions intestinales dans l'abdomen de l'embryon, à travers la vésicule érythroïde , forme les vaisseaux omphalo-mésentériques qu'on ne peut voir jusqu'à la neuvième semaine ; il s'oblitère enfin avec la vésicule ombilicale , et se transforme en un filet blanc très fin , qui pénètre dans l'embryon avec le cordon , et se divise en deux branches lorsqu'il est arrivé près du mésentère. M. Pockels n'a jamais pu découvrir aucune trace de sang rouge , ni dans ce canal , ni dans les branches dont il parle.

» 14.° Ces deux organes, la vésicule érythroïde et la vésicule ombilicale sont essentiellement nécessaires au développement de l'embryon. Il est probable que la vésicule ombilicale est semblable à l'une de ces distensions vésiculaires qui , dans les animaux, forme la tunique érythroïde , mais elle paraît être un organe particulier dans l'œuf humain ; il paraîtrait aussi que le liquide qu'elle contient sert au développement du fœtus jusqu'au mo-

ment de la formation des vaisseaux ombilicaux,
et que cette action s'opère au moyen des vaisseaux
omphalo-mésentériques qui, à cette époque, s'ou-
vrent dans la vésicule érythroïde, et enfin que les
vaisseaux ombilicaux proprement dits se forment
dans les parois de la vésicule érythroïde, soit qu'ils
proviennent de l'embryon, soit qu'ils prennent
leur origine dans les parois de cet organe.

» 15.° L'examen des œufs humains, mal conformés, fournit des preuves en faveur de ces aperçus.
Lorsque ces deux organes manquent (peut-être depuis le commencement), l'embryon paraît comme
une strie très petite et à peine visible, ou comme
une lamelle irrégulière suspendue par un fil très
délié dans la cavité de l'amnios, qui est alors dis-
tendu outre mesure. L'embryon est si petit, qu'on
le cherche long-temps en vain dans la vésicule amniotique ; quelquefois on ne trouve qu'un petit filet
qui paraît comme le reste du cordon ombilical ;
d'autres fois enfin l'œuf malade est tout-à-fait vide.
Si la vésicule érythroïde est trop fortement adhérente à l'amnios, le cordon ombilical est semblable
à un filet très court et très délié, ou à une gaîne
remplie de matières salines, dans laquelle on ne
découvre aucune trace de circonvolutions intestinales, mais seulement quelques filets semblables à
des vaisseaux allant de l'embryon vers le centre ;

et qui paraissent être des vestiges de vaisseaux ombilicaux. Dans ces cas, le ventre de l'embryon est toujours vide, tantôt transparent et tantôt comprimé ; il est aussi déformé et paraît végéter quelque temps par une action qui lui est propre, jusqu'à ce qu'enfin il soit expulsé de l'utérus. Dans ces œufs mal conformés, la vésicule érythroïde est très grande proportionnellement ; elle a l'aspect d'une ligne très blanche qui s'étend de l'insertion du cordon ombilical à un ou deux pouces au-dessus de l'amnios, à la surface extérieure duquel elle est fortement adhérente. La vésicule érythroïde, dans ces cas, à cause de la grande distension de l'amnios, est aussi longue que le filet de la vésicule ombilicale. Cette dernière disparaît complètement ou s'oblitère, de même que son canal, de très bonne heure, lorsque la vésicule érythroïde ne pénètre pas dans la gaîne du cordon ombilical. Le seul vestige qui en reste alors est une lamelle blanche, adhérent à l'amnios, très peu apparente, et de laquelle part un filament qui se porte vers le point d'insertion du cordon ombilical, mais qui souvent, avant d'arriver à ce point, se perd dans l'amnios.

» 16.° Dans ces cas, l'embryon prend, en s'accroissant, une forme tout-à-fait méconnaissable, ou bien il se développe très imparfaitement ; et lorsque les vésicules ombilicale et érythroïde cessent de fournir à sa nourriture, son développement s'arrête tout-à-coup, et il meurt. Il n'absorbe pas la liqueur de l'amnios ; la secrétion fournie par les membranes de l'œuf s'écoule, et l'œuf lui-même est expulsé de l'utérus. Ces œufs, mal conformés, peuvent rester plusieurs mois dans la matrice ; la femme qui se croit dans le deuxième, troisième ou quatrième mois de sa grossesse, fait une fausse couche et produit un œuf de deux à trois pouces, qui, par sa forme et par son volume, annonce qu'il n'est que dans les premières semaines de son développement. Cette expulsion prématurée de l'embryon, dépendante d'un développement défectueux des vésicules ombilicale et érythroïde, et des rapports non naturels des diverses parties de l'œuf, est évidemment la cause la plus ordinaire des nombreux avortemens qui ont lieu dans les premiers mois de la gestation. »

Ces observations toutes pleines d'intérêt, sous le rapport scientifique, vont nous aider à résoudre, d'une manière aussi satisfaisante que l'état actuel des connaissances préalablement acquises le permet, la question que nous nous sommes posée.

Nous ne nous arrêterons pas à signaler les erreurs que, selon nous, le docteur Pockels peut avoir consacrées, surtout pour ce qui est relatif à l'amnios et à la formation de l'intestin dans la vésicule érythoïde, etc.; car l'amnios, on le sait, n'est pour nous qu'un épiderme général de tout le blastoderme, ce que nous avons été conduit à admettre après un long examen des faits qui se rattachent à ce point de l'ovologie; et l'intestin, nous l'avons vu, pour ainsi dire, se former sous nos yeux, et être le résultat du rétrécissement de la couche interne de la vésicule blastodermique. Il est vrai que les anses intestinales se montrent dans le pédicule du cordon ombilical; mais ceci n'est qu'un fait secondaire, car elles ne s'y montrent que lorsque l'intestin est allongé et enroulé au point de former des circonvolutions, et nous croyons que c'est là ce qui a fait prendre pour la vérité ce qui, en réalité, n'est qu'une apparence de cette vérité. Par conséquent, mettant de côté toute considération qui aurait pour but de démontrer par où l'observation de Pockels est susceptible d'erreur, nous prendrons seulement ce qui se rattache d'une manière spéciale au problème que nous nous sommes proposé de résoudre, c'est-à-dire à la question de l'existence d'une allantoïde dans l'espèce humaine.

Nous devons d'abord dire que si le docteur Pockels avoue lui-même, dans sa première proposition, qu'il n'a jamais trouvé d'allantoïde dans l'œuf de la femme, c'est que probablement ce savant anatomiste était sous l'influence de l'opinion généralement reçue que l'espèce humaine en était privée; mais s'il s'était demandé ce qu'est l'allantoïde chez les autres mammifères, et s'il avait cherché à bien constater soit la forme, soit la position de cette vésicule au moment de son apparition chez ceux-ci, il n'eût certainement pas été porté à considérer la vésicule qu'il a signalée le premier sous le nom *d'érythroïde*, comme différente de l'allantoïde. Nous disons qu'il n'eût pas été porté à la différencier de celle-ci, parce qu'évidemment la vésicule érythroïde n'est autre chose que l'allantoïde, comme nous allons chercher à le démontrer.

« On trouve au-dehors de l'amnios, et réunies à l'embryon, dit Pockels, dans sa proposition 5°, *la vésicule érythroïde* et *la vésicule ombilicale*. » Quant à cette dernière, sa détermination ne peut paraître douteuse : pour l'autre, si nous prenons en considération sa forme et sa position d'abord, puis ses usages, nous n'hésiterons pas à la considérer comme étant véritablement l'allantoïde. En effet, comment primitivement s'est présentée à nous l'allantoïde des autres mammifères ? Nous l'avons toujours vue ayant une conformation à peu près sphérique, conformation qui subit des modifications selon les espè-ces, au fur et à mesure que le développement a lieu. Hé bien, si l'on tient compte de ces modifications sur un embryon de douze jours, la vésicule érythroïde, selon Pockels, est une espèce de petite vésicule comprimée, allongée, *pyriforme* (6.°); de plus, elle est transparente : or, jusqu'ici on ne peut nier une analogie que fera mieux sentir encore la position; car son pédicule est adossé à celui de la vésicule ombilicale, et, comme l'indiquent les figures données par Pockels, que nous reproduisons (Pl. II, fig. 4, 5, 7 et 8), elle paraît se continuer avec la peau des parois illiaques dont elle est très rapprochée.

Mais ce qui a surtout contribué à nous faire adopter cette opinion, c'est que la vésicule allantoïde (érythroïde de Pockels) présente un grand nombre de globules rouges, disséminés çà et là dans son tissu, et finissant par se grouper de manière à constituer deux espèces de filamens qui se dirigent vers l'embryon. Cet état de choses, en effet, coïncide, comme nous le dirons en traitant de l'organogénie, d'une manière trop rigoureuse avec le mode d'origine et de formation du système vasculaire, pour ne pas croire qu'il s'agit ici d'un phénomène de la même espèce, et que les

globules rouges de la vésicule érythroïde dePockels,
ne sont autre chose que ce que Wolf a appelé
îles sanguines, îles qui précèdent la formation
d'un système particulier de vaisseaux dont Pockels
n'a pas compris la signification. Or, comme la
première ou la plus petite des deux vésicules dont
il a été question, est la vésicule ombilicale des auteurs, il s'ensuit que le système vasculaire particulier, qui est en voie de formation dans la vésicule érythroïde, ne peut être constitué par les
vaisseaux omphalo - mésentériques, puisque ces
derniers sont exclusivement dévolus à la vésicule
ombilicale. Si donc ce ne sont point les vaisseaux
omphalo - mésentériques, il faudra reconnaître
que ce ne peut être que les vaisseaux ombilicaux;
et comme ces vaisseaux ombilicaux se développent dans la vésicule érythroïde, ainsi que
Pockels le dit formellement dans sa quatorzième
proposition, il s'ensuit nécessairement que les vaisseaux ombilicaux du fœtus humain, étant comme
ceux des mammifères et des oiseaux, portés par
le même organe, cet organe doit avoir la même
signification. Or, partout où dans un œuf humain plus ou moins avancé, nous rencontrerons
désormais les vaisseaux ombilicaux, nous pourrons en déduire, sans crainte de nous tromper,
la présence de l'allantoïde qui les porte, et,

comme ces vaisseaux constituent presqu'à eux seuls le cordon ombilical et le placenta, nous pourrons aussi en conclure que c'est l'allantoïde qui constitue le cordon ombilical (1) et le placenta.

Mais, dira-t-on, comment concevoir que l'allantoïde qui, chez l'espèce humaine, se trouve placée dans la cavité de la membrane vitelline avec l'embryon, l'amnios et la vésicule ombilicale, puisse s'implanter sur la matrice pour former le placenta? A cela nous répondrons que nous avons déjà démontré par l'observation directe, que chez les mammifères l'allantoïde qui se trouve aussi avec l'embryon, l'amnios et la vésicule ombilicale, renfermée dans la cavité de la membrane vitelline (qui pour nous n'est autre chose que le chorion), vient se confondre avec celle-ci et constituer le placenta : dans l'espèce humaine, sous ce rapport les phénomènes s'accomplissent comme chez les mammifères; et d'ailleurs, puisque chez ceux-ci les choses se passent de la sorte, pourrait-on être assez ennemi des analogies pour supposer que dans l'espèce humaine, là où, du

---

(1) Ce fait est également indiqué par Pockels (8.º), nouvelle preuve que la vésicule érythroïde n'est rien autre que l'allantoïde, puisque c'est réellement une partie de celle-ci, comme nous l'avons démontré, qui se convertit en cordon ombilical.

reste, les faits antérieurs sont identiques, il puisse en être autrement?

Le seul moyen de démontrer que l'opinion que nous venons d'énoncer n'est pas l'expression de la vérité, serait de présenter un œuf humain dans lequel il existerait un cordon ombilical et un placenta, en même temps qu'une allantoïde distincte; mais nous pouvons affirmer que la science n'est en possession d'aucun fait semblable, à moins que, comme M. Velpeau, on ne prenne une substance albumineuse, coagulée (*magma réticulé*), pour une véritable allantoïde.

Observation directe. Après avoir démontré d'abord par l'observation directe que l'œuf humain, examiné dans l'ovaire, se compose des mêmes parties que celui des mammifères; puis historiquement prouvé qu'il existe dans la science des faits jusqu'à nous inappréciés, qui établissent l'analogie entre les phénomènes ultérieurs, c'est-à-dire entre les œufs de femme et de mammifères étudiés dans l'utérus; il ne nous reste plus, pour mettre hors de doute toute analogie sur ce dernier point, que de venir l'appuyer par de nouvelles observations. Or, nous avons été assez heureux pour pouvoir étudier, dans ses plus minutieux détails, un œuf que nous avons reconnu être dans ses dispositions normales, et cet examen est venu confirmer, de la manière la plus complète, les conséquences auxquelles nous avaient antérieurement conduit l'analogie et l'interprétation des faits consignés dans les annales de la science.

Avant que l'observation directe fût venue nous prêter son appui, et lorsque nos doctrines n'étaient encore fondées que sur des points d'analogie, on les avait en quelque sorte laissées passer inaperçues; mais lorsqu'il a été en notre pouvoir de montrer des faits à l'appui de nos argumens, la question a paru assez pressante à quelques physiologistes pour qu'ils aient cru devoir sortir de leur apparente indifférence, et s'élever contre une théorie qui compromettait leurs idées; aussi n'avons-nous pas manqué de rencontrer partout une vive opposition. On avait déjà condamné notre manière de procéder; on nia la valeur des faits sur lesquels nous nous basions. Cependant nos observations sont tellement précises, qu'il nous semble réellement impossible de conserver l'ombre du doute sur leur véritable valeur. C'est ce dont pourra s'assurer quiconque donnera aux faits qui vont suivre la plus légère attention. Nous allons donc décrire, du produit qui a soulevé tant de contestations (Pl. III, fig. 4 et 5), les parties qui ont rapport au point que nous traitons en ce moment, c'est-à-dire le corps embryonnaire et les vésicules ombilicale et allantoïde ; puis laissant de côté ce qui concerne la membrane caduque ou adventive, le chorion et l'amnios, pour les reprendre plus tard, nous indiquerons une autre circonstance non moins intéressante, celle de l'ouverture de la cavité abdominale dans les premiers temps du développement.

Le corps embryonnaire que l'on apercevait après avoir incisé le chorion, était opaque, d'une ligne et quart de long, et une ligne et demie de large, sa forme était celle d'un corps de guitare ; toute sa surface était intacte, c'est-à-dire sans aucune solution de continuité, sauf à la face ventrale où se remarquait une ouverture elliptique, longue d'une demi-ligne et large de deux cinquièmes de ligne. Par cet orifice, que sa position indique assez être l'ouverture ombilicale, ce qui, tout-à-l'heure, sera démontré, pénétraient les pédicules de deux vésicules, dont l'une était placée du côté de la tête ou à l'extrémité céphalique, l'autre du côté de la queue ou à l'extrémité caudale. A cette époque, l'embryon n'a point encore de traces de membres, et l'on ne remarque aucune apparence d'appareils sensitifs. A travers l'ouverture abdominale, se trouvaient, au fond de la cavité du corps embryonnaire, deux organes fusiformes, plus longs que l'ouverture, plus jaunâtres que les parois placées parallèlement et latéralement à l'axe de l'embryon. Ces corps, qui paraissent être les corps d'Oken, n'ont été, de notre part, que l'objet d'un examen très superficiel, l'embryon ayant été sacrifié pour l'étude d'autres points plus importans.

La vésicule que nous devons appeler céphalique, jusqu'à ce que nous puissions en déterminer exactement la valeur, la vésicule qui se trouvait du côté de la tête était pyriforme ; sa grosse extrémité était libre, flottante en avant de l'abdomen de l'embryon, la plus petite était terminée par une sorte de tige ou pédicule extrêmement fin. Cette vésicule était d'un volume peu considérable, la longueur de la partie renflée était d'une ligne, sa plus grande largeur de quatre cinquièmes de ligne. Le pédicule pénétrait dans l'ouverture abdominale, entre les deux extrémités de la tige de la seconde vésicule (celle qui est en rapport avec l'extrémité caudale), sans toutefois contracter d'adhérence avec celles-ci. Puis elle se portait, pour se continuer avec le tube digestif le long de la ligne médiane, du fond de la cavité du corps embryonnaire, où on la suivait, vers l'extrémité caudale, jusqu'à une distance de un quart de ligne environ, ce qui correspond à l'espèce de pont formé par la réunion de la tige de la seconde vésicule (vésicule caudale), avec les bords de l'ouverture abdominale, et enfin allait se perdre vers l'extrémité caudale de l'embryon. On la suivait avec la même facilité vers l'extrémité céphalique où elle envoyait un prolongement plus fin presque à angle droit. La vésicule céphalique était couchée parallèlement à l'axe de l'embryon.

La vésicule caudale, entourée de toutes parts par le magma réticulé (1) auquel elle adhérait, présentait les apparences suivantes : elle était à peu près cylindrique, mais comprimée vers la face externe de l'amnios; sa longueur était d'une ligne, sa plus grande largeur de trois quarts de ligne; son grand axe était dans le sens de celui de la vésicule céphalique, et parallèle, par conséquent, au corps embryonnaire; il était très manifeste sur ce sujet que l'extrémité embryonnaire du pédicule de cette vésicule se continuait avec toute la partie postérieure ou caudale de l'embryon, et toute l'étendue des bords latéraux de l'ouverture ventrale du corps embryonnaire. La vésicule caudale était étendue à plat sur la face externe de l'amnios, auquel elle adhérait assez intimement par l'intermédiaire du magma réticulé, qui, ordinairement, remplit l'intervalle compris entre cette membrane et le chorion ; elle adhérait de même en un certain point du chorion qui nous a paru plus mince en cet

______

(1) On verra plus loin ce que c'est que le magma réticulé.

endroit qu'en tout autre ; les parois de cette vésicule étaient manifestement plus épaisses que celles
de la précédente, elles étaient aussi plus opaques.

Ainsi, nous avons déjà réuni des faits, dont la
ressemblance avec ceux que nous avons antérieurement observé chez les mammifères, est de la
plus entière évidence ; au-dessous des membranes
caduques, chorion et amnios incisées, nous trou-
vons un petit corps globuleux transparent, affectant d'une manière plus ou moins régulière la
forme d'un corps de guitare ; dans ce corps on
distingue déjà assez facilement l'extrémité céphalique et l'extrémité caudale ; l'abdomen présente
une ouverture d'un diamètre, proportionnel à la
grandeur de l'embryon, et par cette ouverture
fait saillie une petite vésicule, dont le pédicule,
dans l'intérieur de la cavité embryonnaire, se
continue avec l'intestin vers l'extrémité caudale ;
et à côté de cette première vésicule, on en trouve
une seconde également petite, et comme la précédente, en continuité avec le corps embryonnaire ;
or, est-il possible, après les faits analogues que
nous avons observés chez les mammifères, après
ceux qui, avant nous, déjà ont été constatés chez
l'homme, et auxquels, par le secours de l'analogie, nous avons donné une valeur dont on les
croyait dépourvus, est-il possible, disons-nous,

de concevoir quelques doutes sur la signification des deux vésicules que nous venons de décrire? Déjà on est d'accord sur ce point, que celle qui est vers l'extrémité céphalique, est l'analogue de la vésicule ombilicale : que sera donc la seconde, sinon la vésicule allantoïde? Sa disposition, ses rapports, tout porte à admettre cette analogie, car on ne pourrait arguer contre elle de l'absence de vaisseaux sanguins, puisque l'on sait que chez les embryons de l'âge de celui-ci, la circulation est encore incolore : d'ailleurs, l'allantoïde de l'embryon humain dont il est question, montrait comme une sorte de couronne formée par des globules assez volumineux qui nous ont rappelé ceux qu'avait observé avant nous Pockels, sur sa vésicule érythroïde. Cette disposition transitoire des globules que nous sommes porté à considérer comme le système vasculaire en voie de formation, est assez bien rendue dans la figure 5 de la planche III.

Mais quant à ce qui concerne les rapports, il est impossible de conserver des doutes à leur égard, ils se montrent chez l'homme ce qu'ils sont chez les autres mammifères à une époque correspondante. Les rapports avec les parois abdominales sont si évidens, que tous ceux qui ont observé nos pièces en ont été frappés. Déjà, dans le sujet dont nous avons disposé, l'allantoïde présentait une surface aplatie dans le point où devait être le placenta.

Mais ces faits, quelque évidens qu'ils soient, quelque nécessaires, dirons-nous même, que les rende l'analogie dont la valeur ne saurait en réalité être sérieusement réfutée à l'égard de termes aussi rapprochés, ces faits n'ont pas cependant reçu l'assentiment de tous les auteurs. Ils suscitèrent au contraire une longue et vive polémique qui ne tendit à rien moins qu'à mettre encore plus dans toute son évidence la vérité que nous proclamions.

On a cru surtout devoir nous objecter que l'embryon, dont nous avions fait le sujet de notre description, n'était pas normal, et cette objection était fondée sur ce que nous avancions, que la face ventrale présentait une ouverture elliptique assez grande relativement au volume de l'embryon lui-même. Sur les plus jeunes fœtus, observés soit en France, soit à l'étranger par les physiologistes ou les anatomistes qui s'étaient occupés de ces spécialités, la plus légère trace d'ouverture ombilicale n'avait jamais été constatée ; dès lors il était naturel et surtout *très logique* de conclure que nous nous étions nécessairement trompé en annonçant que le ventre de l'embryon humain était ouvert ; ou bien, dans la supposition que ce fait fût vrai, que notre observation portait sur un cas pathologique.

Une pareille objection de la part de ceux qui

avaient proclamé le danger de l'analogie pour éclairer l'ovologie de l'espèce humaine, était une nécessité; aussi n'avons-nous point été surpris qu'on nous l'ait faite; mais ce qui nous a étonné, c'est que l'on se soit plutôt borné à de simples dénégations, qu'à combattre notre opinion par une démonstration basée sur des faits contraires, mais positifs.

Si dans tous les mammifères que nous avions étudiés, l'ouverture ombilicale ne s'était jamais montrée à nous comme un cas parfaitement normal, nous eussions pu croire que le fait que nous avions sous les yeux pouvait dépendre d'une altération pathologique; mais toujours, et dans tous les fœtus des vertébrés supérieurs, nous avons constamment rencontré, dès l'origine du développement, un large évasement ombilical conduisant dans la cavité abdominale; toujours nous avons pu constater que les pédicules de la vésicule ombilicale et de l'allantoïde se rendaient dans cette cavité. Dès lors, prenant ce point comme démontré, comme un fait qu'il était impossible de mettre en doute, nous avons été conduit à dire que l'ouverture abdominale, signalée par nous dans l'embryon humain, loin d'être un cas anormal, comme on aurait voulu le faire croire, n'était rien que de très naturel, puisqu'elle trouvait sa confirmation dans l'analogie. D'ailleurs, même en l'absence de preuves directes, nous eussions pu établir cette analogie, car nous avions déjà appris par l'observation que là où les phénomènes postérieurs sont les mêmes, les faits dont ils émanent sont identiques.

La science paraît manquer de preuves écrites qui soient à l'appui de notre manière de voir. Pourtant nous pourrions trouver dans Pockels, nous ne dirons pas l'expression de notre opinion, mais quelque chose qui ferait penser que ce savant a presque vu, a presque constaté l'ouverture ombilicale de l'embryon humain. « Vers le vingt-huitième jour, dit-il, la partie moyenne de l'embryon ne paraît plus aplatie, son dos n'est plus concave, et l'abdomen devient proéminent (1). » Or, le fœtus, avant cette époque, était aplati : hé bien, ne serait-il pas possible de trouver chez les mammifères un fait à peu près analogue, ou du moins quelque chose qui simule l'état que signale Pockels? Nous croyons pouvoir répondre d'une manière affirmative. L'embryon des mammifères, à une époque primordiale du développement, a réellement sa partie abdominale comme aplatie, et cela surtout à ce moment où la couche périé-rique du blastoderme vient de s'infléchir pour for-

(1) Voir sa proposition 9ᵉ, p. 214.

mer le péritoine. Alors, en effet, les parois abdominales ne sont point encore assez complètes pour
proéminer comme elles feront plus tard. Mais,
nous le répétons, en établissant ce rapprochement,
nous ne voulons pas le donner comme une démonstration d'un évasement abdominal chez l'embryon décrit par Pockels; notre intention est de
faire remarquer qu'en interprétant ainsi ce fait, ce
n'est pas abuser de l'induction.

Au reste, si Pockels ne nous fournit aucune
preuve écrite qui vienne appuyer notre opinion,
les dessins dont il a accompagné ses observations,
dessins que nous reproduisons avec intention
(Pl. II, fig. 4 et 5), sont pour nous la preuve la
plus évidente d'une ouverture ombilicale chez le
fœtus humain, et démontrent bien clairement que
c'est dans cette ouverture que pénètrent et le pédicule de la vésicule ombilicale, et celui de l'allantoïde. D'ailleurs, nous aurons soin de revenir
sur ce point dans la discussion qui va suivre.

Ainsi nous avons vu se confirmer, par l'observation directe, ce que nous avions établi au moyen
des faits historiques, qu'avant nous on considérait
comme des cas anormaux; car, comme on vient
de le voir, nous avons été assez heureux pour rencontrer un embryon qui nous présentât, de la manière la plus nette, une vésicule ombilicale et une

allantoïde tout-à-fait analogues, par leurs relations et leurs usages , à celles qui les représentent chez les mammifères.

Mais désireux surtout de voir enfin la vérité jaillir de cette discussion, et craignant que notre préoccupation ne nous eût porté à accorder aux faits que nous avions sous les yeux une valeur autre que celle qui leur appartenait, nous avons, après avoir pris une connaissance exacte du produit en question, prié le docteur A. Thomson de vouloir bien l'examiner à son tour. Cet habile observateur accepta cette tâche avec sa complaisance accoutumée, et la remplit avec le zèle et la sagacité qu'on lui connaît : il nous donna une description exacte, et même minutieuse, de l'embryon, qu'il étudia avec la plus scrupuleuse attention ; et puisque de la description de M. Thomson, écrivant sans idées préconçues, ou même, comme il l'avoue, avec des idées hostiles, ressort de la manière la plus évidente la confirmation de nos idées, ce résultat doit avoir d'autant plus de valeur, qu'ayant été atteint, en l'absence des vues à l'appui desquelles il vient si heureusement, il doit être regardé comme l'expression de la vérité. (1)

Quoiqu'il en soit de l'importance de ces preuves,

(1) Nous regrettons beaucoup de ne pouvoir insérer ici le

il faut convenir que s'il y a accord à l'égard de la vésicule ombilicale, il y a divergence au contraire pour ce qui concerne l'allantoïde. Certains auteurs ont cru trouver autre part l'analogue de celle-ci ; mais mettant de côté tous les caractères tirés tant de la composition de la texture et de l'organisation de cette vésicule, que de ses rapports, ils se sont trouvés sans aucun principe, sans aucun guide, sans aucune mesure, et ont été conduits de la sorte à commettre des erreurs dont les eussent infailliblement préservés les procédés auxquels ils ont à tort accordé trop peu de valeur ; c'est ce dont va donner la preuve l'examen qui suit.

Examen critique de l'opinion de M. Velpeau sur l'allantoïde et le cordon ombilical.

Tant que l'amnios du fœtus n'a pas encore ac-

mémoire de M. Thomson ; mais son étendue nous empêche de lui donner une place, et son importance est trop grande, les faits y sont enchaînés avec trop de sagacité, pour que nous ayons pu nous décider à altérer son originalité en en donnant un extrait, quelque étendu qu'il pût être. Les personnes qui voudront avoir sur ce fait de plus amples renseignemens, pourront recourir aux journaux du temps (séance du lundi 14 septembre 1835), qui tous, et en particulier le *Réformateur*, ont justement loué M. Thomson de sa précision et de son exactitude. Nous devons dire que les mesures que nous avons rapportées plus haut ont toutes été prises par ce savant anatomiste.

quis un grand développement, on voit l'espace
qui est compris entre lui et la membrane vitelline
ou chorion, rempli d'un liquide un peu visqueux,
ordinairement transparent, bien que sa couleur et
sa densité soient variables, et contenu dans de
nombreuses lamelles, qui, par leur disposition et
leur transparence, rappellent le corps vitré de
l'œil. Cette substance qui, d'abord fluide, prend
ensuite de plus en plus de consistance à mesure
que la partie liquide est absorbée, et qui n'est
évidemment autre chose que le *mucus* dont l'œuf
est imbibé, qui s'est transformé ainsi par l'action
de l'eau froide ou de l'alcohol; cette espèce de
membrane hyaloïde est celle à laquelle M. Velpeau a donné le nom d'allantoïde. Cet anatomiste, privé du secours de l'analogie, dut naturellement être conduit à commettre cette étrange
erreur; avant lui, à la vérité, l'allantoïde avait été
indiquée dans l'espèce humaine par d'autres auteurs, ou plutôt par un abus de langage réellement
digne de blâme; ils avaient prononcé ce mot sans
avoir nullement l'intention de rappeller aucune
idée d'analogie. Aussi, la lecture de ce qui avait
été écrit à ce sujet, conduisit-elle d'abord M. Velpeau à douter de l'existence d'une véritable allantoïde dans l'espèce humaine; mais plus tard, consacrant un abus pareil à celui qu'avaient commis

ses prédécesseurs, il est venu à son tour appliquer le nom d'allantoïde à une substance qui n'a en réalité, nous devons le dire, aucun des caractères de l'allantoïde des mammifères; en effet, quels sont les caractères que nous avons dit être ceux de l'allantoïde? quels sont les caractères qui nous permettront de reconnaître si c'est cette vésicule ou telle autre, que nous avons sous les yeux?... C'est la présence des vaisseaux allantoïdiens, ou sa communication avec l'embryon. Or, la substance hyaloïde dont il s'agit, ne présente pas de vaisseaux ; et, de l'aveu même de M. Velpeau, il n'y a pas de rapports établis entre sa prétendue vésicule allantoïde et le corps embryonnaire.

Certes, on a peine à concevoir chez un anatomiste aussi distingué un tel oubli de tous les principes qui servent de bases aux déterminations, et l'on pourrait difficilement trouver un exemple plus frappant des erreurs où peut conduire l'absence des règles établies. En effet, un certain nombre d'élémens sont donnés, qui, dans l'œuf des mammifères, se montrent partout identiques ; déjà, *à priori*, il est permis de penser que l'homme sera soumis à la même loi. Or, voilà qu'en effet un anatomiste qui a eu à sa disposition plusieurs œufs sains et d'un âge très peu avancé, découvre un nombre de vésicules semblable à celui que l'on a observé chez les mammifères, et ces vésicules ont conservé entre elles les mêmes rapports que chez ceux-ci. Il semble que l'analogie soit hors de doute ; mais tandis qu'on l'accepte à l'égard de l'une de ces vésicules, on se croit fondé à consacrer une différence à l'égard de la seconde, en lui appliquant un nom nouveau (1). Les anatomistes qui viennent ensuite, bien loin de voir qu'il y a là une erreur évidente, au lieu de se demander si la nature a bien réellement interrompu tout-à-coup, et dans un cas spécial, le plan qu'elle a suivi dans les mammifères avec une constante uniformité, aiment mieux croire d'abord qu'il se trouve là un organe nouveau, et qu'il en manque un autre qui se retrouve partout ; puis, plus tard, lorsqu'ils se déterminent à restituer au fœtus cette partie dont ils l'ont cru privé, ils viennent appliquer un nom affecté depuis des siècles à un organe dont les caractères sont rigoureusement déterminés, à un autre organe ou plutôt une substance qui n'a avec celui-ci que des différences, au lieu de lui être lié par un rapport quelconque.

Or, il suffisait, guidé par des vues analogiques, de se demander si cette vésicule à laquelle on avait antérieurement assigné un nom spécial, n'était pas

____

(1) Vésicule érythroïde.

celle dont on croyait l'espèce humaine dépourvue;
au lieu de cela, voici comment s'exprime M. Velpeau :
« En supposant, dit-il, que la ténuité des objets,
» que des maladies ou des altérations de l'œuf,
» n'aient point induit M. Pockels en erreur, c'est
» donc une troisième vésicule, distincte ou indé-
» pendante des deux autres qu'il a découverte (1). »

Cette absence des principes que nous n'hésitons
pas à regarder comme régulateurs en pareille matière, devait conduire à d'autres erreurs; admettant pour l'allantoïde une époque de formation, une texture et des usages différens de ceux
que l'étude des mammifères et celle de l'espèce
humaine nous a appris à lui assigner, il a fallu
chercher autre part un cordon ombilical; et comme
aucune règle ne guidait plus, on est tombé d'erreurs en erreurs.

« C'est, a-t-on écrit (2), fondés sur de fausses
» analogies, des données hypothétiques, ou des
» observations inexactes, que les auteurs ont avan-
» cé que le cordon ne commençait à se dessiner
» qu'après le premier mois de la gestation. Les em-
» bryons les plus jeunes que j'aie disséqués, avaient
» un cordon ombilical; j'en conserve plusieurs qui

____

(1) Velpeau, ovologie humaine, p. 57.
(2) Velpeau, loc. cit., p. 59.

» n'ont que quinze jours, trois semaines, qui n'ont
» que trois à quatre lignes de dimension, et chez
» lesquels il existe déjà. En m'appuyant sur des
» faits très nombreux, je crois même pouvoir éta-
» blir en règle générale, qu'à toutes les époques
» du développement de l'œuf, *la longueur du cor-
» don est à peu près égale à celle du fœtus*, si
» elle ne la dépasse un peu. »

Il ne suffirait, pour faire apprécier la valeur
d'une telle assertion, que de rappeler qu'elle ne
tendrait à rien moins qu'à ressusciter la vieille
théorie de l'emboîtement des germes, si des faits
bien constatés ne s'élevaient déjà hautement contre elle. Pour nous qui, à l'aide des données de
l'analogie, avons suivi l'œuf depuis l'ovaire, après
la fécondation, jusque dans la matrice, et qui,
sur ces points, avons par conséquent l'avantage
sur ceux qui se sont bornés à l'étude d'un cas spécial qu'ils n'ont même observé que dans l'utérus,
nous ne saurions concevoir aucun doute sur les
faits de cette nature. C'est toujours dans l'espèce
humaine, comme dans les mammifères, la vésicule allantoïde (cul-de-sac du blastoderme), qui se
transforme en cordon ombilical; mais s'il arrivait
que ces autorités ne parussent pas suffisantes, nous
ajouterions que les observations de M. Velpeau ne
se présentent pas avec le degré convenable de cer-

titude, puisque l'exposé des faits qu'il rapporte renferme lui-même, comme l'a remarqué M. Thomson, une foule de contradictions choquantes. En effet, si l'on recourt aux dessins de M. Velpeau, dessins faits au compas avec beaucoup de soin, par M. Chazal, on trouvera, contradictoirement aux assertions de M. Velpeau lui-même, qu'un embryon de trois lignes et demie a un cordon d'une ligne et demie; qu'un autre, de deux lignes et tiers, a un cordon d'une ligne; qu'un troisième, de deux lignes et demie, possède un cordon d'une ligne et demie; qu'enfin, un quatrième, de six lignes, aurait un cordon d'égale longueur, selon l'anatomiste, et de trois lignes seulement, d'après l'artiste. Ainsi, les quatre seuls exemples donnés à l'appui d'une prétendue loi générale, viennent la combattre de la manière la plus formelle. Or, ce qu'on peut dire du peu de certitude des observations de M. Velpeau, quant à ce qui concerne la longueur du cordon ombilical, peut être également allégué contre l'ouvrage tout entier de ce célèbre accoucheur, bien qu'il se présente avec l'imposant cortège d'un nombre d'observations en apparence très considérable. En effet, M. Thomson, dans une lettre adressée à l'Académie, le 14 septembre 1835, réduit singulièrement le nombre des embryons normaux qu'aurait examiné M. Velpeau. « Sur un total de près de deux cents produits, dit ce professeur, examinés avant la fin du troisième mois, je n'ai rencontré que trente fois la vésicule ombilicale dans un état que l'on peut appeler naturel. » Mais il est facile de s'apercevoir, en jetant un coup-d'œil sur un tableau dressé par M. Thomson, d'après l'ouvrage de M. Velpeau, que ce dernier n'a donné quelques détails que sur trente-cinq œufs seulement.

Parmi tous ces embryons, M. Velpeau n'en mentionne que vingt-six avant la fin du troisième mois; et nonobstant ce grand nombre d'observations, il a laissé beaucoup de questions fort important-tortantes sans aucune solution. Il paraît que de ces vingt-six œufs, huit étaient, d'après ses propres notes, plus ou moins altérés, en sorte qu'il faut réduire à dix-huit le nombre de ceux sur lesquels on pouvait chercher l'allantoïde.

On voit, d'après cela, que ce serait à tort que l'anatomiste dont nous parlons se croirait à l'abri derrière le nombre de ses observations; car cet examen les a réduites à une somme bien moins imposante.

Quant à l'existence du cordon ombilical, à tous les âges, nous pouvons affirmer qu'il n'en est rien, non seulement, ainsi que nous l'avons déjà dit, parce qu'il faut reconnaître que là où il existe un

cordon ombilical et un placenta, il a existé antérieurement une allantoïde qui, sillonnée par les
vaisseaux ombilicaux, s'est enroulée en spirale pour
former le cordon ombilical, d'une part, et de
l'autre s'est modifiée pour constituer toute la portion du placenta que les ramifications des vaisseaux
ombilicaux pénètrent, mais en outre parce que
l'embryon, qui a été l'objet de nos observations,
n'offre, lui, contrairement à cette étrange opinion,
aucune trace de cordon ombilical, comme on peut
le voir dans les figures 4 et 5 de la planche III.

Il est vrai que l'on a nié la validité de nos observations : « Si peu que j'ai pu savoir jusqu'ici de
» ses opinions en ce qui concerne les objets dont
» je me suis moi-même occupé, m'autorise déjà,
» par exemple, a écrit M. Velpeau, en réponse à
» notre mémoire, à soutenir *qu'il se trompe ma-*
» *nifestement en annonçant que les œufs qu'il*
» (M. Coste) *a montrés lundi étaient parfaitement*
» *sains ; car, à cet âge, l'embryon d'un œuf sain*
» *n'a point l'ombilic ouvert ;* qu'il se trompe de
» même en disant que ces œufs sont moins avancés
» qu'aucun de ceux que j'ai étudiés ; car j'en ai pré-
» senté à l'Académie de plus jeunes et de plus com-
» plets qui sont d'ailleurs figurés et décrits dans
» mon *ovologie* ainsi que dans mon *traité d'accou-*
» *chement ;* qu'il se trompe de nouveau quand il

» croit que le cordon et le placenta sont une dé-
» pendance de l'allantoïde ; qu'il se trompe aussi
» dans tout ce qu'il dit de cette dernière mem-
» brane, au point de décrire à la place une vési-
» cule qui en est tout à fait distincte ; qu'il est enfin
» tombé dans la même faute pour la membrane
» caduque, la poche ovo-urinaire, etc., etc. »

Comme ce sont là de simples assertions, on ne saurait exiger de nous aucune argumentation sérieuse,
lors même que tout ce qui précède n'en serait pas
une constante réfutation, lorsqu'elles ne viendraient
pas se briser contre tous les faits d'observation ;
seulement, nous nous arrêtons quelques instans à
cette étrange objection que le plus jeune des embryons que nous avions mis sous les yeux de l'Académie n'était pas dans l'état normal, parce qu'il présentait un évasement ombilical ; or, n'avons-nous
pas toujours vu chez les jeunes fœtus de mammifères
le ventre ouvert pour donner issue aux pédicules de
la vésicule ombilicale et de l'allantoïde? De ce qu'il
l'est ici, on ne saurait donc, ce nous semble, dire
que le sujet dont il s'agit soit dans un état anormal. Nous avons vu de même chez les mammifères
qu'il y a des organes dont le développement est en
rapport avec les dimensions de cette ouverture ;
ainsi, par exemple, nous avons dit que l'intestin
est droit quand l'abdomen est évasé ; qu'à cet âge

l'embryon n'offre pas de courbure antérieure ; et que plus tard, au contraire, lorsque l'allantoïde s'est transformée en cordon ombilical, il se recourbe d'une manière sensible. Or, chez le fœtus humain que nous avons observé, en même temps que le large évasement abdominal, que l'on regarde comme un cas pathologique, existoit, l'intestin s'étendait en ligne droite de la bouche à l'anus, et l'embryon était à peu près rectiligne. Sur un fœtus plus avancé, dont nous donnons le dessin (Pl. III, fig. 6), nous avons constaté, qu'en même temps que le cordon ombilical s'enroule, il se manifeste sur ce fœtus des dispositions de forme analogues à celles des autres mammifères.

Ainsi, partout s'offrent des transformations qui s'effectuent par un mécanisme semblable, et forment, dans l'espèce humaine et les vertébrés supérieurs, deux séries réellement parallèles. Osera-t-on, en présence de tels faits, nier l'efficacité de l'analogie ? Bien au contraire, nous la croyons ici toute puissante et décisive ; en effet, les seules différences que l'on observe sont des particularités sans importance, des cas qui n'offrent qu'un intérêt spécial ; or, de telles modifications ne sont pas plus importantes que d'autres dont nous avons constaté l'existence chez certains mammifères, sans que nous ayons songé pour cela à les séparer en des groupes distincts. Nous persistons donc dans les conclusions que nous avons données plus haut, et nous répétons ici que l'analogie prouve à elle seule la normalité du produit que nous avons eu sous les yeux.

Lors de la discussion qui s'éleva à ce sujet à l'Académie des sciences, entre M. Velpeau et nous, nous lui proposâmes, afin d'éviter de plus longs débats; d'examiner avec lui, en présence des commissaires, un des fœtus qu'il possédait, et nous nous engageâmes, pourvu que ce fœtus n'eut, comme celui dont nous avions fait le sujet de notre description, qu'une ligne et demie de long, nous nous engageâmes, disons-nous, à lui montrer un évasement ombilical très sensible, là où il supposait qu'il n'existait pas : nous eussions peut-être été assez heureux pour voir le savant professeur se ranger à notre opinion, et toute divergence se terminer dès-lors par l'examen des faits.

D'ailleurs M. Velpeau n'ôte-t-il pas lui-même de la valeur à ses argumens quand il avoue que l'artiste n'a peut-être pas rendu toutes les particularités de la surface externe du plus jeune de ses embryons, et que toutes ses figures ont été prises à l'œil-nu. M. Velpeau va même jusqu'à se prévaloir de cette dernière circonstance, et reprocher au docteur Pockels d'avoir fait usage de la loupe,

reproche qui nous semble très peu fondé surtout
quand il s'agit de représenter tous les détails d'un
corps, dont le plus grand diamètre n'a qu'une ligne
et demie; mais nous comprenons parfaitement pourquoi, lorsqu'on a négligé l'usage d'un instrument
grossissant, on n'est pas bien sûr de l'exactitude
du dessin, et pourquoi surtout l'évasement ombilical se trouve au nombre des détails oubliés.

Examen critique de l'opinion de M. Raspail, sur l'allantoïde et le cordon ombilical.

Tel était l'état de la question entre M. Velpeau
et nous, quand M. Raspail crut devoir intervenir, *persuadé qu'une étude moins précipitée fini-*
rait, en nous mettant d'accord, par nous amener
aux principes qu'il professe.

Voici, dans ses termes conciliateurs, l'opinion
de M. Raspail : « Ce qu'il nous est impossible de
» concevoir, disait-il, soit en reportant notre es-
» prit sur les nombreux ovules humains que nous
» avons eu l'occasion d'examiner, soit en suivant
» les inductions de l'analogie organique et fonda-
» mentale, dont toutes les recherches ne doivent
» être que des applications immédiates, c'est que
» l'organe que l'on croit être en droit de nommer
» *l'allantoïde humaine*, se convertisse en cordon

» ombilical, et plus tard en *placenta*. Cette har-
» die assertion *renverse toutes nos idées*, et nous
» osons d'avance la ranger dans la classe de l'a-
» berration systématique qui présenta un jour à
» l'Académie, l'animalcule spermatique, comme
» venant former le système *cérébro-spinal* de
» l'embryon, en s'enchâssant ainsi qu'un chaton
» dans la substance de l'ovule. Le cordon ombi-
» lical existe à toutes les époques de la gestation;
» c'est le point d'attache de la cellule embryon-
» naire avec la paroi de la cellule maternelle; et si
» quelquefois on ne l'aperçoit pas, c'est qu'il a été
» cassé par un effort, ou décomposé par la pu-
» tréfaction, deux causes capables de favoriser ou
» d'opérer l'expulsion de l'œuf hors de la matrice;
» ou bien c'est qu'il est si diaphane, si délicat,
» qu'il se confond avec le liquide ambiant, surtout
» si la transparence de ce liquide est troublée par
» la coagulation des sucs albumineux. »

Nous regrettons beaucoup, et chacun sans doute
regrettera avec nous, que M. Raspail n'ait donné
la description d'aucun de ces *nombreux* ovules
humains qu'il a eu l'occasion d'examiner; car bien
que nous ne voulions élever aucun doute sur l'aptitude de ce botaniste habile, malheureusement
dans un sujet aussi délicat que l'histoire de l'œuf,
tant de chances d'erreur sont semées sur nos pas,

que les moyens dont nous disposons sont, nous devons l'avouer, bien peu proportionnés aux obstacles qu'ils doivent nous aider à franchir. C'est pourquoi une description détaillée de tous les faits invoqués serait indispensable pour donner une valeur à des affirmations qui, en l'absence de ces détails, ne peuvent être d'aucun secours. M. Raspail sait cela mieux que nous sans doute ; aussi n'avons-nous pas la prétention de lui enseigner ce qu'a dû lui apprendre sa longue expérience. Il sait aussi qu'il n'y a pas de théorie si solidement assise, que le fait le moins important, en apparence, ne suffise souvent, sinon pour la renverser de fond en comble, du moins pour lui imprimer de profondes modifications. Nous disons cela, parce qu'il nous semble que trop souvent une question toute scientifique, devient une question de personnes ; parce qu'il nous semble, en effet, qu'une mauvaise honte empêche trop fréquemment de revenir sur ses pas, ou plutôt qu'une confiance aveugle, dans des principes sur la valeur desquels on se fait illusion, jette dans l'égarement les observateurs les plus habiles. Aussi le savant, par cela seul qu'il se voûe à la recherche de la vérité, ne doit jamais négliger, mettant de côté le vain amour propre d'auteur, de donner à ses confrères, à ceux mêmes qui ont une opinion contraire à la sienne, les moyens de vérifier les faits sur lesquels se fonde sa théorie. C'est pourquoi nous regrettons que M. Raspail n'ait point figuré, nous ne disons pas tous les nombreux ovules humains qu'il a eu occasion d'examiner, car il est évident que parmi ceux-ci il devait s'en trouver beaucoup d'anormaux, mais du moins ceux qui lui ont fourni les faits dans lesquels il a cru trouver la confirmation de son principe, et des motifs suffisans, pour conclure à une analogie parfaite entre les deux règnes organiques. Nous le regrettons d'autant plus sincèrement, que cela nous empêchant de vérifier sa théorie, nous devons en réalité la regarder comme non avenue. Il est vrai qu'à défaut de faits, M. Raspail nous a opposé des raisonnemens, des analogies. Cela change bien un peu la question, car enfin il faut convenir que les faits ont une bien autre valeur que les poétiques conceptions de l'imagination; les faits sont là, ils parlent, ils restent, si le raisonnement les féconde; sans eux le raisonnement n'est rien; et malheureusement très souvent, le raisonnement n'est qu'un vain rêve, l'analogie mal déduite, qu'un rapport éloigné ou même imaginaire, le système une inspiration artistique. Et, certes, on aurait mauvaise grace à affecter de croire que nous rejetions comme impuissant le raisonnement et l'analogie : notre manière de

procéder prouve assez que nous avons toute confiance dans leur efficacité ; mais il nous a semblé
que la réponse de M. Raspail était beaucoup plus
spécieuse que vraie ; il nous a semblé que ses raisonnemens avaient besoin de quelques rectifications ; le dirons-nous, nous avons acquis la triste
conviction que M. Raspail a légèrement étudié la
question dans laquelle il est venu s'offrir comme
médiateur ; c'est là ce qui nous explique le peu de
solidité de son argumentation ; les prémisses étant
fausses, les conséquences ont dû l'être ; les faits
d'analogie étant erronés, les raisonnemens qui les
eurent pour bases durent s'écrouler avec eux. C'est
ce que nous allons démontrer et ce que M. Raspail pourra vérifier lui-même, sur les ovules, que,
beaucoup plus heureux que nous, il a pu réunir
en nombre, et dont nous espérons qu'il se déterminera à vouloir bien enfin publier la description.

D'abord, nous comprenons peu, en vérité,
comment M. Raspail a pensé un instant qu'il parviendrait à nous mettre d'accord avec M. Velpeau,
en invoquant les principes que nous avons plus
haut énoncés d'après lui ; en effet, lorsque nous
refusons d'admettre que le cordon ombilical existe
à une époque aussi rapprochée de la conception
qu'il le prétend, M. Raspail, dans les vues les plus
conciliantes, sans doute, croit lever tous nos scru

pules en nous disant que l'organe en question existe à toutes les époques de la gestation. Certes, que M. Raspail se soucie fort peu de remettre en circulation l'antique théorie de l'emboîtement des germes, il en est le maître ; mais qu'en exagérant les idées de M. Velpeau, il pense pouvoir nous amener aux principes qu'il professe, nous avouons que les moyens nous semblent très peu concluans. Au reste, quoiqu'il en soit de l'intention qui a poussé M. Raspail à se jeter au milieu de cette discussion, la seule chose qu'il nous importe réellement est de savoir s'il est parvenu à l'éclaircir à l'aide de nouvelles données. Or, voici les objections que nous croyons devoir lui faire :

« Ce qu'*il nous est impossible de concevoir*, dit
» M. Raspail, soit en reportant notre esprit sur
» *les nombreux ovules humains* que nous avons
» eu l'occasion d'examiner, soit en suivant les in-
» ductions de l'analogie organique et fondamen-
» tale, dont toutes les recherches ne doivent être
» que des applications immédiates, c'est que l'or-
» gane que l'on croit être en droit de nommer
» l'allantoïde humaine, se convertisse en cordon
» ombilical, et plus tard en placenta. Cette hardie
» *assertion renverse toutes nos idées*, et nous
» osons d'avance la ranger dans la classe de l'aber-
» ration systématique, qui présenta un jour à

» l'Académie l'animalcule spermatique comme ve-
» nant former le système cérébro-spinal de l'em-
» bryon, en s'enchâssant comme un chaton dans
» la substance de l'ovule. »

Arrêtons-nous ici. Nous ferons d'abord une question à M. Raspail. Qu'entend-il par les ovules humains qu'il a examinés? Veut-il parler d'observations suivies, de faits qui, échelonnés les uns au-dessus des autres, forment une ligne continue, une chaîne sans interruption? Dans ce cas, nous nous étonnons que M. Raspail n'ait, depuis long-temps, publié des documens aussi intéressans. Dans la pénurie de faits où se trouve l'histoire de l'œuf humain, une série d'observations suivies est un évènement qui ferait époque dans les annales de la science, et M. Raspail n'eût pu se dispenser de l'en faire profiter. Aussi, bien qu'il ne s'exprime pas à ce sujet, nous ne devons pas croire que c'est de ce genre d'observations qu'il s'agit. D'ailleurs, M. Raspail connaît trop l'importance de la critique scientifique pour ne pas trouver juste que nous n'adoptions ses idées que lorsqu'elles se montreront avec le cortège, toujours imposant, de faits bien observés et soigneusement constatés. Ainsi donc, ces nombreux ovules ne sont que des cas à part, que des observations isolées, sans lien, sans chaîne qui les réunisse; ils ne forment pas système;

ils n'établissent pas une série complète ; mais dès-lors, il nous semble que lorsque surtout, l'on n'a pas préalablement institué une histoire complète du développement de quelques animaux très rapprochés de l'homme, de manière à avoir un critérium, ces faits, quelque nombreux qu'ils soient lorsqu'ils sont isolés, restent sans aucune valeur.

En effet, un ovule donné sera-t-il ou non dans les conditions normales ? Quelle est la signification de telle vésicule, de telle autre ? C'est ce que l'absence d'observations continues, faites autre part, empêchera de déterminer. Nous l'avons déjà dit fréquemment, et nous le répéterons aussi souvent que cela sera nécessaire, parce que c'est un principe fondamental et qu'il est trop généralement méconnu : en ovologie, les observations continues seules ont de la valeur ; par leur aide seulement, on détermine la signification des faits ; par elles seulement, on peut les apprécier justement. C'est ce que nous avions bien compris.

Lorsque nous nous livrâmes à l'étude de l'embryogénie, nous sacrifiâmes un grand nombre de femelles à des époques différentes de la grossesse, de manière à ce que la connaissance de leurs produits pût nous servir à instituer une histoire complète du développement ; aussi croyons-nous, à force de persévérance, avoir obtenu quelque résultat positif. On ne doit donc pas être étonné si nous avons l'intime conviction qu'il faut autre chose que des raisonnemens arbitraires pour nier les conséquences auxquelles, après des sacrifices de toutes sortes et à l'aide d'une observation attentive et minutieuse, nous sommes enfin parvenu. Il est vrai que lorsque pour donner à nos principes l'importance que les observations si souvent répétées sur lesquelles elles se fondent, leur ont acquise, nous établîmes avoir sacrifié pour nos travaux quarante brebis et cent lapines, dont l'époque de l'accouplement nous était connue, on nous répondit (objection vraiment incroyable de la part de quiconque a réellement quelque habitude des expérimentations de ce genre), que *ces nombres ne sont rien moins qu'importans ; qu'avec quatre de ces sujets bien observés, on serait tout aussi riche en faits qu'avec cent quarante sur le point de la question qui nous occupe...* En vérité, nous avons besoin de relire cette réponse de M. Raspail pour croire qu'elle a pu nous être sérieusement adressée. Est-ce donc bien de sang-froid qu'il a pensé à nous faire de telles objections ? Il faudrait croire alors qu'il ignore totalement dans quelle gradation lente et continue s'effectue le développement de l'embryon animal. Mais avant de porter un jugement aussi sévère, nous voulons suivre un à à un les argumens de M. Raspail, afin de voir si plus loin ne se révèle pas une connaissance plus exacte des vraies méthodes d'observation.

Nous avons peine réellement à répondre à une objection de cette nature ; car, pour le faire, il faudrait rappeler comment s'effectue le développement tout entier. M. Raspail ne sait-il donc pas aussi bien que nous, que, sous les yeux de l'observateur, tous les organes se forment, se construisent? Ignore-t-il donc qu'à une certaine époque, tout l'embryon consiste dans une cicatricule, laquelle n'est qu'une agglomération de globules? Et qu'alors les ovules qu'il aurait pu choisir ne lui auraient rien appris sur la question, que quatre œufs, qu'à l'entendre il semblerait loisible de choisir au hasard, doivent résoudre d'une manière si satisfaisante? N'a-t-il donc jamais observé que cette cicatricule devient ensuite le foyer, le centre d'une attraction en vertu de laquelle les globules du jaune constituent enfin une membrane vésiculeuse (qui, soit dit en passant, n'a jamais adhéré en aucune manière au chorion ni à quoi que ce soit), laquelle enveloppe tout le vitellus? Et s'il a été témoin de ces faits fondamentaux, ne sait-il pas que tous les fœtus qu'il aurait pris à cet âge, eussent été peu propres à élucider le problème dont il s'agit? N'eût-il pas vu que peu à peu cette vésicule blastodermique se rétrécit en

un certain point pour se convertir en deux sortes
de vessies, abouchées entre elles, dont l'une correspondant à la cicatricule agrandie et modifiée,
constitue l'embryon, et dont l'autre est la vésicule
ombilicale? S'il avait assisté à l'évolution de ces
phénomènes, alors il aurait vu, aussi bien que nous,
qu'il ne faut pas espérer du fœtus, à cette époque,
plus que des précédens, aucune révélation touchant le cordon ombilical.

Et enfin, pour apercevoir ce cordon, n'eût-il
pas été obligé d'attendre que la vésicule allantoïde
qui doit apparaître plus tard à l'extrémité caudale
de l'embryon, ait subi de nombreuses et profondes
modifications; qu'elle ait changé de forme, de dimension, de texture, etc.? Ou si, faisant un large
saut, il eût étudié les phénomènes à une époque
plus éloignée, sans aucun point intermédiaire qui
liât les derniers à ceux qui les avaient précédés de
quelques jours, serait-il jamais parvenu, quelle que
soit l'efficacité des données de l'analogie organique
et fondamentale, et quelqu'habile qu'il soit à en
tirer parti, à se faire une idée précise de la nature
de celui-ci?

Mais c'en est trop, sans doute, et nous avons regret de nous arrêter aussi long-temps sur un reproche dont l'étrangeté est telle que M. Raspail n'a pu
l'émettre que par oubli de principes dont il con-

naît l'excellence aussi bien que nous. Comment se peut-il en effet qu'un naturaliste ait pu nier l'importance d'observations suivies? Comment est-on venu nous dire qu'après avoir assisté jour par jour, heure par heure, à toutes les évolutions du germe; qu'après en avoir étudié toutes les modifications les plus légères comme les plus fondamentales; bien plus, après avoir assisté à sa formation, à sa génèse; l'avoir suivi de ses rudimens les plus simples, à sa complication la plus grande; après avoir vu chaque organe se former sous nos yeux, prendre des contours, une organisation, une texture; après avoir noté tous les faits avec soin, avoir étudié leur enchaînement, nous être attaché à découvrir leur lien, à déterminer leurs rapports; après avoir enfin, non content de l'assentiment unanime d'observations cent fois répétées, après les avoir confirmées, par l'analogie, par le raisonnement, comment a-t-on pu nous dire que le nombre de ces observations n'est rien moins qu'important? Ce n'est pas seulement entacher de doute la valeur de nos travaux, c'est entraver la marche d'une science où les faits n'ont de valeur que lorsqu'ils se concentrent tous, que lorsqu'ils s'enchaînent pour mener au but par une série graduée et continue.

Mais poursuivons la critique de l'argumentation

de M. Raspail. « Ce qu'il ne peut concevoir, c'est, dit-il, que l'organe que l'on se croit en droit de nommer l'allantoïde humaine se convertisse plus tard en cordon ombilical et en *placenta*. » Mais, en verité, après les motifs que nous énoncions plus haut, nous ne sommes nullement étonné que M. Raspail ait peine à concevoir cette transformation ; ce n'est pas par des observations isolées, comme ont pu l'être les siennes, que nous avons procédé ; et il n'y a qu'un instant nous nous efforcions de rappeler l'importance des recherches suivies. Pour nous, les faits que nous annonçons, nous les concevons parfaitement bien, et leur simplicité est telle que nous la regardons comme une preuve de plus en leur faveur ; d'ailleurs ces faits, lorsque nous les avons observés chez les autres animaux, nous sont apparus sans que nous eussions sur ce sujet aucune idée préconçue ; à nous, qui bien malheureusement, n'avions pas à notre service *les inductions de l'analogie organique et fondamentale ;* aussi étions-nous prêt à accepter des faits différens de ceux que nous avons publiés, s'ils avaient été inscrits autres dans le livre de la nature ; car la science n'a d'autre but que d'en déchiffrer les pages souvent obscures, mais non de lui imposer des lois. Aussi que nos *assertions*, quelque *hardies* qu'elles puissent paraître, *renversent toutes les idées de M. Raspail*, il n'y a en cela rien, ce nous semble, qui puisse arrêter notre marche; et ce qu'il nous dit avec tant de sérieux, nous l'avions bien sans doute prévu avant lui.

Tout système nouveau, l'auteur du *nouveau* système de chimie organique et du *nouveau* système de physiologie végétale, l'auteur de deux traités dont le titre même rompt avec le passé, et qui ont pour but de bâtir sur des ruines, le sait mieux que tout autre; tout système nouveau, disons-nous, n'a-t-il pas pour but de substituer une manière de voir à l'opinion admise? N'est-il pas juste que les idées se basent sur l'examen des faits, et est-ce à ceux-ci à se courber devant les premiers ou à les engendrer? C'est donc toujours en matière scientifique un mauvais argument que celui-ci : Vos faits renversent mes idées, donc vos faits sont erronnés. Mais c'est bien pis encore quand l'auteur croit ces motifs suffisans pour oser *ranger* d'avance les hardies assertions qui le combattent (M. Raspail aurait dû dire les faits positifs), au rang de l'aberration systématique, qui présenta un jour à l'Académie, l'animalcule spermatique comme venant former le système cérébro-spinal de l'embryon.

M. Raspail a-t-il bien songé qu'en portant la

discussion sur un pareil terrain, la science perd de sa dignité? Et doit-il donc suffire de *jeter au nez* de ses adversaires, comme il le dit lui-même, des phrases bien sonores pour les forcer au silence, ou même pour les convaincre? Que notre manière de voir soit une aberration, c'est ce dont nous conviendrons, quand on viendra nous le prouver, non par ce qu'on appelle l'analogie organique et fondamentale, parce que l'analogie ne nous semble avoir de fondemens que dans des limites beaucoup plus restreintes que ne le croit M. Raspail (1), mais les faits en main; nous le croirons, quand il viendra nous dire : Vous avez prétendu que les choses se passent de la

(1) Qu'est-ce en effet que l'analogie comme l'entend M. Raspail, sinon l'identité? Pour conclure d'une manière si hardie de ce qui se passe chez les végétaux, à ce qui a lieu dans l'homme, ne faut-il pas admettre la doctrine panthéistique que tout est dans tout, et se ranger sous la bannière de la philosophie de la nature? C'est en vain que M. Raspail voudrait nier que telles sont les conséquences de sa théorie, la logique est une force fatale à laquelle on ne peut se soustraire. Pourquoi donc M. Raspail regarde-t-il comme une chose nécessaire que le mode de développement de l'œuf animal soit si complètement analogue à celui de l'ovule végétal? Si les premiers phénomènes sont les mêmes, quelles seront les causes constamment pertu-batrices qui détermineront l'arrêt, en vertu duquel l'un sera végétal, l'autre animal? Tant que M. Raspail n'aura point posé

sorte, or cela est faux; les phénomènes ont lieu d'une manière tout opposée, en voici les preuves, voici les pièces, voici les dessins; alors que M. Raspail en soit certain, nous ne crierons ni au jansénisme, ni au spinosisme; franchement et loyalement nous conviendrons de l'erreur dans laquelle nous serons tombé. Mais il y a loin encore, et sa manière de procéder n'est pas propre à nous amener à capitulation.

Il ajoute : « *Le cordon ombilical existe à toutes* » *les époques de la gestation; c'est le point d'at-* » *tache de la cellule embryonnaire avec la paroi* » *de la cellule maternelle*, et si quelquefois on ne » l'aperçoit pas, c'est qu'il a été cassé par un effort » ou décomposé par la putréfaction, deux causes » capables de favoriser ou d'opérer l'expulsion de » l'œuf hors de la matrice, ou bien c'est qu'il est si » diaphane, si délicat, qu'il se confond avec le » liquide ambiant, surtout si la transparence de » ce liquide est troublée par la coagulation des » sucs albumineux. »

des limites à son analogie, la logique sera là pour conduire infailliblement à cette équation.

VÉGÉTAL. = HOMME.

Singulière conséquence de cette analogie organique et fondamentale, *dont toutes les recherches ne doivent être*, suivant M. Raspail, *que des applications immédiates*.

D'abord ceci est faux, mille fois faux, contraire à l'observation, contraire au raisonnement; il deviendrait fatigant de prouver encore que les faits démentent cette manière de voir. Mais il sera plus curieux de suivre M. Raspail qui, dans toute cette question, se pose non comme observateur, mais comme raisonneur, sur le champ de la logique. En effet, ces mots : « *le cordon ombilical existe à toutes les époques de la grossesse; c'est le point d'attache de la cellule embryonnaire avec la paroi de la cellule maternelle,* » renferment évidemment la contradiction la plus choquante; car peu importe, sur ce point, que l'œuf ait ou non adhéré à l'ovaire (nous avons dit sur quels faits se fonde à cet égard notre manière de voir), ici il s'agit manifestement de l'œuf observé dans la matrice. Or, si l'œuf existait primitivement dans cet organe, s'il s'y formait aussi bien qu'il se forme dans l'ovaire, on comprendrait qu'en conséquence de vues analogiques, on pût soutenir que cet œuf aurait, à toutes les époques, adhéré à l'utérus; car bien qu'alors cette assertion pût ne pas être d'accord avec les faits, bien que dans tous les cas l'adhérence avant la fécondation ne pût avoir lieu à l'aide d'un véritable cordon ombilical, du moins il n'y aurait dans cette manière de voir rien qui impliquât contradiction, mais il n'en est pas ainsi ; et pour permettre d'apprécier l'opinion que nous combattons, il nous suffit de l'exprimer, en peu de mots, de la manière suivante : *L'œuf se forme dans l'ovaire, et à toutes les époques de son existence il adhère à l'utérus.*

L'erreur provient manifestement ici d'une connaissance imparfaite des faits, du développement de l'embryon, et puisque (comme nous l'avons déjà exposé avec assez de soin pour qu'il ne soit pas nécessaire d'y revenir actuellement), ce n'est que par une série de modifications successives que se forme le cordon ombilical, il est évident que son apparition ne doit se faire que long-temps après la descente de l'œuf dans l'utérus ; en sorte que si celui-ci avait, dans le principe, ténu à l'ovaire par un moyen quelconque, l'adhérence qu'il contracte par la suite avec la matrice, serait toujours d'une nature différente.

Admettons en effet, un instant, que l'œuf tienne originairement à la cellule de l'ovaire qui le renferme ; comment aura lieu cette adhérence ? Il est évident que ce ne pourra être que par un point de la face extérieure de la membrane vitelline, c'est-à-dire du chorion. Mais quand, après la fécondation, l'œuf est descendu dans l'utérus, et quand enfin le cordon ombilical s'est formé, qu'est-ce qui constitue ce cordon ? Est-ce un organe analogue à

celui qui, par hypothèse, réunirait le chorion à
à la paroi de l'ovaire? En aucune manière, il n'y
a entre eux aucun rapport, aucune analogie. En
effet, ce cordon ombilical n'appartient nullement
aux membranes extérieures de l'œuf, au chorion;
il se forme au dedans de ces membranes; c'est
une dépendance de l'embryon; il ne se développe
que lorsque la peau de celui-ci est déjà constituée,
et lui-même est en continuité avec cette peau. Ainsi,
en admettant que l'œuf ait adhéré à l'ovaire, ce
serait par des moyens tous différens de ceux qui
le mettent en rapport avec la matrice, et il n'y aurait d'analogie entre ces deux faits que dans l'esprit de ceux qui, faute d'une étude suffisante, ne
se forment des phénomènes du développement
qu'une idée tout-à-fait erronnée.

Le point dont il s'agit en ce moment est bien
propre à montrer de quelle importance il est de
définir l'expression dont on se sert; car dans la
signification vague d'un mot, se trouve souvent la
source d'une interminable discussion. Quand, partant de cette opinion que l'ovule a adhéré à l'ovaire,
on prétend établir une analogie entre ce mode
d'adhérence et celui qui a lieu lorsque l'œuf est
arrivé dans la matrice, on consacre, par un abus
de langage, une erreur nuisible aux progrès de la
science. Or, dans toute la discussion qui s'éleva

entre M. Raspail et nous, il nous fut facile d'acquérir la certitude que nous n'attachions point, l'un et l'autre, le même sens aux mêmes expressions; aussi, afin de poser nettement la question, et pour qu'un débat scientifique ne tournât pas en une querelle interminable de mots, nous priâmes M. Raspail de vouloir bien nous dire :

1.° Ce qu'il entendait par l'ovule de la femme ou des mammifères pris dans l'ovaire, et considéré dans sa forme et sa composition intime;

2.° Comment il concevait que cet ovule, après avoir pénétré dans la matrice, se modifiait au point de manifester un blastoderme, un embryon, un amnios, une vésicule ombilicale, une vésicule allantoïde, un cordon ombilical et un placenta, et quelles étaient, d'après lui, les relations directes de chacune de ces parties entre elles.

Nous laissons à apprécier les motifs qui alors ont pu dispenser M. Raspail de répondre à nos questions, et si la manière franche dont nous posions la discussion était, comme il l'a dit, d'un argumentateur peu poli.

Mais là cependant ne se terminent pas les objections de M. Raspail, et nous allons voir que sur tous les autres points encore il n'y a pas conformité entre sa manière de voir et la nôtre. Non seulement ce naturaliste paraît avoir peu compris les opinions que nous avons émises, mais on voit aussi que l'observation directe lui a trop souvent fait défaut.

« Il ne faut pas perdre de vue, dit-il, que le
» liquide dans lequel nage l'embryon ne saurait
» être considéré comme un liquide ordinaire ; c'est
» une substance organisée à son premier degré de
» développement ; c'est de l'albumine. Or, il peut
» arriver un instant où les organes assez consistans
» restent inaperçus dans ce liquide, à cause de
» l'identité presque complète de leur densité res-
» pective, et l'absence de tout espace rempli d'un
» fluide de nature hétérogène. Les cellules de l'al-
» bumine de l'œuf ne deviennent apercevable que
» lorsqu'on les déchire et qu'on augmente les pro-
» portions aqueuses de la partie la plus soluble de
» cette albumine. Il pourrait donc arriver que le
» cordon ombilical le plus avancé, pourvu qu'il
» ne fût pas vasculaire, restât confondu à l'œil
» avec le liquide ambiant. »

Nous avons peine à comprendre qu'après que nous avions donné une histoire complète des modifications que subit, heure par heure, l'embryon de plusieurs mammifères, pour passer de l'état de germe à celui d'animal parfait, M. Raspail ait pu penser que l'époque de l'apparition du cordon ombilical nous a été voilée par la difficulté de distinguer celui-ci (alors qu'il n'est pas envahi par la vascularité sanguine), du milieu albumineux dans lequel il se trouve. Si nous n'avions donné qu'un travail tout spécial, isolé, sur la formation et le développement du cordon ombilical, il serait possible de concevoir qu'on pût nous faire de telles objections; mais nous croyons qu'elles ne doivent point nous être sérieusement adressées, après toute la rigueur que nous avons mise dans notre manière de procéder. En effet, ce n'est pas seulement lorsque l'allantoïde (et l'on sait que c'est elle qui constitue le cordon qui porte le système sanguin, allantoïdien ou ombilical) était déjà envahie par une circulation rouge, que nous l'avons aperçue, que nous avons pu en apprécier toutes les conditions de forme, de texture, etc.; mais alors qu'une circulation blanche et difficile à saisir n'avait point encore fait place à la circulation rouge qui doit lui succéder.

« Or, ne perdons pas de vue, continue M. Raspail, que la vascularité *sanguine* chez le *fœtus*, » ne se forme pas de la circonférence au centre, » mais du centre à la circonférence; qu'elle n'arrive pas du cordon ombilical vers le cœur, mais » du cœur du fœtus vers le cordon ombilical; et » que le développement de cette vascularité est » assez lent à s'accomplir et à atteindre le *placenta*.

» Qu'arrivera-t-il donc à un observateur qui suivra
» les phases de ce développement, et qui s'arrêtera
» à une certaine époque pour asseoir ses explica-
» tions? Il restera convaincu qu'il existe une solu-
» tion de continuité entre le fœtus et le chorion,
» là ou s'arrêtent les anses de la vascularité rouge
» les plus avancées au dehors du corps du fœtus. »

Nous qui avons suivi toutes les modifications
du germe, nous sommes parvenu aisément à noter
l'époque de l'apparition de la vascularité sanguine,
et surtout nous avons pu nous assurer de quelle
manière elle se manifestait; aussi sommes-nous
en mesure de prouver que les assertions de
M. Raspail sont fausses en tout point.

C'est une erreur de croire que la vascularité se
développe exclusivement du centre à la circonférence; et cette erreur est rendue évidente par
des observations suivies et faites en l'absence
de ces prétendus principes d'analogie, qui con-
cluent des végétaux au sommet de l'échelle animale. On ne devrait pas oublier qu'on né doit donner le nom de principe, qu'à ce qui est fondé sur
l'observation d'un grand nombre de faits, de détails, et que ceux-ci ne doivent point être cherchés
pour confirmer des idées arbitraires, mais pour
amener à des vues générales et sages. Si M. Raspail
avait suivi la formation du système vasculaire, il

aurait vu avec nous qu'elle a lieu en même temps du centre à la circonférence et de la circonférence au centre ; le raisonnement indique assez que les veines doivent avoir ce dernier mode de formation. M. Raspail paraît se faire une idée imparfaite de ces phénomènes. C'est par jets prompts, subits, imprévus, que se forme la vascularité; en un clin-d'œil, elle envahit un organe tout entier. Ce n'est pas un acte postérieur à la formation de l'organe, mais concomitant avec celle-ci.

« Eh bien ! ajoute-t-il, c'est ce qui est arrivé à
» M. Coste au sujet de l'*allantoïde*. Son allantoïde
» ne devient pas, comme il l'a cru, le cordon om-
» bilical, mais la portion vasculaire du cordon
» ombilical lui-même, surpris à une certaine épo-
» que du développement de la vascularité sanguine;
» et quand cette vascularité est *arrivée* jusqu'au point
» du chorion qui est sollicité, entraîné à soi par la
» matrice, alors l'observateur a été porté à croire
» que l'allantoïde s'était appliquée sur le chorion.»

Il est également faux que la vascularité *arrive*, comme on le dit, vers le chorion ou vers la matrice avec laquelle celui-ci est en contact. Cette expression *arrive* désigne une progression d'un système vasculaire tout entier; elle donne à entendre que la vascularité de l'allantoïde marche, pour ainsi dire, devant elle pour s'accroître en longueur. Les choses ne se passent pas de la sorte. Alors que la vésicule allantoïde est encore très-petite, elle est déjà envahie par ses vaisseaux sanguins, et ceux-ci ne prennent de l'accroissement que parce que la vésicule sur laquelle ils rampent en prend également; l'accroissement des dimensions, si nous pouvons dire, de la vascularité de l'allantoïde, est une conséquence, un effet de celui que prend cette vésicule. Il a lieu non pas par une sorte de progression, comme on voudrait le faire admettre, mais par tous les points à la fois, comme par une sorte de dilatation.

« Les figures de M. Coste, poursuit-il, achè-
» vent de compléter la démonstration, car l'allan-
» toïde y est représentée non pas comme une
» vésicule, mais comme une membrane frangée
» sur son extrémité, et comme portant les traces
» d'une déchirure évidente. »

M. Raspail ne combat pas seulement nos faits par des faits ou plutôt des idées contraires, mais il prétend que les observations que nous alléguons en notre faveur, militent contre nous-même; et pour preuve de cette assertion, il affirme que l'allantoïde est représentée, dans les dessins que nous fîmes passer sous ses yeux (car nous ne négligeâmes jamais les moyens d'éclairer la question), non point comme une vésicule, mais comme une membrane frangée , présentant des traces d'une déchirure évidente, laquelle témoignait de l'existence antérieure d'un moyen d'union avec une vésicule plus extérieure , union qu'une violence quelconque aurait fait disparaître. Or, si M. Raspail avait pris la peine de nous demander une explication dont ces figures inédites n'étaient point accompagnées , il aurait appris que les deux seuls fœtus qui présentent des allantoïdes déchirées, ne sont autre chose qu'une répétition incomplète d'autres figures placées à côté , et dans lesquelles l'allantoïde est représentée avec une forme vésiculeuse qu'il n'est pas permis de méconnaître. Tout le monde comprendra pourquoi, lorsque nous avons voulu figurer les détails intimes d'un fœtus déjà dessiné avec son allantoïde complète , nous avons pu nous dispenser de reproduire inutilement une seconde fois cette même allantoïde que l'artiste a supposée coupée en un point de sa longueur, comme cela se pratique toutes les fois qu'on a intérêt à ne montrer qu'une partie d'un corps quelconque.

Toutefois, comme il est évident que nous n'avons pas attaché aux mêmes mots la même valeur, et que l'un de nous deux a argumenté sur des faits qu'il n'avait jamais vus et qu'il ne comprenait pas, nous serions tenté de croire, quand

M. Raspail parle d'allantoïde frangée, qu'il veut désigner ce qu'on appelle du nom de chorion, c'est-à-dire l'enveloppe primitive du vitellus, la vitelline. En effet, en considérant nos dessins, nous voyons que cette épithète *frangée* ne saurait convenir aux allantoïdes que nous avons figurées ; qui sont, elles, brusquement déchirées ; mais au chorion seulement, dont la rupture a été représentée par l'artiste avec quelque élégance, comme on peut le voir dans nos planches V, VI et VII, planches qui ne sont que des répétitions de celles que nous fîmes passer à M. Raspail : il saura mieux que nous ce qu'il en est.

Quoi qu'il en soit, on voit combien peu à peu a été rabaissée la question d'abord si importante qui s'était agitée entre nous. Dans l'impossibilité où l'on se trouvait d'opposer à nos faits des faits, ce sont d'abord des raisonnemens arbitraires qu'on a allégué ; puis ensuite on a prétendu trouver dans les dessins auxquels ont donné lieu nos observations, des détails contraires à nos assertions. Or, ce dernier genre d'opposition est d'autant plus curieux qu'il a été établi spécialement dans le but de contredire des faits qui ne compromettaient nullement l'opinion de M. Raspail. En effet, si cet observateur, examinant l'allantoïde, qui, par ses modifications, doit, suivant nous, constituer le placenta : si cet observateur, disons-nous, prend tant de soin de faire remarquer qu'elle présente des traces de déchirure, c'est parce qu'il croit trouver là une preuve en faveur de sa théorie de l'emboîtement des vésicules. Or, ces faits, du renversement desquels M. Raspail paraît faire dépendre le salut de sa théorie, ne lui portent pas la plus légère atteinte. S'en serait-il donc laissé imposer par cette dénomination impropre de vésicule ? Aurait-il oublié ce que c'est que l'allantoïde, ou plutôt ne s'en formerait-il pas une juste idée ? L'allantoïde n'est pas une vésicule à part, c'est un simple prolongement, un cul-de-sac d'une vésicule préexistante, de la vésicule blastodermique. Que celle-ci ne se forme pas comme M. Raspail tient beaucoup à ce que les vésicules se forment, il a le droit de s'en inquiéter, car c'est une grave atteinte à sa théorie. Le blastoderme, en effet, est une véritable vésicule ; mais que l'allantoïde présente ou non des traces de déchirures, en vérité la théorie en question est ici tout à fait désintéressée. Réellement on pourrait croire que M. Raspail ne sait pas que c'est encore par un de ces abus de langage que nous blâmions, que le nom de vésicule a été appliqué à l'allantoïde ; mais nous avons peine à admettre cependant que M. Raspail se soit si long-temps occupé de débattre une question dont il ignorait les élémens d'une manière si complète.

« Ce qui a pu induire M. Coste en erreur, dit-il » enfin en terminant, c'est qu'il aura été pénétré » de cette idée que, dans le cas où il existerait, le » cordon ombilical devrait avoir toujours la même » forme, et proportionnellement au fœtus la » même longueur. Il n'est pas venu à l'esprit de » l'auteur que ce point d'adhérence doit subir dans » ses proportions et dans sa forme les mêmes » métamorphoses que les autres organes du fœtus, » les mêmes modifications dans sa longueur qu'il » subit dans sa consistance. »

Voici ce que nous répondîmes autrefois au dernier argument de M. Raspail : « Ce passage qui m'étonne me sera une nouvelle occasion de vous faire sentir la nécessité d'établir les bases de la discussion, car je m'aperçois que vous êtes peu au courant de la question, puisque vous m'adressez un reproche dont vous vous seriez abstenu si vous aviez pris la peine de lire le mémoire spécial sur l'origine de l'allantoïde, dans lequel, considérant le pédicule de cette même allantoïde comme le cordon ombilical futur, je me suis appliqué à faire ressortir toutes les modifications que ce cordon éprouve. Vous voyez donc, monsieur, que le grave reproche que vous m'adressez n'a d'existence que dans votre imagination, et vous êtes d'autant plus répréhensible, que mon mémoire tout entier a été inséré dans votre journal.»

Telle est la discussion qu'éleva entre M. Raspail et nous la question du cordon ombilical. On voit que ce naturaliste n'a apporté à ce sujet aucun élément nouveau, et que, bien loin de simplifier le problème, l'application de vues arbitraires qu'il a tenté d'y introduire, ne tendent à rien moins qu'à le compliquer de plus en plus. Toutefois, c'est à dessein que nous nous sommes si long-temps étendu sur cette discussion, et nous croyons qu'on nous en saura gré, car nous avons démontré de la manière la plus évidente l'erreur dans laquelle sont tombés des observateurs qui, mettant trop souvent de côté les faits, veulent porter au-delà de leurs justes limites des principes dont la valeur est quelquefois plus restreinte qu'ils ne le pensent, et que souvent l'absence d'un nombre suffisant d'observations les empêchent de vérifier.

CHAPITRE IX.

AMNIOS. — CHORION. — MEMBRANE CADUQUE.

IL résulte de ce qui précède, que l'œuf de la femme, pris dans l'ovaire, est composé comme celui des autres mammifères, et que les phénomènes dont il est le siège en se développant, sont, sinon identiques, du moins analogues à ceux que manifestent les œufs des vertébrés les plus voisins de l'homme : c'est ce que nous croyons avoir assez démontré et par les faits historiques, et par l'observation directe, et par le raisonnement, pour qu'il ne soit plus possible actuellement de conserver des doutes à cet égard. Mais pour compléter l'ovologie humaine, ou du moins ce qui s'y rattache d'une manière directe, il nous reste à connaître quelques membranes de l'œuf dont nous avons négligé de parler jusqu'ici, parce qu'elles importaient peu au point qu'il était surtout essentiel d'éclaircir, et parce que leur exposé eût jeté de la confusion dans la démonstration.

Amnios.

Si l'existence de cette membrane dans l'œuf humain est généralement admise par les anatomistes, l'on peut dire qu'il y a chez eux absence de renseignemens propres à indiquer la manière dont elle se forme. Il est à remarquer que presque tous se bornent à décrire l'amnios, comme, par exemple, l'on décrit un muscle, en lui assignant des usages, une forme, etc., mais sans qu'ils se soient demandé une seule fois, quelle pouvait être sa génèse et quelle devait être sa vraie signification.

Quant à nous, éclairé par nos recherches sur les mammifères, nous avons été conduit à dire que l'amnios devait être considéré comme un épiderme général du blastoderme; épiderme qui s'isolerait seulement de toute la surface de la tache embryonnaire par l'interposition entre celle-ci et la pellicule amniotique, d'un liquide plus ou moins abondant, selon les espèces. Dans l'œuf humain, ce liquide est connu par les accoucheurs sous le nom d'*eaux de l'amnios.*

Si, chez les mammifères, les choses se passent comme nous l'avons développé ailleurs; si la membrane qui, chez eux, a reçu la même dénomination, s'isole comme un épiderme, de l'embryon ; l'œuf de la femme ne saurait ici faire exception, et nous sommes autorisé à dire que l'amnios du fœtus humain doit se détacher de toute la surface de la tache embryonnaire, par le même mécanisme, mais à une époque qu'il n'a pas encore été en notre pouvoir de juger d'une manière directe par l'observation, époque pourtant que nous soupçonnons devoir être très rapprochée des premiers temps du développement.

Nous ne nous dissimulons pas que l'opinion des auteurs est en opposition manifeste avec la nôtre. Le docteur Pockels surtout, a consigné des faits et a donné des dessins, qui feraient supposer que l'embryon humain se coiffe de son amnios tout comme l'œuf lui-même, selon les anatomistes, se coifferait de sa membrane caduque. Mais en admettant la manière de voir de ce savant, il faudrait également admettre que la poche amniotique, déjà complètement développée avant que le fœtus soit réellement apparent, remplit toute la cavité de la membrane vitelline ; sans quoi il est impossible de concevoir comment cette poche se laisserait déprimer par l'embryon, avant de pouvoir offrir de toutes parts une résistance au moins égale à la pression qu'exercerait sur elle celui-ci, en se développant. Mais ce fait est loin de pouvoir être admis, car l'espèce de poche que forme l'amnios est d'abord fort petite, et ce n'est que peu à peu qu'elle prend de l'extension. A une époque assez peu avancée de la grossesse, elle a acquis un volume considérable, et plus tard, jusques vers la fin de la gestation, son accroissement est tel, qu'elle adhère par tous les points de la surface externe, à la membrane vitelline (chorion). Mais avant qu'elle ait acquis ce degré de développement, elle a commencé, pour ainsi dire, par naître.

D'ailleurs, si l'analogie que nous ne repoussons pas, nous, comme impuissante à conduire à la vérité, mais que nous invoquons au contraire à l'effet de marcher plus sûrement dans nos recherches, n'avait déjà mis hors de doute l'opinion que nous soutenons, l'observation directe serait venue nous affermir dans cette opinion. Le plus jeune des œufs que nous avons étudiés, et dont aucune altération n'avait encore détruit ni la forme ni les rapports, nous a clairement démontré que du quinzième au vingtième jour à peu près, l'amnios est à la cavité dans laquelle il est contenu (chorion), comme un, par exemple, est à cinq. Mais en outre, ce qui, pour nous, est un fait concluant, c'est que l'amnios semblait se continuer manifestement avec le pourtour ombilical de l'embryon. La figure 5 de la planche III met ce fait dans toute son évidence. On ne pourra certes pas nous objecter que nos dessins soient arbitraires, car ce n'est pas nous qui les avons exécutés, et l'artiste qui les a faits, assez connu pour son exactitude, ne saurait être accusé d'avoir dessiné le contraire de ce qu'il voyait; on ne pourra pas non plus répéter, ce qu'on a déjà dit, que nous avons pris pour un cas normal, un cas pathologique, puisque tout milite en faveur du contraire. Comment concevoir que là où il y a pureté et régularité dans les formes, il puisse y avoir maladie? Comment le concevoir, surtout, lorsque l'on a constaté, comme nous l'avons fait, un grand nombre de fois et sur plusieurs espèces, que la partie abdominale de l'embryon offre, à une époque originaire du développement, précisément les mêmes particularités que nous avons rencontrées dans le fœtus humain? Si cette ouverture était l'effet d'une altération, d'une déchirure, l'on concevrait difficilement que l'amnios adhérât à tout le pourtour de cette ouverture d'une manière aussi égale; c'est qu'évidemment rien n'est plus normal que ce fait.

Nous répéterons donc ici ce que nous avons avancé plus haut, que l'amnios n'est pas une poche toute formée, indépendante de l'embryon, et dans laquelle celui-ci s'enfoncerait comme pour s'en coiffer; mais bien une membrane de nature épidermique, existant primitivement dans le blastoderme, et se détachant de toute la surface de la tache embryonnaire à une époque que nous ne pouvons pas encore déterminer pour l'espèce humaine, à cause du peu d'observations recueillies à ce sujet.

Lorsque les pédicules de la vésicule ombilicale et de l'allantoïde tendent à s'allonger et à s'enrouler pour réaliser le cordon ombilical, l'amnios les accompagne et forme autour d'eux une sorte de gaine membraneuse qui règne dans toute leur étendue, et par conséquent dans toute la longueur du cordon. La figure 6 de la Planche III représente un fœtus assez jeune encore, dont le cordon ombilical, très court, commence à s'entourer de sa pellicule amniotique.

La structure anatomique de l'amnios dans l'espèce humaine, a également donné lieu à des opinions diverses. Les uns y admettent des vaisseaux, les autres les nient; cette dernière opinion est celle que nous professons : il est inutile de rappeler les motifs qui nous la font adopter. Et d'ailleurs cette question et celle aussi de savoir si la membrane dont nous parlons renferme des nerfs et des vaisseaux lymphatiques dans son tissu (ce que nous ne croyons pas), ne méritent ni un exposé minutieux, ni une réfutation sérieuse, quoique bien des médecins attachent à ces questions assez d'importance, pour qu'ils pensent encore qu'il y ait nécessité de les poser.

Un problème, non pas à résoudre, mais à éclaircir, est celui qui consiste à savoir d'où proviennent précisément les eaux de l'amnios. Suivant les uns, ce serait une sécrétion particulière du fœtus; les autres, au contraire, pensent qu'elles ont leur source dans la mère; enfin, d'après une opinion que l'on pourrait appeler mixte, elles proviendraient de la mère et du fœtus en même temps. Quant à nous, si nous avons essayé d'expliquer dans un chapitre général (1) à quel phénomène nous pensons que l'on doive attribuer cette accumulation de liquide, nous devons dire ici que ce n'est point une conviction que nous avons voulu émettre, mais seulement une simple hypothèse.

Si l'on n'a pu formuler encore que des suppositions, relativement à l'origine des eaux de l'amnios, il n'en est pas de même quant aux usages qu'on leur assigne : tous les auteurs semblent être d'accord à cet égard, et avec eux nous admettons qu'elles sont destinées à protéger l'embryon, et à

____

(1) Voy. *amnios*, p. 167 et suiv.

le garantir des chocs trop violens que le monde ex-extérieur aurait exercé sur lui par l'intermédiaire de la mère. Les accoucheurs leur attribuent aussi pour usage de faciliter la parturition en lubrifiant, par leur écoulement, les parties externes de la génération.

Chorion.

Cette membrane, que, dans ces derniers temps encore, un *savant très haut placé* a été conduit, nous ne savons trop pour quelle raison, mais sans doute en l'absence de toute idée d'analogie, à considérer comme le représentant de la coque de l'œuf des ovipares, n'est, comme nous l'avons établi, rien autre chose que la plus excentrique des membranes de l'œuf pris dans l'ovaire, c'est-à-dire la *vitelline.*

Il est difficile de concevoir comment on a pu lui donner une autre signification. Evidemment les auteurs qui ont cru devoir faire de cette membrane l'analogue d'un produit adventif calcaire, ou n'avaient pas pris connaissance des parties qu'ils ont ainsi rapprochées, et alors ont consacré une erreur en adoptant, peut-être, une opinion traditionnelle, ou bien cette opinion leur est venue après l'examen des faits, et, dans ce cas, l'erreur leur serait propre. Nous aimons à croire que, dans cette circonstance, les embryogénistes dont l'aberration est si manifeste, ont plutôt fait usage de la tradition que de leur propre expérience ; car ils seraient, à nos yeux, doublement dans l'erreur si, après avoir eux-mêmes constaté les faits, ils avaient persisté à vouloir établir une analogie qui est, certes, loin d'exister, puisque la membrane vitelline (chorion), est une des parties essentielles de l'œuf dans l'ovaire, lorsque la coque n'est au contraire qu'un produit exhalé par l'utérus, comme l'est la membrane caduque ou adventive.

Nous aurons peu de chose à ajouter à ce qui concerne le chorion humain, sur lequel toutefois nous reviendrons, en donnant un conspectus général de l'œuf de la femme. Nous dirons seulement ici qu'il est intermédiaire à l'amnios et à la membrane caduque, à laquelle il adhère par sa face externe, au moyen de petites fibriles ou villosités qui proviennent de son tissu ; qu'il est transparent et paraît être de nature fibreuse, et qu'enfin il ne renferme dans son épaisseur aucun vaisseau ni aucun nerf.

Mais ce que nous devons rappeler, bien que nous en ayions déjà parlé, c'est que, entre le chorion et l'amnios, existe une substance albumineuse qui se condense par l'action de l'alcohol, de l'eau froide et même de l'air, et que c'est à cette substance ainsi modifiée que M. Velpeau a donné le nom de *magma réticulé*, magma dont il a fait l'analogue de l'allantoïde. Nous avons déjà prouvé que ce rapprochement est entièrement erroné, non seulement parce qu'il existe une véritable allantoïde tout à fait distincte de ce que M. Velpeau considère comme telle ; mais aussi parce que son magma réticulé, signalé déjà avant lui, et dont surtout Pockels parle, dans sa première proposition (1), comme d'une membrane incolore très ténue et d'une disposition analogue à celle de l'humeur vitrée de l'œil, n'a réellement, ainsi qu'il est facile de s'en assurer par la comparaison, aucun des caractères de l'allantoïde ; car ce qui principalement caractérise cette membrane, quelles que soient d'ailleurs les idées des auteurs sur sa nature, est sa continuité directe avec l'embryon ; et, nous l'avons déjà dit, M. Velpeau lui-même n'a trouvé aucune relation entre le fœtus et le magma réticulé. D'ailleurs, l'allantoïde est toujours destinée à porter les vaisseaux ombilicaux ou *allantoïdiens*, comme nous les avons nommés, et ces vaisseaux, dans l'espèce humaine, sont tout à fait étrangers au magma.

(1) **Voyez** à la page 211.

Caduque.

Nous avons vu, dans les généralités du développement, que l'œuf, après son arrivée dans la matrice , se trouve entouré de toutes parts d'une substance exhalée, d'abord de nature albumineuse, mais qui peu à peu s'épaissit, se condense, prend une consistance de plus en plus considérable, sans toutefois affecter jamais une structure régulière ; devient comme membraneuse , sans que des vaisseaux ni des nerfs se développent dans son épaisseur, sans, en un mot, acquérir les caractères d'une substance réellement organisée. Cette membrane exhalée, particulière, est celle que nous avons connue sous le nom de *membrane adventive* , et que les anatomistes de l'homme désignent sous celui de *caduque.*

La membrane caduque est assurément de toutes les membranes de l'œuf humain celle qui a été l'objet de plus de controverses, et cependant peut-être, celle de toutes les enveloppes du fœtus sur laquelle on a actuellement le moins de données positives. Bien qu'elle ait eu un grand nombre d'historiens, bien qu'elle ait servi de texte à une foule de dissertations, sa formation, ses développemens successifs pendant tout le cours de la gestation, ses rapports avec la matrice, l'œuf, le placenta, sa description même, et enfin ses usages, sont encore des points à éclaircir; et ceci est d'autant plus surprenant, que parmi les auteurs qui se sont livrés à cette étude se trouvent des médecins le plus justement considérés, et au mérite desquels nous nous plairons toujours à rendre hommage, quelle que soit la divergence de nos opinions.

Peut-être qu'ici encore l'analogie eût pu devenir d'un grand secours; peut-être eût-elle, nous ne dirons pas mis un terme à toutes les opinions auxquelles cette membrane a donné lieu, mais éclairé du moins la discussion, en la plaçant sur un terrain nouveau. Chez les mammifères, ce produit adventif ne se fait qu'après la descente de l'œuf dans l'utérus; sa sécrétion est bien évidemment déterminée, *dans l'état normal*, par la présence de celui-ci, par l'excitation qu'il semble produire sur la paroi interne de cet organe. Or, ces faits, qui sont d'une importance réelle, et qui, suivant nous, tendent à faire présumer que dans l'espèce humaine les choses se passent de même, n'ont pas été invoqués, ou ont été négligés par les accoucheurs.

Ils ont admis qu'exhalée dans l'utérus, sous forme de poche contenant un liquide, cette membrane en tapissait la cavité avant la descente de

l'œuf, qui, en la refoulant devant lui, s'en coifferait comme d'un double bonnet destiné à le maintenir immobile contre les parois de la matrice,
dans le but de circonscrire le placenta, d'en limiter
l'étendue et de favoriser son adhérence. En effet,
l'existence constante dans l'utérus d'un produit
pseudo-membraneux, pendant les grossesses tubaires, abdominales, etc., semble venir à l'appui de
cette idée que dans l'espèce humaine la formation
de la caduque n'est pas subordonnée à la présence
de l'œuf, et, en permettant de concevoir qu'elle peut
être exhalée sans une provocation directe de la
part de ce dernier, tendrait à consacrer une exception que paraissent légitimer presque tous les cas
d'avortement.

Mais si l'on réfléchit que dans les grossesses extra-utérines, l'œuf peut se développer et même arriver à son terme sans l'intervention d'une pseudo-
membrane semblable à celle qu'on a décrite, on
sera porté à se demander pourquoi dans la matrice il aurait besoin d'un produit adventif dont il
a pu se passer ailleurs, et qui serait, par son apparition *prématurée*, par la forme qu'il affecte, les
usages qu'on lui assigne (1), la négation formelle de

(1) Après les détails que nous avons donnés dans le chapitre général (pag. 149 et suiv.), sur le mécanisme du déve-

tout ce que la série animale présente. Certes, une semblable réflexion est bien propre à faire naître le doute dans l'esprit de ceux qu'agite le besoin d'une conviction rationnellement établie. Aussi, en remaniant les faits qui servent de base à l'opinion accréditée ; en constatant l'existence de cette pseudo-membrane dans la matrice de toutes les femmes mortes pendant une grossesse extra-utérine ; en la retrouvant presque toujours dans les cas d'avortement ; en reconnaissant que la plupart de ces avortemens coïncident avec l'époque de sa *plus grande intégrité supposée*, il nous est venu à la pensée que cette pseudo-membrane, *telle qu'on l'admet*, pourrait bien n'être qu'un accident,

loppement du placenta, sur la raison de sa forme, de son étendue, etc., il est presque inutile de dire que les usages que, dans l'espèce humaine, l'on attribue à la caduque, et qui auraient pour but de déterminer la forme du placenta, en s'opposant à ce que celui-ci ne se produise dans toute la surface de l'œuf, etc., sont, comme d'ailleurs nous le dirons plus bas dans l'examen que nous ferons des diverses opinions émises par les auteurs, complètement illusoires. En effet, puisque chez les mammifères il est hors de tout doute que la forme du placenta et son étendue ont évidemment pour cause la forme et l'étendue de l'allantoïde qui en constitue la portion essentielle ou vasculaire, il serait absurde d'admettre que, dans l'espèce humaine, cette étendue et cette forme sont soumises à une loi différente, et surtout à une action *purement mécanique*, comme le serait celle de la caduque des auteurs.

qu'un produit intempestif, susceptible d'entraver la marche de la nature, et de devenir une cause de grossesse extra-utérine en s'opposant au passage de l'œuf, et une cause d'avortement lorsque, malgré sa présence, l'œuf parvient à se glisser jusque dans la matrice.

En effet, la caduque de l'espèce humaine s'étend, comme on sait, jusque dans les tubes, par deux prolongemens que les accoucheurs modernes ont décrits; or, si ces prolongemens tubaires sont assez volumineux pour obstruer le passage, et si on les suppose formés avant la descente de l'œuf, on concevra facilement que ce dernier ne puisse aller au-delà, et qu'il soit contraint de se développer dans le canal vecteur. D'un autre côté, si l'on admet que ces prolongemens tubaires n'offrent, dans certains cas, qu'une résistance insuffisante, on pourra bien concevoir aussi que, malgré eux, l'œuf vienne, comme le pensent les accoucheurs, se placer entre les parois de la matrice et la face externe de la caduque; mais alors n'arrivera-t-il pas que la compression croissante qu'il y subira en grandissant, l'empêchera de prospérer? Et d'ailleurs, en subissant cette contrainte, ne se trouvera-t-il pas dans une immobilité forcée qui ne lui permettra pas de tourner le point de sa surface qui doit correspondre au placenta du côté de la matrice à laquelle il doit se fixer? Et n'y aura-t-il pas beaucoup plus de chances pour que ce point se trouve au contraire en regard de la caduque qui deviendra un motif inévitable d'avortement?.....

Malheureusement, les choses se passent trop souvent comme nous venons de l'exposer, et l'expérience a, depuis long-temps, prononcé; car on peut dire, sans exagération, que les deux tiers au moins des fœtus, recueillis à la suite d'un avortement, ont leur cordon ombilical tourné du côté de la caduque, quand elle existe; et les accoucheurs (ceux-là même qui ont fait le plus d'efforts pour lui assigner une finalité), reconnaissent que, dans ces cas, c'est elle qui le détermine.

Ainsi donc, *si elle était normale*, cette pseudo-membrane, de l'aveu de ses partisans, rendrait l'avortement probable. Or, il faut avouer qu'un phénomène qui doit avoir pour résultat ordinaire une aussi fatale conséquence, ne peut raisonnablement être accepté comme normal, avant d'avoir épuisé contre lui tous les argumens que la science peut fournir. Aussi, en venant élever des doutes sur une opinion qui a reçu l'assentiment unanime des accoucheurs, n'avons-nous pas la prétention de leur en imposer une autre, mais de leur faire sentir que les faits qu'ils invoquent sont loin d'avoir la valeur qu'ils leur supposent.

Et d'abord, nous leur ferons remarquer que pour mettre hors de doute l'existence normale de la caduque humaine, telle qu'ils la conçoivent, il était urgent d'invoquer à son appui, non pas comme ils l'ont fait, des cas d'avortement, ou de grossesse extra-utérine, mais des observations recueillies sur des femmes mortes à la suite d'une maladie étrangère à la matrice et à l'œuf; car là, où l'analogie indique déjà qu'il doit y avoir quelque chose qui ne peut ressembler à ce qu'on a sous les yeux, il est rationnel d'élever des doutes sur les faits qu'on observe, et de les soumettre à une nouvelle enquête. Qu'on ne dise pas qu'en procédant ainsi on leur fait violence pour les contraindre à subir le joug d'une idée préconçue; un semblable argument n'est plus de mise dans l'état actuel de la science, et l'on peut affirmer que les faits sont stériles, tant que sous l'inspiration des connaissances acquises, on ne les a pas forcés à se montrer sous toutes leurs faces et dans leur véritable jour.

Mais nous le répétons, presque toutes les observations qu'on produit en faveur d'une caduque humaine ayant une apparition, une forme, et des usages exceptionnels, sont empruntées à des cas d'avortement. D'ailleurs, n'ayant presque jamais été exprimées que sous forme d'assertions, et nul-

lement avec les détails nécessaires, elles ne sauraient avoir aucune valeur scientifique; et, depuis
Hunter, le problème n'a pas fait un seul pas vers
la démonstration.

Mais, dira-t-on, si les cas d'avortement ne peuvent suffire pour démontrer l'existence d'une caduque telle qu'on l'admet, les grossesses extra-.
utérines tubaires, et même abdominales, ne peuvent laisser aucun doute; car on la trouve bien
positivement dans la matrice avec la forme qu'on
lui assigne, et si l'on suppose qu'un œuf descende
après qu'elle y est ainsi disposée, il ne pourra
avoir avec elle d'autres rapports que ceux qu'on
lui connaît, et qui se retrouvent dans certains cas
d'avortement. A cela nous répondrons ainsi qu'il
suit :

Que prouve la présence de la caduque, dans la
matrice, pendant les grossesses extra-utérines, si
ce n'est qu'une pseudo-membrane peut être exhalée
sans la présence d'un œuf ?.... Mais ce fait a-t-il la
moindre valeur pour démontrer que, dans l'état
normal, c'est avant l'arrivée de cet œuf qu'elle se
forme?.... En aucune façon. Il prouve, tout au plus,
qu'elle peut se produire, comme nous allons le
voir, quand il se fait trop attendre.

En effet, nous avons déjà dit qu'à l'époque des
amours, chez tous les animaux, des fluides albumi-

neux s'amassent en très grande quantité dans le tissu des parois de la matrice, afin de fournir à l'œuf tous les élémens dont il aura besoin pour se développer. Nous avons dit aussi que dans l'état normal la matrice n'exhalait de produit adventif que lorsque l'œuf était parvenu dans sa cavité, pour en être enveloppé ; mais si l'on suppose que retenu plus qu'il ne convient dans une vésicule de Graaf, par exemple, trop lente à se déchirer, cet œuf se fasse trop long-temps attendre, alors la matrice, gorgée d'une manière surabondante par les fluides qui envahissent le tissu de ses parois, finira par s'en délivrer en les versant dans sa cavité, bien que l'œuf n'y soit pas encore descendu. C'est ce qu'on a de fréquentes occasions de vérifier chez les mollusques, les batraciens, les oiseaux, etc. ; chez ces derniers surtout, la chose est manifeste, et toutes les personnes qui élèvent des poules savent fort bien qu'à la fin des pontes, alors que l'ovaire épuisé ne fournit plus de *vitellus*, l'oviducte n'en continue pas moins à exhaler dans sa cavité l'albumen et la coque que dans l'état *normal*, elle ne verse qu'après l'arrivée du vitellus, qu'il revêt successivement de toutes ses annexes. Les produits qui résultent de cette *réalisation exceptionnelle* sont connus sous le nom d'*œufs clairs*.

Ainsi donc, par ces données incontestables il

reste clairement démontré que chez les animaux dont les produits adventifs ont toujours lieu dans l'état normal après la descente de l'œuf, il est démontré, disons-nous, que ces mêmes produits peuvent se manifester aussi sans sa présence ou dans les cas où il se fait trop attendre. Or, dans l'espèce humaine pourquoi les choses se passeraient-elles autrement? (1) Et si nous admettons qu'il peut en être de même que chez les animaux, nous verrons qu'en faisant rentrer l'homme dans la règle commune, nous ne laisserons aucun des phénomènes qu'il présente sans une facile explication. En effet, le produit adventif de la femme se formera dans l'état normal comme chez les mammifères, après la descente de l'œuf. De même que chez ceux-ci, il enveloppera l'œuf tout entier, ainsi que le fait raconté par Evrard Home, et celui que nous avons eu l'occasion d'observer, tendent à le faire penser.

Mais s'il arrive que l'œuf soit retenu trop long-

(1) Dans l'espèce humaine, il sera d'autant plus facile de concevoir que les choses puissent se passer ainsi, que, dans la crainte d'avoir des enfans, les parens trompent souvent le vœu de la nature, et par cela même donnent au produit adventif, (dont d'ailleurs un coït excessif ou brutal peut déterminer la formation), le temps de se constituer avant que l'œuf ne soit descendu pour en provoquer l'exhalation.

temps dans l'ovaire, alors la matrice de la femme, toujours comme celle des animaux dans des circonstances analogues, versera dans sa cavité les fluides dont elle sera surchargée, fluides qui se condenseront à sa surface interne sous une forme vésiculeuse; et s'il arrive que plus tard l'œuf, tombé de l'ovaire, soit entraîné vers le lieu de sa destination ordinaire, c'est-à-dire dans la cavité de l'utérus, ou bien, retenu par les prolongemens tubaires de la caduque, il sera contraint de se développer dans les tubes eux-mêmes, ou bien s'il parvient à se glisser jusque dans la matrice, il ne pourra se placer qu'entre la paroi de cette dernière et la face externe du produit adventif, dont il tendra à se coiffer comme d'un double bonnet décrit par les auteurs; mais la compression qu'il subira deviendra une cause inévitable d'avortement plus ou moins prochain.

Ainsi, dans cette manière de voir, la caduque des accoucheurs devrait être considérée comme une production intempestive, principale cause ou de grossesse extra-utérine ou d'avortement, et non comme l'expression de l'état normal : mais nous le répétons, nous n'avons pas la prétention de rien affirmer, seulement nous voulons faire comprendre qu'une question, qu'en général l'on considère comme résolue, est loin encore d'être

élucidée ; et si ce que nous venons de dire ne suffisait pas pour le démontrer, on n'a qu'à lire l'exposé critique de l'opinion des auteurs à ce sujet
pour s'apercevoir de l'anarchie qui règne dans
leurs écrits, et des contradictions qui se trouvent
dans les ouvrages de chacun d'entre eux.

Examen critique de diverses opinions émises par les auteurs sur la membrane caduque.

La participation des hommes les plus distingués,
aux travaux sur cette membrane, nous a imposé le
devoir de lire, avec un soin plus minutieux peut-être
que nous ne l'aurions fait (car entre les travaux historiques et l'observation directe, nous ne croyons
pas que le choix puisse être douteux), et de mé-
diter longuement les ouvrages qui ont été écrits
sur ce sujet. Mais après en avoir pris la plus
exacte connaissance, il nous a semblé qu'ils con-
tenaient peu de choses satisfaisantes ; nous avons
même cru y voir des contradictions manifestes.
Enfin, les descriptions nous ont paru avoir besoin d'être plus nettement exposées. Telle est
l'impression qu'a produite sur nous la lecture des
mémoires auxquels la membrane caduque a donné
lieu depuis un petit nombre d'années ; mais comme

nous ne prétendons en aucune façon imposer à nos
lecteurs notre manière de voir (nous savons trop,
pour croire à l'infaillibilité de notre jugement,
de combien de chances d'erreurs est entravée la
route que nous parcourons); comme d'ailleurs
nous craindrions que nos préoccupations nous
aient peu permis, en effet, d'apprécier à leur juste
valeur des travaux faits dans une autre direction
que celle que nous suivons, et en l'absence des
principes que nous croyons être fondé à considérer comme les seuls infaillibles; et qu'enfin la
haute position et la juste considération des auteurs
à l'opinion desquels nous avons essayé d'en substituer une autre, nous fait un devoir d'exposer dans
tous ses détails la question au point où nous l'a-
vons prise, nous allons, maintenant que nous
avons exposé notre manière de voir, et dit sur
quelsf aits d'observation d'analogie et de raisonnement elle se fonde, donner l'histoire de ce qui
a été fait avant nous, et nous espérons que la lecture du chapitre que nous y consacrerons démon-
trera clairement que tout à peu près reste à faire
dans l'histoire de la membrane caduque.

Depuis W. Hunter, en effet, avant lequel les
auteurs qui ont parlé de la membrane caduque,
bien loin de s'en faire une juste idée, ne l'ont guère
regardée que comme un cas, soit pathologique,

soit accidentel, ou qui l'ont considérée comme une dépendance du chorion ; depuis W. Hunter, disons-nous, qui avait assez bien compris les rapports de cette production pour en donner une figure idéale, et qui lui a assigné le nom qu'elle porte, et J. Hunter, qui a ajouté à l'histoire de cette membrane des observations tendant à compléter celles de son frère, les documens que l'on est venu y apporter se réduisent à la démonstration de prolongemens tubaires (dont quelques auteurs nient même l'existence) et à la présence dans la cavité de la caduque d'un liquide sur l'importance et les usages duquel les auteurs sont loin d'être d'accord, bien qu'ils se soient disputé le mérite de sa découverte.

Après cette correction et cette addition, il n'est réellement aucun fait qui soit venu enrichir l'histoire de cette membrane, en sorte que l'ouvrage de W. Hunter est réellement resté sur ce point, le seul vraiment classique ; car nous ne saurions attacher d'importance à toutes les hypothèses dont elle a été l'objet, autrement nous devrions la regarder comme l'une des questions les plus avancées de l'histoire des membranes de l'œuf, ce qui, malheureusement, est bien loin d'être vrai. Mais si l'histoire de la caduque s'est enrichie de peu de faits nouveaux, il faut convenir qu'en échange sa synonymie s'est singulièrement compliquée (1).

Aussi telle est la confusion qui règne sur ce

(1) Voici cette synonymie telle qu'elle a déjà été présentée avant nous par plusieurs auteurs :

1.º *Caduque externe ou utérine.*

Decidua. (Hunter.)
Decidua externa. (Sandifort.)
Tunica exterior ovi. (Haller.)
Caduca crassa. (Mayer.)
Membrana mucosa. (Osiander.)
 — caduca. (Danz.)
 — cribrosa de plusieurs auteurs.
 — ovi materna. (Meckel.)
Epichorion. (Chaussier.)
Membrane de connexion. (Deuman.)
Epione. (Dutrochet.)
Nidamentum. (Burdach.)
Perione. (Breschet).
Membrane anhiste. (Velpeau.)

2.º *Caduque réfléchie ou interne.*

Reflexa. (Hunter.)
Membrana retiformis. (Hoboken.)
Involucre membraneux. (Albinus.)
Membrana filamentosa. (Roederer.)
 — adventitia. (Blumenbach.)
 — crassa. (Osiander.)
 — reticulée. (Ronhault, Muller.)
 — villosa. (Braton.)
Couches adventives de Blainville.

I.   20

point, qu'après avoir établi le fait et les circonstances de l'apparition de la membrane caduque comme nous les concevons, et sur lesquels beaucoup d'auteurs sont déjà d'accord, quelle que soit d'ailleurs l'opinion qu'ils professent sur la série des développemens ultérieurs, et le rôle qu'est appelé à jouer cette membrane, sentons-nous le besoin d'établir dans notre exposé critique certaines divisions; ce sera le seul moyen de présenter, avec quelque clarté, les opinions nombreuses qui ont été émises, et de se former de la valeur de chacune d'elles, une juste idée.

1.° *Formation.* Nous avons posé le fait de l'existence de la membrane caduque, et nous avons cru devoir attribuer sa formation à une secrétion de matière concrescible fournie par l'utérus, à une époque et dans un moment où cet organe entre en excitation. Cette manière d'envisager la formation de la membrane caduque, bien que partagée par plusieurs physiologistes contemporains, et, en particulier, par M. de Blainville, est bien loin cependant de rallier à elle toutes les opinions.

On sait que celle que conçut tout d'abord Hunter sur ce point intéressant, c'est qu'elle était due à l'exfoliation de la muqueuse qui tapisse la paroi interne de l'utérus. Plus tard il abandonna cette opinion ; mais récemment elle a été reproduite par MM. Baer et Oken, et, en France, M. Raspail a également entrepris de la défendre, postérieurement aux naturalistes allemands. Mais il est assez curieux de voir que tandis que les uns se croient fondés à attribuer à une exfoliation de la muqueuse utérine la formation de la caduque, d'autres affirment que cette muqueuse n'existe pas.

« Si l'on vient à faire macérer, dit M. Mo-
» reau (1), ou, ce qui est plus convenable, à faire
» bouillir l'utérus et le vagin sans les séparer,
» alors on peut facilement isoler la membrane mu-
» queuse et la suivre depuis la vulve jusqu'à la moi-
» tié environ de la cavité du col de l'utérus ; *mais*
» *il est impossible de la démontrer dans la cavité*
» *même de cet organe.* » Et plus loin : (2) « Je
» crois pouvoir nier l'existence de la membrane
» muqueuse dans l'utérus, et par conséquent refu-
» ser d'attribuer à son exfoliation la production
» de la membrane caduque. »

Cette singulière contradiction qui s'offre tout d'abord à nous, est bien propre à donner une idée du point où ont laissé la question, les auteurs, d'ailleurs fort recommandables, nous le répétons, qui s'en sont occupés. C'est ainsi que dans

(1) Essai sur la membrane caduque. Paris, 1814, p. 23.
(2) Loc. cit., p. 24.

tout le cours de cet exposé nous allons trouver
des assertions aussi opposées qu'absolues touchant
les mêmes faits ; et, le plus soufvent aussi, dans
les assertions d'un même auteur les contradictions
les plus manifestes. Aussi aurons-nous toujours
soin de citer le texte original, afin de nous mettre
à l'abri du reproche de partialité que le seul exposé des opinions qui ont été émises, tendrait à
faire peser sur nous, tant ces opinions sont étranges
et contradictoires, tant il est vrai (nous l'avouons
à regret) que dans cette question si débattue, il n'est
aucun auteur peut-être, qui soit parvenu à se faire
du sujet, une idée nette et précise.

Certains anatomistes, pour expliquer la formation de la membrane caduque, ont eu recours à
l'hypothèse toute gratuite de la dégénérescence du
sperme. Pourtant il était bien plus naturel de recourir à l'opinion que professa définitivement
Harvey, qui l'attribua à une excitation produite
sur l'utérus ; excitation qui n'est pas toutefois
comme l'ont admis généralement les auteurs, le
résultat d'un coït fécondant, mais qui est due à la
présence de l'œuf dans une matrice, qui, par une
harmonie préétablie, se trouve déjà sous l'influence
des modifications que le rut lui fait subir. Il est en
effet très facile d'admettre, comme nous l'avons
fait, que pendant cette sorte d'inflammation dans

laquelle entre en ce moment l'utérus, alors que les fluides y affluant en quantité extraordinaire, gonflent son tissu, et que, sous l'action de ce redoublement d'énergie vitale, sa température augmente; il est très facile d'admettre, disons-nous, qu'il se manifeste dans sa cavité et par tous les pores de sa muqueuse une exhalation albumineuse qui, peu à peu, s'épaissit, se condense, s'aggrége de manière à prendre l'aspect d'une membrane qui en tapisse la cavité; aussi n'hésitons-nous pas à nous ranger, avec MM. de Blainville, Lobstein et Moreau, à l'opinion de W. Hunter, de même que l'ont fait aussi MM. Breschet et Velpeau, qui, dans cette occasion, nous paraissent revendiquer à tort l'un contre l'autre des droits de priorité. Hunter, dans cette question, se trouve sur ce point comme sur beaucoup d'autres, le seul auteur réellement classique, et d'autant plus intelligible qu'il est absent de tout cet arsenal d'hypothèses et de synonymie qui, bien loin de concourir aux progrès de la science, la retardent autant qu'elles en rendent l'aspect rebutant.

On a généralement admis, comme nous venons de le dire, que c'était sous l'influence d'*un coït fécondant* qu'avait lieu la production de cette membrane. Telle est en effet l'opinion de M. Lobstein; telle est aussi celle de M. Moreau, qui cependant

rapporte que « M. Evrat a observé plusieurs fois
» que des *femmes stériles rendaient*, quelques
» jours après s'être livrées au coït, *des portions*
» *de membranes analogues à la membrane ca-*
» *duque* (1). » « Je désirerais, dit aussi le même
» médecin, pouvoir avancer des faits constatés par
» des ouvertures de cadavre, *afin de prouver*, au-
» tant qu'il est possible, *le développement de la*
» *membrane caduque dans les cas où il n'y a pas*
» *eu conception* (2). »

Or, ces faits prouvent assez sans doute contre
l'opinion de Lobstein, contre celle de M. Moreau
lui-même, et enfin contre celle des auteurs qui,
plus tard, ont adopté sur presque tous points la
manière de voir de cet historien de la membrane
caduque, et dont les ouvrages ne sont guère, on
peut le dire, qu'un long commentaire de la thèse
de M. Moreau, que, préoccupés sans doute de recherches intéressantes, ils ont trop souvent oublié
de citer. Il ressort évidemment, ce nous semble,
de ces observations, que ce n'est point spécialement à un COÏT FÉCONDANT *que doit être attri-*
buée la formation de la caduque, telle qu'ils la conçoivent, puisqu'elle peut exister sans qu'il y ait eu

(1) Essai sur la memb. cad., p. 21.
(2) Loc. cit., p. 20.

conception; d'un autre côté, les observations ne manquent pas pour établir que le simple acte vénérien ne suffit pas pour en déterminer la production, car autrement chaque coït devrait avoir ce résultat, et serait inévitablement suivi de l'expulsion facile à constater des débris de cette membrane. En outre, l'existence de cette production, dans les cas où il n'y a pas eu conception, est un fait dont l'importance, sous les rapports des usages que l'on a cru devoir lui assigner, est assez grave pour qu'il mérite d'être noté. En effet, elle démontre ceci : qu'il n'y a pas, entre la fécondation de l'œuf ou sa descente dans l'utérus, et la formation de la membrane caduque, antérieure ou ultérieure à cette descente, une liaison nécessaire ; et s'il venait à être établi qu'il peut y avoir fécondation de cet œuf sans qu'elle soit accompagnée de la production de la membrane caduque, il resterait démontré que ce sont là deux faits, sinon complètement dénués d'autres rapports que celui d'une simple concomitance, du moins, en effet, peu intimement unis. Or, à défaut de ces observations, les grossesses extra-utérines, ainsi que nous l'avons annoncé plus haut, et particulièrement les grossesses abdominales, sont là pour démontrer l'indépendance réciproque, dans certains cas, de ces deux phénomènes, la descente de l'œuf *dans la*

matrice, et l'existence dans celle-ci d'une membrane caduque (nous voulons toujours parler de la
caduque des ovologistes humains et non de celle
qu'indique l'analogie). Que deviennent dès-lors
les usages qu'on a voulu lui assigner?

Les grossesses extra-utérines, nous le répétons
encore ici, prouvent donc, non seulement que l'on
s'est trop pressé d'assigner des usages à la membrane caduque, mais elles viennent incontestablement à l'appui de notre manière de voir, touchant
la formation de celle-ci. En effet, la caduque du
fœtus humain, étant pour nous l'analogue de celle
de l'œuf des mammifères, est pour nous aussi
d'une création postérieure à la descente de l'œuf,
et sa formation serait, d'après notre manière de
voir, le produit de l'excitation de celui-ci sur la
paroi utérine.

Le fait de l'existence de cette membrane dans
la matrice, dans les cas de grossesses tubaires,
ne peut nous être opposé non plus. En partant
du point de vue de l'analogie, il trouve aisément
son explication, car chez les mammifères, dans
les cas de portée multiple, chaque œuf n'est pas
seulement entouré d'une caduque spéciale indépendante des autres; mais tous les œufs sont réunis entre eux par une substance homogène qui
n'est autre chose que la caduque elle-même. C'est

que l'excitation produite par l'œuf ne se borne pas à un point isolé, mais se propage dans tout le canal vecteur. On conçoit donc aisément que l'excitation produite par celui-ci, dans les trompes où il s'est arrêté, puisse suffire pour déterminer, dans l'utérus, la sécrétion de la matière qui doit former la membrane, que, dans ces cas, on rencontre dans sa cavité.

2.° *Description*. Après les hypothèses dont la formation de la membrane caduque a été le sujet, les différentes descriptions qui en ont été données doivent nous occuper. Cette membrane, selon les auteurs, tapisse la paroi interne de l'utérus, elle en suit tous les contours, se moule exactement sur elle. Lorsque la substance d'abord albumineuse, qui est destinée à la former, s'est condensée, elle prend l'aspect d'un véritable tissu, d'une membrane molle, jaune au dire de M. Moreau, blanche et légèrement rosée suivant M. Breschet; enfin, d'un gris rougeâtre d'après M. Velpeau. Elle est épaisse d'une ligne si l'on en croit M. Moreau. M. Breschet lui assigne une épaisseur de deux à trois lignes. Sa face externe, ou celle qui est en rapport avec l'utérus, est inégale, rugueuse, couverte d'une multitude de filamens sur la nature desquels, les auteurs (comme nous le verrons en traitant d'après eux la question de savoir si la membrane caduque est ou non organisée), ne sont guère plus d'accord que sur l'épaisseur de cette membrane, mais qui établissent entre elle et l'utérus une certaine relation.

La face interne, au contraire, celle qui regarde la cavité de l'utérus, étant, au dire de ces auteurs, constamment humectée par un liquide que la caduque semble puiser à l'extérieur, soit par un phénomène d'endosmose, soit par une simple imbibition, est lisse et polie, et son aspect est, suivant M. Moreau, analogue à celui des membranes séreuses. Lobstein prétend au contraire que cette surface offre à l'état normal de nombreux filamens. M. Moreau affirme que c'est là un état contre nature, un cas pathologique ; et depuis, le plus grand nombre des auteurs qui se sont occupés de cette spécialité, se sont rangés à son opinion. « Je n'ai ja-» mais, dit-il, observé ces filamens, si ce n'est sur » des œufs rendus par un avortement survenu à » une époque peu avancée de la grossesse. (1) » M. Breschet partage évidemment la manière de voir de M. Moreau. « Le poli de cette face interne » est si remarquable, écrit-il (2), que l'on serait » disposé à admettre qu'une lamelle séreuse la re-» couvre ; mais une dissection, fréquemment ré-

(1) Essai sur la memb. cad., p. 12.
(2) Etudes sur l'œuf, p. 99.

» pétée , et faite avec une grande attention, ne
» nous a jamais pu faire reconnaître la présence
» d'un feuillet membraneux. » On comprend difficilement, d'après cela, comment M. Breschet
blâme M. Velpeau d'avoir établi ce rapprochement,
puisqu'il l'adopte lui-même ; d'ailleurs, il est évident que cette analogie, quelle qu'en puisse être
la valeur, a été signalée bien antérieurement par
M. Moreau, et que c'est à celui-ci seulement que
doit en revenir le mérite ou le blâme.

Quoiqu'il en soit, cette face interne est, suivant
que Lobstein paraît en avoir fait le premier la
remarque, et ainsi que que M. Moreau l'a écrit
depuis, « criblée d'une multitude de petits trous,
» dirigés obliquement d'une surface à l'autre. (1) »
M. Breschet paraît avoir observé la même disposition, car il s'exprime ainsi, mais postérieurement au médecin dont nous venons de citer les
paroles (2). « La face interne, lisse, polie, égale
» dans toute son étendue, est criblée d'une multi-
» tude de pores qui sont les orifices d'autant de
» petits canaux. » (M. Velpeau rejette bien loin
cette opinion [3]) « dont est creusé le périone,

(1) Essai sur la memb. cad. , p. 12.
(2) Etudes sur l'œuf, p. 99.
(3) Embryologie, introduction, p. xiv.

» lesquels parcourent son épaisseur plus ou moins
» obliquement, sans traverser cette membrane de
» part en part. Tous les orifices de ces canaux ne
» se voient que sur cette face interne, et ils ne sont
» pas tous du même diamètre ; la plupart admet-
» traient à peine un cheveu ou une soie de san-
» glier, et les plus grands ne dépassent cette di-
» mension que de très peu de chose ; cependant,
» sur des membranes caduques qui étaient fraîches
» et qu'on n'avait pas immergées dans l'alcohol,
» ces orifices étaient plus ouverts ; nous les avons
» remarqués sur des membranes caduques avant
» l'arrivée de l'ovule dans la cavité utérine, et
» même sur des membranes caduques tapissant
» cette même cavité, quoique le fœtus se dévelop-
» pât dans un autre point et constituât ainsi une
» grossesse extra-utérine. »

La question de savoir si la membrane caduque
est ou non organisée, avait bien une certaine importance ; aussi a-t-elle été, plus encore que les
précédentes, l'objet de controverses. Ruysch est le
premier qui ait abordé ce sujet. Dans sa réponse
à André Ottomar Goelicke, il parle des vaisseaux
dont est parsemée la membrane caduque, qu'il désigne, comme on l'a fait le plus souvent avant
Hunter, du nom de chorion. Voici comment il
s'exprime : « *Vasa sanguinea ubique dispersa per*

» *membranam chorion....... cum solum distributa*
» *videantur per partem ejus mediam, non verò ul-*
» *teriùs, ubique silicet placenta coheret, ibiquo-*
» *que vasorum myriadibus superbit* (1). » Depuis
Ruysch, un grand nombre d'anatomistes, parmi
lesquels Haller et les deux Hunter se placent au
premier rang, ont parlé des vaisseaux de la membrane caduque. Hunter en a même donné de fort
belles figures. Plus récemment, plusieurs auteurs,
et particulièrement MM. Lobstein, Lauth, Breschet et Velpeau, se sont également occupés de ce
sujet : les trois premiers pour soutenir l'opinion
émise par Ruysch et défendue déjà par de célèbres
anatomistes ; le dernier pour nier formellement
toute vascularité dans la membrane caduque. Cependant, Lobstein prétend avoir injecté des vaisseaux avec du mercure ; mais comme il ajoute qu'il
a eu de nombreux épanchemens, ce qu'il attribue
à la ténuité des parois, trop peu résistantes, suivant lui, pour contenir le métal, les partisans de
la non vascularité de la caduque pourraient ne pas
trouver ses expériences concluantes. Quoiqu'il en
soit, M. Lobstein compare les vaisseaux qu'il
prétend avoir injectés, à ceux qui tapissent la pie
mère. M. Moreau est venu se ranger à l'opinion

____

(1) *Epist. anat., problemata nona*, p. 9.

de Lobstein : « Je les ai vus plusieurs fois, dit-
» il (1), non seulement sur des œufs renfermés
» dans l'utérus, mais encore sur de faux germes et
» sur des débris de membranes rendues par avor-
» tement. Dans ce cas, la membrane caduque res-
» semble assez bien à un morceau de chair, ou
» plutôt à un morceau de sang caillé ; il faut la
» laver plusieurs fois et à grande eau, pour lui
» rendre l'aspect couenneux et la couleur jaunâtre
» qui la caractérisent. L'entre-croisement fréquent,
» les anastomoses nombreuses des petits vaisseaux,
» donnent naissance à une espèce de réseau dans
» lequel une matière albumineuse se trouve dépo-
» sée : ce réseau forme la trame et toute l'organi-
» sation de cette membrane. » M. Lauth fils sou-
tient une opinion analogue (2) : il dit avoir injecté,
avec des tubes très fins, des vaisseaux de deux
ordres, visibles dans la membrane caduque. Les
uns vont de cette membrane aux vaisseaux placentaires, et d'autres du placenta aux vaisseaux de la
caduque qui appartiennent tous à ceux de l'utérus.
Ces vaisseaux sont, suivant M. Lauth, des lymphatiques qui séparent, les premiers, du sang de la

---

(1) Essai sur la memb. cad., p. 17.

(2) Consid. anat. et path. sur la connexion du placenta avec
l'utérus.

mère, les matériaux nécessaires au fœtus; et les seconds, du sang du fœtus, les matériaux qui doivent en être retirés.

Il est plus difficile de se faire une idée de l'opinion que professe M. Breschet sur ce sujet intéressant. Les citations suivantes tendraient à faire croire en effet que ce médecin a mal rendu ce que, sans aucun doute, il comprend parfaitement.

» L'inspection de la membrane caduque à ses diffé-
» rentes phases, même dès les premiers momens
» de sa formation, son examen à la loupe et au
» microscope, et même à l'œil nu, font recon-
» naître manifestement *une texture, une organi-*
» *sation véritable et la présence de vaisseaux*
» *sanguins*, sorte de vaisseaux qui n'est pas re-
» connue et démontrée dans tous nos tissus ; et
» pourtant, personne n'a élevé de doutes sur leur
» organisation. Comment croire qu'une substance
» inorganique pût rester pendant tout le temps de
» la gestation au milieu de tissus organiques doués
» de vie, de chaleur, d'humidité, sans se ramollir
» ni éprouver une sorte de décomposition putride
» ou sans être résorbée? Une matière inorganique
» pourrait-elle offrir assez de résistance pour con-
» tenir un liquide sans le laisser échapper ; et loin
» de favoriser la formation et la conservation de
» ce liquide, une concrétion membraniforme inor-

» ganique ne devrait-elle pas s'opposer à l'exha-
» lation de ce fluide? Enfin, la théorie de la for-
» mation des fausses membranes, si belle, si fé-
» conde, due au génie immense de J. Hunter, et
» que toutes les expériences physiologiques mo-
» dernes n'ont fait que consolider, ne s'opposerait-
» elle pas à ce qu'on regardât la membrane ca-
» duque comme une concrétion inorganique, si,
» par sa structure et ses fonctions, cette mem-
» brane n'indiquait pas qu'elle est organisée (1)? »
Après la lecture de ce passage, il paraît évident que
M. Breschet ne conserve aucun doute sur la vascularité de la membrane caduque ; le suivant semble
également venir à l'appui de cette opinion : « Nous
» avons, dit-il, observé les vaisseaux sanguins
» dans l'une et l'autre membranes caduques (2). »
Mais ne serait-on pas porté à croire que M. Breschet n'a pas sur ce sujet une opinion bien arrêtée,
quand il termine ainsi : « Nous savons que notre
» savant confrère M. Lauth a admis, dans la mem-
» brane caduque, des vaisseaux lymphatiques ou
» de très minces filamens qu'il considère comme
» des vaisseaux absorbans, et qui vont de l'utérus
» au périone, ou de celui-ci au placenta encore re-

(1) Etudes sur l'œuf, p. 72.
(2) Loc. cit., p. 111.

» couvert de la membrane caduque , et récipro-
» quement. Mais, encore une fois, *notre propre*
» *observation ne nous ayant pas suffisamment*
» *démontré la vascularité de toutes ces parties,*
» *nous nous abstenons d'affirmer l'existence de*
» *vaisseaux sanguins artériels ou veineux dans*
» *la membrane caduque*, surtout dans les premiers
» temps de sa formation; cependant, nous n'en
» admettons pas moins l'organisation de cette
» membrane, parce que l'organisation, pour être
» reconnue, n'exige pas la démonstration des nerfs
» et des vaisseaux dans un tissu (1). »

L'opinion de M. Velpeau est plus explicite, la
lecture de ce qu'il a écrit ne laisse aucun doute sur
sa manière de voir à cet égard. Qu'il nous soit
permis encore de citer : l'importance du sujet,
l'obscurité qui l'enveloppe, enfin la controverse
dont il a été l'objet, excuseront la longueur de
nos emprunts, qui, d'ailleurs, permettront de se
former une opinion sur les services qu'ont pu
rendre à cette question les travaux dont elle a été
l'objet. « Je crois, dit ce célèbre accoucheur (2),
» que cette membrane n'est organisée à aucune
» époque de la grossesse. Ce n'est pas qu'elle

(1) Etudes sur l'œuf, p. 112.
(2) Embryologie, ou Ovologie humaine, p. 6.

» puisse être comparée à de la matière brute. Sous
» ce rapport, le mot inorganique, que j'ai déjà
» employé faute de mieux, ne rend pas ma pen-
» sée. La vie s'y maintient, je le sais; mais c'est
» comme dans les cartilages, dans l'émail des
» dents, dans le mucus, comme dans les fluides
» organiques en général, par contiguité enfin, et
» non par le mécanisme des tissus persistans de
» l'économie. Indépendante de la matrice et du
» chorion qu'elle sépare pendant toute la durée de
» la grossesse, elle peut, à la rigueur, se confondre
» avec l'un ou avec l'autre, et revêtir dès-lors les
» caractères d'une lame véritablement organisée,
» mais ce n'est que par accident, que par suite
» d'une déviation réelle de son but naturel..... En
» un mot, dit-il en terminant (2), depuis l'instant
» de sa formation jusqu'à sa sortie des organes
» sexuels, elle ne m'a jamais paru devoir être con-
» sidérée autrement que comme une simple con-
» crétion, une couche sans texture régulière, soit
» que mes recherches aient porté sur son feuillet
» utérin, sur sa lame réfléchie, ou sur l'ensemble
» de ses caractères distinctifs. Quelquefois cepen-
» dant, elle est tachetée de points rougeâtres étoi-
» lés, ou de stries sanguines, qui ont pu faire

(1) Loc. cit., p. 7.

» croire à l'existence de vaisseaux dans son épais-
» seur. On voit aussi dans certains cas, à sa face
» interne, une pellicule fine, capable d'en impo-
» ser pour une lamelle celluleuse. Assez fréquem-
» ment encore, elle semble être formée de fibres
» placées à côté les unes des autres, ou même di-
» versement entrecroisées. Mais ces taches, ces
» stries de sang, cette pellicule, n'indiquent pas
» plus la présence de vaisseaux ici qu'à la surface
» des concrétions croupales, des masses poly-
» formes du cœur. Ses apparences fibreuses ne
» prouvent pas plus la texture organique que dans
» les cordons fibrineux, purs et simples. » Enfin,
telle est la conviction de M. Velpeau, touchant la
non organisation de la caduque, qu'il propose de
lui donner le nom de membrane *anhiste*. Mais ce
nom ne nous semble pas, dans l'état actuel de la
science, devoir être employé avec avantage; car,
non seulement il n'est pas incontestablement établi
qu'il convienne à la membrane caduque, mais,
comme tous les mots négatifs, il a l'inconvénient
de s'appliquer à plusieurs objets. Ainsi, il n'est
rien de ce qui a été dit touchant la non organisation de la membrane caduque, qui ne puisse être
également entendu du chorion, de l'amnios, etc.,
dont la vascularité n'a pas encore, ainsi qu'on le
sait, été démontrée; en sorte que lors même que

nous n'aurions d'autre but que celui de fonder une ovologie humaine, nous aimerions mieux encore nous en tenir au nom imposé par W. Hunter, nom qui, s'il n'est pas rigoureux, a du moins l'avantage d'être consacré par l'usage ; mais l'ovologie comparée, demandant une nomenclature uniforme et rationnelle, nous adopterons préférablement le nom de *lames adventives*, sous lequel M. de Blainville a désigné cette production, dans ses cours de la faculté des sciences.

A la question de l'organisation de la membrane caduque, se trouve liée, jusqu'à un certain point, celle des rapports de sa face externe avec l'utérus, de l'adhérence ou la non adhérence de leurs surfaces. Mais nous serons bref sur ce point ; et si nous nous y arrêtons, c'est afin de montrer combien, dans cette question que l'on pourrait croire très avancée, si l'on en jugeait par le nombre d'écrits dont elle a été l'objet, les moindres points sont encore obscurs ; combien enfin les auteurs qui ont essayé de faire connaître la membrane caduque, étaient loin d'en avoir eux-mêmes une intelligence complète.

M. Breschet annonce d'abord que « la dissec- » tion, les injections, l'examen le plus attentif » avec les verres grossissans, n'ont pu lui faire re- » connaître de continuité entre la face externe du

» périone et la face interne de l'utérus (1). » Mais,
plus loin, ce médecin ajoute que, « il a vu des pin-
» ceaux vasculaires, paraissant établir des commu-
» nications entre cette membrane et l'utérus (2). »

Des assertions aussi contradictoires, dans la
bouche du même auteur, légitiment bien la rete-
nue que nous apportons à n'adopter aucune de
leurs opinions. Il est vrai que les expressions de
M. Velpeau sont plus positives. Cet accoucheur
paraît s'être formé sur ce sujet une conviction.
Des adhérences entre l'utérus et la membrane caduque sont, suivant lui, « très faibles, n'ont lieu
» que par l'intermède de filamens muqueux, faciles
» à rompre, et qui ne sont certainement ni des
» vaisseaux ni des nerfs. Le manche du scalpel
» glisse entre la matrice et cette lame, les sépare
» en conséquence sans effort et sans déchirer au-
» cun élément organique (3). » Plus loin (4) il
ajoute que « la caduque n'adhère pas plus à la ma-
» trice au commencement qu'à la fin de la gesta-
» tion.... elle ne lui est jamais que contiguë (5). »
Enfin, il termine en se fondant sur la non adhé-

(1) Etudes sur l'œuf, p. 98.
(2) Loc. cit., p. 112.
(3) Embryologie ou ovologie humaine, p. 3.
(4) Loc. cit., p. 6.
(5) Loc. cit., p. 6.

rence de la caduque avec l'utérus, pour démontrer la non vascularité de celle-ci (1). »

Nous venons, dans tout ce qui précède, d'exposer l'état de la question, quant à la structure de la membrane caduque; mais nous n'avons considéré de cette production que les parties qui sont en contact avec l'utérus; cependant nous avons dit en commençant qu'il existe trois prolongemens correspondans aux trois orifices utérins; c'est d'eux qu'il nous reste maintenant à nous occuper pour terminer tout ce qui concerne la description de la caduque.

Hunter, qui, ainsi que nous l'avons dit, fut le premier historien de cette membrane, l'a représentée comme percée dans les points correspondans aux trompes et au col utérin (2); c'est là une erreur dont la rectification a fait depuis grand bruit dans le monde savant, bien qu'elle n'ait acquis jusqu'à ce jour aucune importance réelle. Quoiqu'il en soit, c'est, à ce qu'il paraît, M. Lobstein qui, le premier, a relevé l'erreur de Hunter, et démontré que la caduque, bien loin d'être percée en aucun point, se prolonge au contraire dans l'intérieur des trompes et du col de la matrice. « Dans » aucun cas, dit-il, dans lesquels j'ai observé l'œuf

(1) Embryologie ou ovologie humaine, p. 7.
(2) Voyez Pl. III, fig. 7.

» et ses membranes dans leur intégrité, je n'ai vu
» les trois ouvertures dont parle Hunter, qui doi-
» vent correspondre aux trois ouvertures de la ma-
» trice. » Depuis, l'existence des prolongemens tubaires a été admise par le plus grand nombre des
anatomistes, bien que MM. Bojanus et Lée défen-
dent encore l'opinion de Hunter. Au reste, l'erreur
de celui-ci est facile à concevoir : les prolongemens tubaires consistent en une matière gélatineuse
de peu de densité, qui se sépare aisément du reste
de la membrane caduque, si l'on ne détache celle-
ci avec précaution ; en sorte que l'on peut admettre
avec M. Moreau, que Hunter n'a eu à sa disposition
que des membranes déchirées. M. Breschet, qui
admet l'existence des prolongemens tubaires, à
l'instar de Burns et Carus, nie celle du prolongement utérin ; « il est à remarquer, dit-il (1), que
» le troisième angle de la cavité de l'utérus, ou
» celui qui correspond au col et à l'ouverture de
» cet organe dans le vagin, ne présente jamais de
» prolongemens comparables à ceux des orifices
» supérieurs. La membrane caduque forme infé-
» rieurement un cul-de-sac ou le sommet arrondi
» d'un cône, et une assez grande quantité de sub-
» stance gélatiniforme transparente, remplit la ca-

(1) Etudes sur l'œuf, p. 98.

» vité du col, et ferme complètement l'orifice va-
» ginal du côté de l'utérus. Ici, ajoute-t-il, le pro-
» longement du périone aurait pu se faire plus
» facilement que dans les trompes utérines, et ce-
» pendant, il n'existe pas : circonstance bien sin-
» gulière et bien digne de remarque, dans l'histoire
» de ce produit de la génération. »

Un an après M. Breschet, M. Velpeau a écrit (1) :
« Rien de plus fréquent comme de rencontrer un
» prolongement de la caduque dans l'angle infé-
» rieur de la matrice. »

Quoiqu'il en soit, la nature de ces prolongemens
tubaires est encore un problème pour les auteurs
qui en ont parlé : les uns admettent qu'ils sont
creux comme la caduque elle-même, en un mot
qu'ils continuent sa cavité; d'autres, qu'ils sont
pleins et solides au lieu de circonscrire un canal.
Ils se prolongent parfois, suivant M. Breschet,
jusqu'à près de six lignes dans l'intérieur des trompes utérines; mais quelquefois aussi leur longueur est beaucoup moindre. M. Dutrochet les a
comparés aux chalazes des oiseaux; mais il ne
nous paraît pas que ce rapprochement doive être
admis, sans que nous adoptions pour cela les motifs
qui portent également M. Breschet à le repousser.

(1) Embryologie, introduction, xiij.

« Cette analogie, dit-il (1), ne saurait exister à nos
» yeux, car les chalazes sont en rapport avec le vi-
» tellus... » Il est évident, ce nous semble, que
dans l'hypothèse de ceux qui regardent la caduque,
comme l'analogue de l'albumen, les prolongemens
tubaires sont ici à la caduque à peu près dans les
mêmes rapports que les chalazes à l'albumen des
oiseaux; mais tandis que c'est chez ces derniers la
rotation de l'œuf qui détermine la formation des
chalazes, rien d'analogue ne se passe ici, la caduque étant, de l'avis de ses historiens, formée
avant la descente de l'ovule dans l'utérus. On peut
en outre objecter que les usages des chalazes ne
sont nullement ceux des prolongemens tubaires.

M. Breschet a-t-il été plus heureux, quand, après
avoir combattu l'opinion de M. Dutrochet, il a
écrit : « Ne verrons-nous dans ces prolongemens
» qu'un moyen employé par la nature pour donner
» de la fixité à la membrane caduque, pour s'oppo-
» ser à son décollement et à son déplacement? Cet
» usage est présumable, car le périone n'adhère que
» très faiblement à l'utérus par sa face externe (1). »
Il nous semble que M. Breschet s'est réfuté lui-
même quand il a dit plus loin, en parlant du li-

(1) Etudes sur l'œuf, p. 98.
(2) Loc. cit., p. 98.

quide auquel il a donné le nom d'*hydropérione* :
« Nous croyons qu'il a pour usage de servir à la
» dilatation lente, graduée et régulière de la cavité
» de l'utérus. » En effet, s'il en était ainsi (mais cette
assertion est bien loin d'être à l'abri de toute con-
testation), l'hydropérione ne suffirait-il pas pour
empêcher l'affaissement de la caduque? D'ailleurs,
est-il besoin, lorsque M. Breschet admet que la
membrane caduque est fixée entre l'utérus et le
placenta (point également en litige), et, d'un autre
côté, lorsque contradictoirement à ce que nous
venons de citer, ce médecin prétend avoir vu, ainsi
que nous l'avons déjà dit, « .des pinceaux vascu-
» laires paraissant établir des communications entre
» la membrane caduque utérine et l'utérus (1); » (ce
qui est encore une question pour M. Breschet lui-
même, qui, se contredisant une troisième fois (2),
assure que « la dissection, les injections, l'examen
» le plus attentif avec des verres grossissans, n'ont
» pu faire reconnaître de continuité entre la face
» externe du périone et la face interne de l'uté-
» rus; ») est-il besoin, disons-nous, de supports
aussi fragiles que ces prolongemens, qu'un si
grand nombre de savans anatomistes n'ont pu ob-

____

(1) Etudes sur l'œuf, p. 112.
(2) Loc. cit., p. 98.

server dans leur intégrité, pour retenir une membrane dont la destinée est d'ailleurs de se replier chaque jour sur elle-même devant les envahissemens du fœtus, et d'être réduite bien avant le terme de la gestation, à une couche, pour ainsi dire, insignifiante?...

Les opinions qui précèdent ne concernant la membrane caduque qu'à l'état statique, ce que nous avons rapporté jusqu'à présent ne lui est en effet applicable qu'avant la descente de l'œuf dans l'utérus; car dès que celle-ci s'est effectuée, l'aspect et les rapports de la caduque se modifient de la manière la plus complète, au dire de ses historiens. La cavité spacieuse qu'elle circonscrit se rétrécit peu à peu en même temps que, toujours suivant eux, diminue la quantité de liquide qu'elle contient; la forme vésiculeuse change alors totalement d'aspect, et son épaisseur varie dans ses différens points et aux diverses époques de la grossesse. Nous allons nous occuper maintenant des opinions qui ont été émises touchant cet ordre de phénomènes.

3.° *De la descente de l'œuf.* Hunter qui, comme nous avons déjà eu l'occasion de le dire, croyait que la membrane caduque était percée dans les points correspondans aux trois ouvertures de la matrice, fut naturellement conduit à admettre que, lorsque sous l'action du coït l'œuf s'est détaché de l'ovaire et a parcouru les trompes utérines, il entre dans la cavité de l'utérus tapissé par la membrane caduque, y contracte des adhérences, et se développe ainsi dans l'intérieur de cette membrane ; mais depuis la découverte des prolongemens tubaires, cette opinion, bien que Meckel lui ait prêté l'appui de son nom, ne paraît plus recevable aux ovologistes humains.

Maintenant les auteurs admettent généralement, sauf quelques faits de détail, que l'œuf glisse entre la membrane caduque et l'utérus, où il se développe, étant d'un côté (par le côté placentaire), en rapport avec ce dernier, et de l'autre avec la caduque. Ses développemens successifs, l'accroissement qu'il prend chaque jour, le forcent à refouler peu à peu devant lui le feuillet de la membrane caduque, auquel J. Hunter, qui avait observé cette disposition, a donné le nom de *caduque réfléchie*, et avec lequel il est en rapport ; c'est en effet ce qui a lieu jusqu'à ce que les deux feuillets admis par les accoucheurs se soient rapprochés de manière à se mettre en contact : alors leur cavité a disparu, et avec elle le liquide qu'elle contenait, et dont nous ferons tout à l'heure l'exposé historique.

M. Moreau, qui l'un des premiers a démontré l'existence des prolongemens tubaires, fut aussi l'un des premiers à réfuter l'opinion de Hunter sur la descente de l'œuf dans l'utérus, et ses rapports avec cet organe pendant le cours de la gestation; c'est lui qui proposa cette manière de voir, qui, depuis, a été adoptée en France par les anatomistes qui se sont le plus occupés de cette question. Voici comment il s'exprime (1) : « Au moment » où l'œuf est chassé par les contractions de la » trompe, il passe dans l'utérus, en glissant entre » les parois de cet organe et la membrane caduque, » qu'il refoule devant lui, comme le testicule en » passant de l'abdomen dans le scrotum pousse » audevant de lui la portion du péritoine qui, par » la suite, doit former sa tunique vaginale. La par- » tie de la membrane caduque, qui a été séparée » de l'utérus, reste appliquée sur l'œuf, et forme » la caduque réfléchie, dont je ne puis concevoir » autrement la formation. »

M. Breschet paraît n'avoir adopté l'opinion de M. Moreau qu'en lui faisant subir quelques modifications; cependant, nous devons dire qu'une lecture attentive de l'ouvrage de ce médecin nous a laissé beaucoup de doutes sur sa manière de concevoir le mécanisme du développement de l'œuf par rapport à la membrane caduque. Il nous a

(1) Essai sur la memb. cad., p. 29.

semblé que son exposé renfermait des assertions peu conciliables, en sorte qu'en réalité il est difficile de dire positivement en quoi les idées de M. Breschet diffèrent de celles de M. Moreau : c'est ce que les citations suivantes permettront d'apprécier. « Pour arriver jusque dans la ca-
» vité de l'utérus, dit M. Breschet (1), l'ovule
» devrait éprouver quelque résistance de la part
» du prolongement de la membrane caduque dans
» la cavité des trompes ; mais sans doute la subs-
» tance qui constitue cette membrane n'a pas en-
» core acquis beaucoup de densité, et elle offre
» conséquemment peu de résistance à l'ovule. Ce
» petit corps chasse-t-il devant lui le prolongement
» tubaire de la membrane caduque, ou s'enfonce-
» t-il dans cette substance ? Il est à croire qu'il
» pénètre cette substance, et qu'il arrive, déjà en-
» veloppé par elle, jusqu'à la *face externe de la*
» *membrane caduque*. Nous avons déjà dit que
» sur un grand nombre d'œufs observés par nous
» immédiatement après leur expulsion, nous n'a-
» vons vu qu'un appendice tubaire en manière de
» chalaze. Cette disposition tenait-elle à la déchi-
» rure de l'un de ces prolongemens lors de l'avor-
» tement ? ou bien provenait-elle du refoulement

(1) Etudes sur l'œuf, p. 100.

» de cet appendice par l'ovule lors de son arrivée
» dans la trompe et jusque dans la cavité de l'uté-
» rus ? Comme sur d'autres œufs nous avons re-
» connu les deux appendices de la membrane ca-
» duque, *nous croyons devoir admettre que l'ovule
» parvient sur la face extérieure de la membrane
» caduque primitive*, déjà entouré d'une substance
» semblable à celle de cette membrane, substance
» dont il s'est revêtu en parcourant la trompe de
» Fallope. »

Ce passage est clair et explicite ; nul doute,
d'après ce qu'il renferme, que M. Breschet n'ad-
mette l'opinion de M. Moreau touchant les rapports de l'œuf avec la caduque ; suivant lui, comme
dans la thèse de ce dernier, l'œuf vient s'interpo-
ser entre la caduque et l'utérus, entre la paroi
de ce dernier et la face externe de la membrane
exhalée ; mais bien loin de jeter, dans le cours
de son mémoire, un nouveau jour sur la question,
M. Breschet, en y revenant à plusieurs reprises, se
met dans la contradiction la plus manifeste avec
lui-même, et chacune de ses assertions tend à renverser celle qui l'a précédée. « L'ovule, dit-il (1),
» avant d'avoir achevé de parcourir tout le canal
» de la trompe de Fallope, est donc entouré d'une

______

(1) Etudes sur l'œuf, p. 103.

» substance plastique, puis il *se loge dans l'épais-*
» *seur de la membrane caduque* qui s'hypertro-
» phie dans ce point. » Et plus loin : « L'ovule
» est situé *dans l'épaisseur de* la substance de la
» membrane caduque primitive, sans être dans la
» propre cavité de cette tunique. » On ne saurait
nier qu'il y ait ici la contradiction la plus singulière, car l'ovule ne saurait être en même-temps
à la face extérieure de la membrane caduque, et
dans l'épaisseur de cette même membrane.

M. Breschet décrit ensuite les modifications ul-
térieures. « Parvenu, dit-il, jusqu'à la face exté-
» rieure de la membrane caduque, soit dans un
» point correspondant à l'embouchure de la trom-
» pe, soit sur tout autre point, et se glissant entre
» cette membrane et la face interne de l'utérus,
» cet ovule est trop petit pour refouler d'abord le
» périone (caduque) primitif, et pour opérer de
» suite, par ce refoulement, la formation du pé-
» rione réfléchi. Déjà entouré d'une gangue de ma-
» tière plastique, il croit, et par ce développe-
» ment, il paraît refouler sur elle-même la mem-
» brane caduque primitive, pour la perforer sans
» tomber dans sa cavité, et dans les premiers ins-
» tans de cette opération, *il n'est, dans aucun de*
» *ses points, à découvert, c'est-à-dire qu'il n'est*
» *pas privé de membrane caduque.* Tout ce qu'on

» a dit de la correspondance ou du développement
» du placenta vers le point qui n'est pas recouvert
» par cette membrane, est tout-à-fait erroné. Nous
» avons trouvé des ovules du volume d'un grain de
» raisin ou d'un pois chiche, dans l'épaisseur de la
» membrane caduque que nous pensions avoir été
» expulsée seule; et dans ces circonstances, nous
» avons vu l'ovule recouvert de toutes parts ».

On sait que cette opinion de M. Breschet touchant l'enveloppement complet de l'ovule par la membrane caduque, émise d'abord par Lobstein, est loin d'être celle de tous les anatomistes; M. Breschet, en la développant, paraît d'ailleurs abandonner celle qu'il a d'abord émise sur la position de l'œuf entre la paroi de l'utérus et la face externe de la membrane caduque, pour s'en tenir à la situation de l'ovule dans l'épaisseur de cette membrane, opinion qui, comme nous l'avons fait remarquer, est imcompatible avec la première. Les anatomistes qui pensent que l'ovule se place entre l'utérus et la caduque, admettent que cette dernière ne l'enveloppe que dans une certaine partie de son étendue; et soutiennent même que son point de réflexion détermine la circonférence du placenta, opinion qui, comme nous l'avons dit, n'a pu être émise que par suite d'une ignorance complète du développement de cet organe. M. Moreau est le

premier qui l'ait professée, et long-temps avant
M. Velpeau. « L'œuf, dit-il (1), placé entre l'uté-
» rus et la membrane caduque, se trouve en con-
» tact avec l'un et l'autre dans une étendue à peu
» près égale à la moitié de la petite sphère qu'il
» représente. » Cependant M. Moreau n'admet pas
que le contact de l'ovule avec l'utérus soit immédiat dans tout le cours de la gestation. « L'utérus,
» continue-t-il, se couvre d'une couche albumi-
» neuse, continue à la membrane caduque à la-
» quelle elle ressemble sous le rapport de l'orga-
» nisation. Cette couche a été décrite par Lobstein
» comme une continuation de la caduque ; mais ce
» qui m'empêche de la regarder comme une dépen-
» dance de cette membrane, c'est que sa formation
» ne date pas de la même époque, et que les chan-
» gemens qu'elle éprouve, pendant le cours de la
» grossesse, sont différens.

» Cette couche albumineuse qui sert à unir l'uté-
» rus aux rudimens du placenta, et qui a été re-
» gardée par Santorini comme une lame extérieure
» du chorion, ne se forme que lentement. Elle
» n'existe pas dans les premiers jours qui suivent la
» descente de l'œuf, ce n'est que sur la fin du pre-
» mier mois qu'elle se développe. Dans le cou-

(1) Essai sur la memb. cad., p. 29.

» rant du deuxième mois, cette couche devient
» plus épaisse que la membrane caduque ; elle sert
» à joindre les vaisseaux qui sortent du chorion
» pour former le placenta. A trois mois, elle s'amin-
» cit et se laisse traverser par les artères utero-
» placentales ou par les vaisseaux qui semblent éta-
» blir une communication directe entre la mère et
» l'enfant. Dans les quatrième et cinquième mois,
» cette couche prend une apparence celluleuse gri-
» sâtre, paraît s'insinuer entre les lobes du pla-
» centa, et commence à faire partie constituante
» de ce corps. Dans le sixième mois, elle devient
» rougeâtre, semble être infiltrée d'une sérosité
» sanguinolente ; enfin, au septième mois, elle est
» changée en un véritable tissu cellulaire qui re-
» couvre les cotylédons du placenta, à peu près
» comme l'arachnoïde cérébrale couvre les circon-
» volutions encéphaliques ».

M. Velpeau, dans son embryologie publiée
un an après le mémoire de M. Breschet, réfute
directement celui-ci. Nous avons cité ces ovules que M. Breschet a vus enveloppés de toutes
parts par des caduques qui avaient été expulsées ;
assurément ce n'est pas là un fait bien décisif en
faveur de M. Breschet, car ces œufs, qui avaient
été expulsés violemment, pouvaient bien ne pas
être dans leur condition normale. Mais M. Velpeau

lui oppose d'autres argumens : « Je suis fâché, avant
» tout, dit-il (1), qu'il n'ait pas fait dessiner ces
» ovules *du volume d'un grain de raisin ou d'un*
» *pois chiche qu'il a trouvés enveloppés de toutes*
» *parts dans l'épaisseur de caduques qu'on en*
« *croyait dépourvues*. Tant de circonstances peu-
» vent en imposer en pareille matière, que la re-
» présentation des objets est réellement indispen-
» sable à quiconque voudrait s'en former une idée
» nette ! Suivant lui, les deux feuillets de la ca-
» duque se retrouvent à la surface du placenta,
» même après le troisième mois et au terme de la
» grossesse. Il dit les avoir séparés, notamment
» sur la fig. 4 de sa pl. 2, fig. 1 de sa pl. 1.re, et
» fig. 3 de sa pl. 6. La première de ces figures
» étant à moi, me permet d'apprécier la valeur des
» preuves qu'en veut tirer M. Breschet. Or, *je puis*
» *affirmer qu'il n'existait pas de double caduque*
» *sur le placenta de cette pièce* dans le sens où j'ai
» présenté la question. Peut-être n'y en avait-il pas
» davantage sur les deux autres.

» Je m'explique : Dans la théorie que j'ai dé-
» défendue, l'ovule arrivé entre la caduque et l'uté-
» rus, se trouve en contact avec la matrice d'un
» côté, et avec la membrane anhiste de l'autre. Ne

(1) **Embryologie** introd., p. xij.

» se développant dans le premier sens que pour
» suivre l'élargissement de l'organe gestateur, il
» ne tarde pas , par sa croissance disproportion-
» nelle dans le second, à mettre la couche réflé-
» chie en contact avec la couche utérine, à déter-
» miner même la confusion, la soudure de ces
» deux couches à leur point de réflexion , de la
» même manière que la plèvre diaphragmatique,
» par exemple, s'unirait avec la plèvre costale, si
» la cloison thoraco-abdominale restait long-
» temps immobile quand elle est soulevée. Les gra-
» nulations ou les villosités qui servent de gangue
» aux vaisseaux du placenta, et au placenta lui-
» même, quoique restées en dehors de la ca-
» duque, se régularisent bientôt. En se soudant,
» en se repliant sur elles-mêmes, par suite de leur
» contact avec la matrice, elles finissent par offrir
» une surface plus ou moins lisse, dont la circon-
» férence se continue avec le cercle primitif de la
» caduque réfléchie.

» La surface de ce plan, continuant de s'affermir,
» soit parce qu'une excrétion du chorion ou de
» l'utérus s'y ajoute, soit tout simplement à cause
» de l'accroissement du parenchyme placentaire,
» acquiert des caractères tellement analogues à
» ceux de la caduque, qu'on ne peut plus l'en dis-
» tinguer à partir du troisième ou du quatrième

» mois, et même quelquefois beaucoup plus tôt. »

On voit que sur tous ces points, ce n'est pas sans peine que l'on parviendrait à concilier les historiens de la membrane caduque. Est-il un seul fait sur lequel il n'y ait entre eux divergence d'opinion ? Et ici nous ne parlons pas seulement de l'interprétation des faits, car la valeur de ceux-ci est toujours en raison du point de vue d'où l'on se place, mais bien des faits d'observation eux-mêmes : l'un affirme ce que l'autre nie, bien que tous deux aient eu à leur disposition les mêmes pièces, les mêmes sujets, en sorte que l'on peut dire, sans crainte de mériter le reproche de partialité, que l'histoire de la membrane caduque est encore tout entière à refaire. Ce qu'il nous reste à dire sur cette membrane ne prouvera pas plus d'harmonie entre ses historiens. Nous devons signaler maintenant les modifications que, suivant ceux-ci, elle éprouve dans ses conditions physiques après la descente de l'ovule.

Les modifications les plus importantes sont, d'après les auteurs, subies par le feuillet réfléchi de la caduque ; le feuillet utérin conserve toujours à peu près, d'après eux, la même apparence, seulement à mesure que la capacité de l'utérus s'accroît, il grandit aussi, et ses parois s'épaississent suivant M. Breschet ; mais comme ce médecin ajoute que l'épaisseur est plus considérable dans les premiers temps qu'à la fin de la gestation, il faut supposer que cet accroissement en volume s'arrête à une certaine époque. Nous ne nous étendrons pas de nouveau sur ses adhérences avec l'utérus que, comme nous l'avons vu, M. Breschet dit d'abord être faibles (ce qui est aussi l'opinion de M. Velpeau), puis être plus intimes ; adhérences qu'il affirme tour à tour être établies à l'aide de simples filamens, puis par des villosités vasculaires.

« Le feuillet réfléchi, ou la caduque fœtale, a, sui
» vant M. Breschet, sa face externe, ou celle qui
» regarde la caduque utérine, libre, lisse, polie ;
» elle en est d'abord séparée, d'après lui, par
» le fluide qui remplit la caduque; mais il paraît
» que peu à peu ces feuillets se rapprochent, et
» finissent par arriver au contact sans se confondre
» par des adhérences intimes, sauf dans le point de
» réflexion. Elles ont, suivant le même auteur,
» un aspect identique sous le rapport du poli, de
» la couleur et de la multitude de pertuis dont elles
» sont couvertes. La face interne embrasse de
» toutes parts l'ovule, et cette membrane réfléchie
» se distend et s'agrandit avec l'œuf lui-même dont
» elle ne laisse (c'est toujours M. Breschet qui
» parle) aucun point à découvert. Son union avec
» la surface du chrorion est plus forte dans les pre-

» miers temps de la gestation que dans les der-
» nières périodes, parce que ce chorion est hé-
» rissé d'un chevelu très remarquable pendant les
» premières phases de la grossesse, lequel dimi-
» nue et disparaît lors du développement du pla-
» centa. C'est par cette face interne de la caduque
» réfléchie que, suivant M. Breschet, pénètrent
» dans la substance de cette membrane tous les
» filamens dont est garni le chorion qui, plus tard,
» sera tout à fait glabre (1). »

Suivant M. Velpeau, la caduque fœtale, durant les deux premiers mois de la gestation, ne
s'unit au chorion qu'au moyen du velouté qui recouvre habituellement l'ovule; velouté dont on
peut très facilement la séparer, et qui, loin de lui
fournir des vaisseaux, s'atrophie au contraire
quand il est en contact avec elle.

Vers la fin de la gestation il paraît que le feuillet
s'est considérablement aminci par suite de la distension mécanique qu'il a subie (2).

4.° *Du liquide contenu dans la membrane caduque ou de l'hydropérione.* (Breschet.) La membrane caduque une fois formée, puise, au dire
de ses historiens, un liquide qu'exhale la paroi

(1) Etudes sur l'œuf, p. 106.
(2) Velpeau. Embryogénie, p. 6.

de l'utérus, et qui finit par remplir complètement la cavité qu'elle circonscrit. A mesure que, dans le cours de la gestation, la capacité de cette cavité augmente, le liquide augmente également ; il diminue lorsque le fœtus s'accroît, jusqu'à ce qu'enfin la caduque se repliant constamment devant les envahissemens de celui-ci, ses deux feuillets viennent au contact, époque où il disparaît complètement.

Hunter qui, comme nous l'avons vu, n'avait eu sans doute à sa disposition que des caduques déchirées, ne parle pas de ce liquide ; mais on en trouve une mention vague dans quelques-uns des auteurs qui l'ont suivi, quoique M. Breschet prétende être le premier qui ait essayé d'en faire l'histoire, et qui ait attiré, d'une manière spéciale, l'attention sur ce produit. A la vérité, M. Velpeau réclame le mérite de la découverte ; mais c'est assez d'exposer la divergence des opinions de ces deux auteurs, sans nous engager dans les questions de priorité qu'ils ont pu agiter.

L'hydropérione qui, suivant M. Breschet, « précède l'arrivée de l'ovule dans l'utérus (1), est » limpide dans les premiers temps, incolore, muqueux ou légèrement albumineux ; plus tard, il

____

(1) Etudes sur l'œuf, p. 109.

» est un peu lactescent, et plusieurs fois nous
» l'avons vu ressembler à une émulsion légère,
» unie à un peu de mucilage, et d'un blanc faible-
» ment teint de rose (1). » D'après M. Velpeau au
contraire, « ce liquide, par fois tout-à-fait limpide,
» est, le plus ordinairement, rougeâtre, filant,
» semblable à du verre fondu, ou mieux à du
» blanc d'œuf (2). » Malheureusement, ni l'un ni
l'autre de ces auteurs ne nous donnent l'analyse
chimique de ce produit. M. Breschet « n'a jamais
» pu le recueillir assez pur pour le soumettre à
» l'analyse chimique, » et M. Velpeau « n'a point
» pensé à le faire analyser. » « Sa quantité doit
» être, suivant M. Breschet, de plusieurs onces,
» lorsque l'ovule est dans l'utérus, et que la mem-
» brane caduque réfléchie commence à se for-
» mer. » Nous avons déjà dit que cette quantité
augmente ensuite progressivement, suivant les auteurs, puisqu'à partir d'une certaine époque, elle
diminue (toujours d'après eux), pour disparaître
complètement.

Tel est, en résumé, ce qui a été écrit touchant
le liquide auquel M. Breschet a donné le nom
d'hydropérione ; on voit que l'histoire de ce li-

(1) Breschet. Loc. cit., p. 110.
(2) Velpeau. Embryologie, p. 4.

quide (en supposant qu'il ait l'importance qu'on lui a accordée), est encore fort peu avancée ; mais en échange on n'a pas tardé à lui assigner des usages, et même de fort importans, comme nous allons le voir dans la section suivante.

5.° *Des usages supposés de la caduque.* Il est à peine besoin de dire que, sur ce point ainsi que sur les autres, il y a divergence entre les auteurs ; mais ce que nous devons établir, c'est que, sauf ce qui regarde l'hydropérione, dont M. Moreau ne fait pas mention, les usages que ce médecin attribue à la caduque, sont tout à fait ceux que lui ont assigné plus tard les autres physiologistes ; en sorte que, bien que dans la discussion qui a eu lieu à ce sujet, le nom de celui-ci n'ait même pas été mentionné ; toutefois, les écrits qui ont été publiés depuis, ne sont guère qu'un commentaire de la thèse par lui soutenue en 1814.

Suivant M. Moreau, la membrane caduque est affectée à plusieurs usages : « 1.° dit-il, à empê- » cher l'œuf de flotter librement dans la cavité de » l'utérus. » Ceci est admis par M. Breschet, et aussi par M. Velpeau. Pour nous qui, comme nous l'avons dit, croyons que la formation de la membrane caduque est postérieure à la descente de l'œuf dans l'utérus, nous ne sommes pas plus embarrassé pour cela de savoir comment, au lieu de s'insérer toujours sur le point le plus déclive de la matrice, il s'insère le plus souvent loin du col-utérin (1); 2.° M. Moreau croit qu'elle est destinée à maintenir l'ovule en contact avec un point fixe des parois de l'utérus, jusqu'à ce qu'il ait contracté des adhérences assez nombreuses, des connexions assez intimes, pour que le fœtus, ne pouvant plus vivre ni se développer, aux dépens des fluides qui l'environnent, puisse extraire du sang de sa mère les matériaux propres à sa nutrition et à son accroissement.

(1) En effet, nous avons vu que chez les mammifères mono-placentaires (chez le lapin, par exemple), l'œuf vient appliquer d'avance le point de sa surface qui doit correspondre au placenta sur un point déterminé de la matrice. L'on ne conçoit pas pourquoi dans l'espèce humaine les choses ne se passeraient pas d'une manière analogue. L'on peut objecter, il est vrai, que, dans l'espèce humaine, le placenta ne s'insère pas toujours sur le même lieu, et qu'il peut trouver sur presque toute l'étendue des parois de la cavité de l'utérus des conditions propres à favoriser son adhérence. A cela nous répondrons que, pour nous, l'élection dans l'espèce humaine ne consiste pas dans l'insertion du placenta sur un point déterminé, toujours le même, mais à éviter le plus souvent le col utérin. D'ailleurs, dans l'hypothèse même où cette élection n'aurait pas lieu, il ne faudrait pas croire que l'œuf viendrait toujours s'insérer sur ce col; car il n'est, lui, qu'une partie très limitée de la cavité de la matrice : la présence du placenta dans ce point ne serait, dans ce cas, qu'une exception.

M. Breschet adopte aussi cette manière de voir;
mais si M. Velpeau professe une semblable opinion, il est évident, ce nous semble, que c'est à
tort qu'il croit que « cette idée n'est pas venue à
l'esprit des anatomistes, » puisque le travail de
M. Moreau est de plus de quinze ans antérieur au
sien. Au reste, il s'en faut de beaucoup que nous
voulions réclamer pour ce dernier le mérite de
cette manière de voir; elle nous semble en effet
aussi erronée que la précédente, et pour les mêmes
raisons.

3.° Un troisième usage est, d'après M. Moreau,
de circonscrire le lieu, la forme et l'étendue du
placenta. Nous n'avons allégué que peu de motifs
contre les usages précédens, nous avons peu insisté
sur eux (bien qu'en réalité le but final de la membrane caduque soit encore un problème aussi bien
que toute son histoire), parce que ce n'étaient là
que des choses accessoires peu importantes, sans
doute; mais il s'agit maintenant de l'un des faits
fondamentaux, d'un point capital de l'histoire de
l'ovule : on a vu, par ce qui précède, comment
nous expliquons la formation du placenta, ou
plutôt comment se forme le placenta, car ce sont
des faits d'observation que nous avons représentés
et décrits; ce n'est, avons-nous dit, rien autre chose
que la vésicule allantoïde, dont les vaisseaux

viennent en comprimant le chorion s'appliquer
sur l'utérus, en sorte que c'est réellement cette
vésicule allantoïde qui détermine la forme du placenta, et non tout autre corps étranger. Une étude
suivie du développement de l'embryon, et surtout
une étude comparative aurait prévenu de telles
erreurs; erreurs, nous le répétons, fondamentales,
bien qu'elles aient trouvé des défenseurs après celui
qui, le premier, les a émises, et des défenseurs tellement zélés, tellement persuadés de la bonté de
leur cause, qu'ils ont oublié de rapporter à qui
de droit le mérite qu'ils supposaient attaché à la
découverte des prétendus principes qu'ils venaient
défendre. Toutes les erreurs en ovologie ont, nous
le répétons, leur source dans deux causes, soit
dans des observations sans suite, soit dans l'étude
exclusive du développement d'un même animal.
Dans le premier cas, on ignore la liaison des phénomènes qui se succèdent, et de cette manière on
est amené à considérer comme différens, comme
indépendans, des faits qui ne sont que des modifications les uns des autres; dans le second, on est
inhabile à apprécier la valeur de ces faits, ils restent
sans signification, sans interprétation. M. Breschet
dit quelque part, que « l'on ne saurait affirmer la
» vascularité du cordon ombilical, de l'allantoïde,
» de la vésicule vitelline, etc. » Assurément, il faut,

ou que les observations de ce médecin aient été incomplètes, ou qu'il n'applique pas aux mêmes objets les mêmes noms que nous.

Revenons à notre sujet. C'est à une membrane, (au dire même de ses historiens), molle, albumineuse, exhalée, extérieure à l'œuf, développée avant son arrivée dans l'intérieur de la matrice, que l'on vient attribuer la forme du placenta. D'abord, le fait est faux : la forme du placenta est constamment déterminée par celle de l'allantoïde ; mais si l'observation directe ne venait pas donner, à cette manière de voir, le démenti le plus formel, devrait-elle donc encore être admise ? Le raisonnement ne s'y opposerait-il pas ? Les partisans de cette opinion admettent qu'il se forme entre l'utérus et le placenta, entre leurs villosités, une substance membraniforne, très analogue à celle de la caduque, et ils veulent que la caduque empêche en d'autres points le développement de celui-ci ; c'est une inconséquence manifeste.

• 4.° M. Moreau ajoute que la caduque est destinée à empêcher qu'une superfécondation puisse avoir lieu ; 5.° et enfin, il admet avec Lobstein qu'elle sert à transmettre au chorion et à l'amnios les vaisseaux qui doivent les nourrir, et fournit à l'exhalation qui s'opère à leur surface. M. Breschet adopte aussi la manière de voir de Lobstein.

« L'ovule, dit-il, trouve dans ces membranes,
» non seulement un moyen d'attache, mais encore
» un intermédiaire avantageux pour les commu-
» nications avec l'utérus, soit pour recevoir des
» fluides nourriciers, soit pour expulser les fluides
» qui ont déjà servi à sa nutrition. » M. Velpeau
repousse cette manière de voir. « La portion ré-
» fléchie de cette membrane caduque, seule en
» état, dit-il (1), de transmettre l'hydropérione,
» puisqu'elle est seule en contact avec le chorion,
» ne tenant à l'ovule que par des filamens non vas-
» culaires, repousse tout-à-fait la fonction dont
» M. Breschet la gratifie. »

Tels sont donc les usages que l'on a attribués à
la membrane caduque. On le voit : les uns sont
plus que douteux, les autres sont en opposition
formelle avec les faits d'observation, ou s'élèvent
manifestement contre les données fournies par le
raisonnement ; enfin, sur les uns et les autres,
nous avons vu qu'il continue à y avoir, comme
dès le commencement de la question, divergence
d'opinion. Nous ne voulons pas donner toutes
les hypothèses qui ont été conçues touchant les
usages de la membrane caduque, parce que, en
effet, il y en a qui sont si évidemment faussés, qu'il

____

(1) Embryogénie, introduction, p. xiij.

suffirait de les mentionner pour les réfuter. Telle est, par exemple, l'opinion suivant laquelle la substance propre de la caduque servirait à la nutrition du fœtus ; comment cela s'effectuerait-il ? C'est ce que l'on n'explique pas. Cependant, de l'aveu de tous les historiens de la membrane caduque, on retrouve encore à la fin de la gestation les rudimens de cette membrane. Comment concilier ces deux faits ? la plus simple attention ne suffisait - elle donc pas pour démontrer qu'ils sont incompatibles ? Au résumé, nous l'avons dit, tous les usages de la caduque sont en réalité très douteux encore pour les auteurs. Ainsi, on admet que sa production est constante, qu'elle a lieu, soit lorsqu'il y a eu, soit lorsqu'il n'y a pas eu fécondation ; on l'admet dans les grossesses extra-utérines comme dans les grossesses utérines, dans les portées à terme comme dans l'avortement ; dans celles qui ont été heureuses comme dans celles qui ont eu une suite funeste. Assignez donc dès lors des usages à cette membrane !...

6.° *Des usages supposés de l'hydropérione.*
« Quant au liquide contenu d'abord dans la ca-
» vité de la caduque primitive, nous croyons, dit
» M. Breschet (1), qu'il a pour usage de servir à

____

(1) Etudes sur l'œuf, p. 114.

» la dilatation lente, graduée et régulière de l'uté-
» rus : dilatation qui ne se fait pas seulement par
» une expansion vitale, mais qui est sollicitée et
» produite par la présence d'un liquide agissant
» uniformément, et dont l'action est modérée,
» successivement croissante et en rapport avec le
» volume du corps qui doit être déposé au centre
» de la cavité utérine. Plus tard, d'autres liquides
» existeront et produiront cette dilatation pour le
» développement du fœtus ou pour son expulsion ;
» mais primitivement elle résulte de l'action de
» l'hydropérione. » Mais M. Breschet ne nous dit
pas comment le fœtus peut se développer dans les
grossesses tubaires, là où il n'existe qu'une membrane caduque simple, et où il n'y a pas par conséquent d'hydropérione ; il n'explique pas non
plus en vertu de quel mécanisme s'effectue la dilatation de la paroi utérine, quand le germe se développe dans son épaisseur. Ce sont là cependant autant de faits qui s'opposent, ce nous semble, à
l'admission de la théorie de M. Breschet.

La même objection se présente à l'esprit, quand
cet anatomiste avance que « l'hydropérione sert à
» protéger l'ovule, à s'opposer à l'effet des con-
» tractions de l'utérus sur ce corps si délicat, et à
» faciliter son développement, en lui offrant de
» toute part un espace libre, rempli seulement par

» ce liquide, dont la quantité est toujours en rap-
» port avec les besoins de cet ovule ». Il faut croire
que cette protection n'est pas bien urgente, puisque, dans tant de cas, le germe peut s'en passer ;
et si, de l'aveu de M. Breschet, la pression de
l'hydropérione sur la paroi de l'utérus est suffisante pour la dilater, comment admettre qu'elle
offre d'abord à cet ovule « un espace libre.... » et
« qu'il sert à faciliter son développement. » Comment cette pression, si active contre l'utérus, ne
cause-t-elle pas la mort du germe en s'exerçant sur
lui ?

    « Enfin, dit, en terminant, ce médecin, ce li-
» quide doit servir à la nutrition de l'ovule. » A
cette assertion, nous ferons les mêmes objections,
ou plutôt nous laisserons ici parler M. Velpeau,
qui s'est chargé de la réfutation : « Une telle idée,
» dit-il (1), autrefois émise par Chaussier, n'a pu
» être si longuement défendue par M. Breschet que
» par inadvertance. En effet, lui qui a fait un ré-
» sumé des observations connues de grossesses
» ininterstitielles, sait parfaitement qu'alors il n'y
» a point d'hydropérione, et que l'ovule ne s'en
» développe pas moins bien. Il n'ignore pas non
» plus que la même chose a lieu dans toutes les es-

____

(1) Ovologie, introd., p. xiij.

» pèces de grossesses extra-utérines. Par où veut-il
» que ce liquide se rende à l'embryon ? Le cordon
» qui existe dès le douzième ou le quinzième jour,
» s'épanouissant constamment sur le point de
» l'ovule qui correspond à la matrice, regarde né-
» cessairement du côté opposé à la cavité de la
» caduque. La portion réfléchie de cette mem-
» brane, seule en état de transmettre l'hydropé-
» rione, puisqu'elle est seule en contact avec le
» chorion, ne tenant à l'ovule que par des fila-
» mens non vasculaires, repousse tout-à-fait la
» fonction dont M. Breschet la gratifie. En suppo-
» sant que le fluide de la membrane anhiste tra-
» verse le chorion par endosmose ou autrement,
» qu'en faire ensuite, puisque cette membrane est
» séparée de l'amnios par un autre espace égale-
» ment rempli de liquide, et que l'amnios en con-
» tient à son tour une certaine quantité ? Mais c'en
» est déjà trop, je suppose, sur ce sujet, et je ne
» doute pas que M. Breschet ne fasse lui-même
» justice d'une pareille hypothèse à la première
» occasion. »

M. Breschet croit, avec d'autant plus de ferveur
aux usages qu'il assigne à l'hydropérione, que,
suivant lui « lors de la descente de l'ovule dans
» l'utérus, on ne trouve qu'une enveloppe kysti-
» forme et un liquide : mais qu'aucun physiolo-

» giste, si ce n'est M. Plagge, n'y a reconnu, du
» moins pour les mammifères, de vitellus, d'al-
» lantoïde, de cordon ombilical, ni de vaisseaux
» de quelque nature qu'ils soient. Il faut donc,
» ajoute-t-il, que l'ovule puise les matériaux de sa
» nutrition hors de lui-même (1) ».

C'est là l'une de ces étranges erreurs qui viennent
à l'appui de ce que nous disions, que pour être
vraies en ovologie, les observations devaient former une suite non interrompue depuis les premiers linéamens du germe jusqu'à son expulsion ;
que ces observations aussi devaient être compara-
tives. S'il avait rempli ces conditions, M. Breschet n'aurait certainement pas avancé de telles
assertions, dont tous nos travaux sont, comme
on l'a vu, une constante réfutation.

M. Breschet trouve encore de nouvelles preuves
dans ce que le placenta, suivant qu'il le dit quelque part, ne se forme qu'après la disparition de
l'hydropérione ; or, ce pourrait bien n'être là
qu'une simple concomitance, qu'un rapport éloigné, et l'on ne pourrait admettre, tout d'abord,
que les résultats qu'en déduit M. Breschet, de la
succession des fonctions de ce liquide et du placenta, soient bien légitimes ; mais comme plus loin

____

(1) Etudes sur l'œuf, p. 119.

il donne un fait contradictoire, nous sommes portés à penser que M. Breschet a peu clairement exposé sa doctrine. En effet, après avoir dit (1) que « le placenta ne paraît et ne se développe qu'a- » près que les deux feuillets de la caduque sont » arrivés au contact, il ajoute : (2) l'hydropérione » ne cesse d'être secrété que lorsque les deux enve- » loppes sont en contact, ce qui arrive vers la fin » du quatrième mois; » évidemment il y a ici un malentendu. M. Breschet aurait-il voulu dire que le placenta ne se forme que vers la fin du qua- trième mois? On ne saurait admettre cette inter- prétation, d'autant plus que M. Breschet donne une foule de figures d'embryons longs seulement de quelques lignes, et qui déjà cependant ont un cordon ombilical très distinct et un placenta très développé......

En somme, nous voyons que si l'histoire de la membrane caduque a occupé long-temps les ana- tomistes, elle n'a fait néanmoins que bien peu de progrès; dans ce long exposé, on rencontre par- tout les contradictions les plus frappantes, non seu- lement parmi les dires des auteurs sur les mêmes faits, mais dans les différentes assertions d'un

______

(1) Etudes sur l'œuf, p. 108.
(2) Loc. cit., p. 109.

même auteur, ce qui prouve assez clairement, ce nous semble, que ceux qui ont écrit sur la membrane caduque, sont bien loin eux-mêmes de s'en faire une juste idée; et si sur les faits d'observation il y a divergence, doit-on s'étonner que l'interprétation des faits ne se trouve pas partout la même? Nous maintenons donc avec justice ce que nous avons avancé tout d'abord, c'est que Hunter reste sur cette question le seul auteur réellement classique, ou plutôt c'est que l'histoire anatomique et physiologique de la caduque des ovologistes humains est complètement à refaire.

CHAPITRE X.

RÉSUMÉ DE L'OVOLOGIE HUMAINE.

En faisant l'histoire du développement de l'œuf humain, nous avons dû nécessairement en interrompre quelquefois l'exposé; car nous avions à discuter la valeur des faits que nous donnions pour base à cette histoire, et il nous fallait, tout en présentant une ovologie humaine, fondée sur des vues nouvelles et rationnellement déduites de l'observation, démontrer en quoi les opinions auxquelles nous en substituions d'autres, étaient fautives. En outre, nous avions à détruire, en ralliant les argumens et les preuves que fournissait l'analogie, les objections qui nous avaient été faites, et prévenir celles qu'on aurait pu nous faire, sur la normalité des produits qui ont servi de base à nos déterminations. Nous savons bien que malgré l'authenticité des faits que nous avons invoqués, et que nous avons vus être confirmés par ceux que nous ont présenté les autres mammifères, nous ne serons jamais assez heureux pour convaincre tous nos lecteurs. Il est même des personnes qui, dominées par des idées philosophiques rétrogrades, s'obstineront à vouloir que l'homme, comme spécialité au-dessus des autres, et d'une nature, à les entendre, toute particulière, ait un mode de développement différent de celui des mammifères, placés par leur organisation à la tête de la série, et trouveront encore des *illusions* à opposer à la réalité; mais notre manière de procéder, dans ce cas, doit leur apprendre que c'est par l'observation seule que nous nous sommes laissé guider, et que toute objection, quelle qu'elle soit, doit émaner de la même source.

Mais, avons-nous dit, les considérations dans lesquelles nous avons été forcé d'entrer, ont dû quelquefois entraver, ou du moins jeter de la lenteur dans l'exposé, proprement dit, de l'ovologie humaine; aussi est-ce pour présenter, dans son ensemble, cette ovologie; est-ce pour bien faire apprécier, pour bien faire saisir le caractère de notre opinion, et montrer par-là en quoi elle diffère de celle des auteurs qui ont écrit sur l'embryogénie, que nous allons résumer les points principaux qui dominent l'histoire du développement de l'œuf humain, telle que nous l'avons établie.

Pris dans l'ovaire, l'œuf de la femme n'offre aucune différence avec celui des oiseaux et des mammifères, il est composé comme nous l'avons démontré :

1.º D'une membrane externe (vitelline), que nous avons reconnu être, plus tard, le chorion ;

2.º D'une masse granuleuse contenue dans cette membrane (vitellus) ;

3.º D'une petite vésicule analogue à celle que Purkinje a découverte dans l'œuf des oiseaux.

Lorsqu'il a passé dans l'utérus pour s'y développer, cet œuf n'est plus alors formé que de deux vésicules étroitement accolées l'une à l'autre. L'externe, conservant toujours la même signification, c'est-à-dire celle de membrane vitelline, et l'interne prenant le nom de vésicule blastodermique : c'est dans celle-ci qu'ont lieu tous les phénomènes essentiels du développement.

En effet, c'est sur elle que nous avons vu se manifester la tache embryonnaire (comme l'indique le fait cité par Evrard Home), et cette tache, ou embryon futur, ayant comme celle des autres vertébrés supérieurs, une forme elliptique à peu près semblable à celle d'un corps de guitare, constitue un des deux lobes que, primitivement, l'on distingue dans la vésicule blastodermique, le deuxième lobe étant formé par ce qui sera la vésicule ombilicale. (1)

Mais l'œuf, avons-nous dit dans les généralités, devient, à mesure qu'il passe à une autre époque du développement, le siége de phénomènes nouveaux ; la vésicule blastodermique alors paraît être divisée en trois lobes. Celui de la femme manifeste les mêmes particularités et présente :

1.° *Un lobe embryonnaire*, ou l'embryon placé horizontalement et le dos tourné vers la paroi voisine de la membrane vitelline, de laquelle il n'est séparé que par une pellicule mince, tranparente, incolore, non organisée, pellicule détachée de toute la surface de l'embryon, et adhérente à celui-ci, seulement dans tout le pourtour de son *ouverture ombilicale* qui est *largement évasée*. Cette pellicule est celle que nous avons connue sous le nom d'amnios, et que nous avons dit être une couche accessoire du blastoderme. (2)

2.° *Un lobe ombilical*, ou la vésicule ombilicale dirigée du côté de l'extrémité céphalique, et communiquant par un pédicule très court encore avec la portion moyenne de l'intestin qui est rectiligne à

(1) Voyez page 1, fig. 4.
(2) Voyez pag. 167 et suivantes.

cette époque (Pl. III, fig. 5), et qui, par conséquent, n'a pas encore de circonvolution; ce point,
où la communication se fait, deviendra dans la
suite du développement intestin grêle, comme chez
les mammifères, etc. La partie renflée de la vésicule ombilicale n'acquiert jamais une grande extension, et finit même par disparaître, à une
époque très peu avancée de la gestation; son pédicule, au contraire, atteint une longueur considérable, mais il ne conserve plus, dans le cordon
ombilical où il est compris, que de légères traces
de son existence.

3.° *Un lobe allantoïdien*, ou l'allantoïde qui,
malgré ce qu'en ont pu dire les auteurs, existe bien
réellement comme nous l'avons prouvé et par les
faits historiques, et par l'observation directe. Elle
se continue évidemment de même que chez tous
les mammifères à placenta, avec la symphyse du
pubis et les parois latérales inférieures de l'abdomen, à une époque correspondante, et se trouve
en communication par ce qui sera l'ouraque, avec
l'intestin rectum. C'est elle *qui porte le système
vasculaire allantoïdien, qui se convertit en cordon ombilical par la torsion spirale que l'embryon,
dans ses évolutions, fait subir à son pédicule,
et qui réalise le placenta* en venant appliquer son
fond sur la membrane vitelline, et par l'intermé-

diaire de celle-ci sur l'utérus. Nous insistons principalement sur ce point, parce qu'il nous paraît capital, parce que jusqu'aujourd'hui il a été méconnu, et parce qu'enfin ce serait trop long-temps favoriser l'erreur, que d'admettre avec les embryogénistes de nos jours, que le cordon ombilical a toujours existé, à quelque époque du développement qu'on ait pris le fœtus, et que l'allantoïde est étrangère à la formation du placenta. C'est au contraire cette même allantoïde existant, nous le répétons, avec tous ses caractères, dans l'embryon humain, qui constitue la partie essentielle et du placenta, et du cordon ombilical. Que l'on ne nous dise pas que tous ces faits sont illusoires, car ils ont été démontrés vrais par l'observation directe, et l'analogie est venue les légitimer.

Ainsi donc, dans l'origine l'œuf de la femme suit le même développement que celui des autres mammifères, et offre à considérer les mêmes particularités. Il est inutile de dire que les phénomènes consécutifs sont aussi analogues.

Maintenant, si après que l'embryon s'est bien caractérisé; après que le cordon ombilical s'est formé et que le gâteau placentaire a contracté des adhérences, nous jetons un coup-d'œil sur les membranes proprement dites de l'œuf, ou ce qu'on appelle les enveloppes du fœtus; nous aurons, en procédant de l'intérieur à l'extérieur :

1.º *L'amnios*, membrane sur laquelle nous nous sommes étendu fort au long dans un chapitre spécial (1), et que nous persistons à considérer, ainsi d'ailleurs que nous venons de le faire tout à l'heure, comme un épiderme général de tout le blastoderme, épiderme qui, dans l'espèce humaine, acquiert une extension tellement grande, que non seulement il enveloppe tout le cordon ombilical auquel il sert de gaîne, mais qu'il s'applique encore sur toute la surface du chorion avec lequel il contracte des adhérences au moyen de petites fibrilles. C'est dans son intérieur que sont renfermées *les eaux de l'amnios.*

2.º Le *chorion* ou membrane externe de l'œuf pris dans l'ovaire, c'est-à-dire la vitelline, et à laquelle nous conservons la même dénomination. Elle est comprise entre l'amnios et la caduque des auteurs, et, par conséquent, est en relation par sa face interne avec la première, et par sa face externe avec la seconde. Le chorion offre des prolongemens villeux, destinés à multiplier les surfaces de contact, et favoriser par cela même le passage des fluides de la mère au fœtus, alors que le placenta n'est pas encore développé. Ces villo-

(1) Voyez aux pages 167 et 282.

sités ne sont pas plus organisées que la membrane de laquelle elles émanent, et c'est à tort que quelques écrivains leur ont attribué des vaisseaux. Elles s'atrophient à mesure que le placenta, tendant à se constituer et à contracter des adhérences, les rend inutiles.

On a également introduit une erreur dans la science, lorsque l'on a dit que cette membrane formait un des feuillets du cordon ombilical, et se continuait avec le tissu cellulaire sous cutané, ou avec l'aponévrose des muscles abdominaux de l'embryon. Dans aucun cas, ni dans aucune espèce le chorion est en continuité directe avec celui-ci (1) : il lui sert d'organe de protection, tout comme dans l'ovaire il protégeait les parties essentielles de l'œuf.

3.º Enfin la *caduque* ou membrane adventive.

(1) Cette erreur est d'autant plus étrange, que ceux-là même qui l'ont commise, ont assimilé cette membrane (chorion) à celle de la coque de l'œuf des ovipares. Or, en consacrant cette comparaison erronée, ces auteurs exprimaient la contradiction la plus exorbitante ; car, comment, en adoptant leur hypothèse, pourrait-il se faire qu'une membrane dont ils font l'analogue d'un produit adventif, puisse, à un degré plus ou moins élevé de la série, devenir partie essentielle du fœtus, tandis qu'ailleurs il pourrait exister, entre elle et ce même fœtus, toute la masse albumineuse et la membrane vitelline, proprement dite ?

Celle-ci exhalée par l'utérus, et dont par conséquent l'œuf, avant son arrivée dans la cavité de cet organe, n'était pas encore pourvu, est, pareillement aux autres enveloppes du fœtus, d'une nature inorganique : c'est un produit adventif, pseudo-membraneux, dont nous croyons la formation, dans l'état normal, postérieure à la descente de l'œuf dans la matrice. Nous avons donné plus haut (1) les motifs qui nous font adopter cette opinion. Cette membrane, ou plutôt cette couche exhalée, est en rapport d'un côté avec l'utérus, et de l'autre avec le chorion (membrane vitelline).

Là doit se borner notre résumé de l'ovologie humaine. La figure théorique que nous donnons à la Pl. III (fig. 8), et que nous accompagnons d'un texte explicatif assez détaillé, suppléera d'ailleurs au court exposé que nous venons de faire, dans lequel nous ne devions que signaler les faits principaux, sans entrer dans des détails descriptifs, ce qui doit être plus spécialement du domaine de la partie iconographique d'un ouvrage.

L'ovologie humaine présentée par nous sous une face nouvelle et toute différente de celle sous laquelle nos prédécesseurs et nos contemporains

______

(1) Voyez page 290 et suiv.

l'avaient conçue ; ramenée à la loi de développement commune à presque tous les mammifères, pourra désormais, nous aimons à le croire, être abordée avec plus de succès.

Que lui manque-t-il dans l'état actuel de son progrès, pour qu'elle soit aussi complète que celle des animaux que l'homme peut sacrifier à ses expériences ? Des faits seuls ; des faits assez nombreux, pour que, placés soit avant, soit après ceux que nous possédons, ils établissent une série non interrompue, qui puisse traduire en entier les phénomènes successifs et primordiaux par lesquels passe l'œuf ; en un mot, le développement originaire du fœtus. Ces moyens, nous l'espérons, seront fournis tôt ou tard à la science. Il suffit que les bases soient jetées, que le plan soit donné, pour que chaque fait nouveau dont s'enrichira cette branche des connaissances humaines, en prenant comme de lui-même, sa place à côté d'un autre fait, déjà établi, qui lui sera antérieur ou postérieur, tende insensiblement à faire arriver l'embryogénie de l'homme jusqu'au rang d'histoire complète.

Certes, l'on nous jugerait mal, si l'on croyait que nous sommes dans la persuasion d'avoir donné un travail auquel il n'y a plus rien à ajouter, rien à retoucher. Nous devons avouer que loin de nous est la pensée d'avoir fait autre chose que tracer la route à tenir pour mieux éviter l'erreur; que poser les jalons qui, désormais, doivent conduire sûrement à la vérité. Et, d'ailleurs, pourrait-il en être autrement? Et ceux qui se croiraient en droit d'exiger de nous davantage, oseraient-ils bien, avec le peu d'observations qu'il serait en leur pouvoir de consulter et d'invoquer, faire plus que nous n'avons fait? Nous ne le pensons pas, car nous en voyons l'impossibilité.

CHAPITRE XI.

AGES DE L'EMBRYON HUMAIN DANS LE PREMIER
MOIS DE LA GESTATION.— GROSSESSES EXTRA-
UTÉRINES.

Ages.

A l'histoire de l'ovogie humaine se rattachent
deux questions importantes : l'une a rapport à la
détermination des âges du fœtus dans les premiers
temps de la gestation, et l'autre à son développement hors de la cavité propre de la matrice, ou,
en d'autres termes, aux grossesses extrà-utérines.

Si, quant à ces dernières, on peut arriver à
donner quelques résultats assez satisfaisans, il n'en
est pas de même pour les âges primordiaux du
fœtus. La science est encore sur ce point si peu
riche d'observations bien faites, et d'ailleurs il est
si difficile d'avoir, à ce sujet, des données pré-

cises, qu'on ne peut, pour ainsi dire, arriver qu'à formuler des hypothèses.

Il est aisé de voir que l'obscurité qui règne encore sur cette question, qu'il serait cependant très important de résoudre dans l'intérêt de la médecine légale, a évidemment sa cause principale dans la difficulté d'obtenir le plus souvent, pour ne pas dire toujours, des renseignemens exacts sur l'époque à laquelle a eu lieu la fécondation. Il faudrait, pour connaître bien cette époque, un concours de circonstances que, malheureusement, l'espèce humaine n'offre que très rarement. D'ailleurs, en admettant que la femme n'ait pas intérêt à tromper (ce qui n'arrive pas toujours); en admettant que, pour des motifs à elle connus, elle ne veuille pas cacher l'époque de sa grossesse, ne peut-elle pas elle-même être induite en erreur? On a trop d'exemples de ce genre pour se refuser à croire qu'il puisse en être ainsi. Supposons en effet que ses règles, et c'est sur elles principalement qu'elle se base pour dater l'époque de la conception, supposons, disons-nous, qu'elles éprouvent un retard de dix ou de quinze jours, si auparavant elle s'était livrée au coït, elle se croira infailliblement enceinte, bien qu'elle ne le soit pas, car l'absence des menstrues n'est pas toujours l'indice certain de la grossesse. Or, si, pendant la première quinzaine qui suivra ce retard, elle subit encore l'approche de l'homme, et que la fécondation en résulte, nécessairement alors elle restera dans la persuasion que sa grossesse date de quelques jours avant l'époque à laquelle sa menstruation aurait dû avoir lieu. De pareils cas ne sont pas rares.

Et ne fût-ce pas là une grande source d'erreurs, une femme, en supposant maintenant qu'il n'y ait pas interruption dans le cours ordinaire de ses règles, peut-elle bien positivement assurer qu'elle a conçu depuis les premiers jours qui ont suivi celles-ci, ou depuis ceux qui précéderont immédiatement leur apparition? Ne serait-il pas possible que, dans tous les cas, elle pût se tromper au moins de huit ou dix jours? nous le croyons. Il est vrai qu'on admet des symptômes généraux qui annoncent la grossesse; mais ces symptômes ne sont pas infaillibles, car l'absence des règles ou toute autre cause peut les déterminer, et le plus souvent même ils manquent.

Ce n'est donc qu'avec la plus grande réserve que l'on doit se prononcer, lorsque, dans l'état civil, on est appelé à constater l'âge d'un produit avorté, surtout dans le premier mois de la gestation; et peut-être même serait-il plus moral de s'abstenir, en pareille circonstance, de toute hypothèse. Ce n'est également qu'avec l'esprit du doute, que l'on doit accepter les déterminations auxquelles sont arrivés les auteurs : les œufs qui ont servi de base à ces déterminations, ayant le plus souvent été fournis, nous le répétons, par des femmes ou qui ne pouvaient indiquer avec précision l'époque de la conception, ou qui avaient intérêt à la cacher.

La valeur différente que les embryogénistes accordent aux mêmes faits, et aussi le plus ou moins d'exactitude qu'ils apportent dans leurs observations, jointe à l'imperfection des moyens qu'ils emploient, contribuent puissamment à retarder, selon nous, les progrès de l'histoire des âges de l'embryon humain dans le premier mois de la grossesse. Soit, par exemple, l'allantoïde, comme moyen propre à faire juger combien peut avoir de jours un fœtus; il est évident qu'il n'y aura pas même accord sur ce point, car les uns nient cette vésicule, et les autres lui attachent une toute autre signification : soit encore l'ouverture ombilicale, comme fournissant de bonnes données; si ce caractère a échappé jusqu'ici, sa présence n'aura par conséquent été d'aucune utilité.

L'analogie qui serait sans doute d'un grand secours, ne peut, sous aucun rapport, être prise en considération; car les mêmes phénomènes ne sont pas proportionnés à la durée du développement dans chaque espèce, et il y a différence entre ce que présente un fœtus à une époque déterminée de son existence, avec un fœtus, d'un autre genre (proportion gardée), à la même époque. Pour que la méthode analogique pût être valable, il faudrait que l'apparition de tel ou tel phénomène pût être en rapport avec la durée de la gestation ; que, par exemple, la tache embryonnaire ou l'allantoïde, prise pour caractère, apparût, nous supposons, le huitième jour chez les espèces qui ont une portée de deux mois, tandis que chez d'autres espèces portant quatre mois, le même caractère ne se manifesterait qu'au seizième jour, etc. Alors, par une proportion déduite d'un petit nombre de faits, il serait possible d'arriver à une détermination certaine et précise, le terme de la gestation étant, comme on le sait, de neuf mois pour l'espèce humaine.

Mais il s'en faut que les choses se passent comme nous venons de le supposer. L'embryon humain lui-même semblerait avoir un développement aussi rapide dans les dix premiers jours, que celui du lapin, dont la parturition a lieu un mois après la conception ; tandis que le chien, au quatorzième jour, serait à peine aussi développé que la brebis au seizième, bien que celle-ci porte trois mois de plus que lui. Tous les exemples que nous pourrions encore citer tendraient à prouver que *les mêmes phénomènes, dans chaque espèce, n'étant pas proportionnés à la durée du développement,* l'analogie est impuissante et ne peut nous éclairer de ses lumières.

Nous n'avons donc, sur la question des âges du fœtus dans le premier mois de sa vie intra-utérine, autre chose à faire qu'à constater la pénurie de faits bien observés, dans laquelle se trouve la science, et son impuissance, par conséquent, à résoudre cette question d'une manière satisfaisante ; car le peu que l'on sache d'assez positif ne va pas en deçà du quarantième jour.

Les meilleurs documens que nous possédions, depuis les premiers jours de la grossesse jusqu'à cette époque, sont dus à Everard Home et à Pockels. Mais en considérant ce que ces anatomistes distingués nous ont transmis, comme ce que la science possède de plus complet, relativement au point dont il s'agit; cependant ce n'est qu'avec la plus grande réserve que nous adoptons et que nous leur empruntons les chiffres qu'ils nous ont laissés ; parce que, nous devons le répéter, la question des âges, en ovologie humaine, ne doit, selon nous, être abordée qu'avec l'esprit du doute, quelles que soient les précautions, quelles que soient les informations que l'on ait pu prendre.

E. Home, dont nous avons cité l'observation et reproduit la figure qui l'accompagne (Pl. II, fig. 1, 2 et 3), ne donne que huit jours à l'œuf qu'il a eu l'occasion d'examiner dans la matrice même. Si cette époque était assez positive, comme les renseignemens pris sur la femme qui a fourni le produit en question, paraîtraient l'établir, l'œuf humain, âgé de huit jours, manifesterait seulement alors deux vésicules emboîtées et ce point particulier que nous avons connu sous le nom de tache embryonnaire. Chez le lapin, les mêmes phénomènes se montrent à la même époque.

Pockels, dans ses nombreuses recherches sur les œufs qu'il a pu étudier, du huitième au seizième jour, a constaté la présence de la vésicule ombilicale et de l'allantoïde (erythroïde), et l'absence du cordon ombilical (proposition 4.°); en outre, il semblerait que d'après lui, à cette époque, l'intestin n'existe pas encore; car nulle part il n'en fait mention, et ce n'est qu'à un âge plus avancé qu'il a pu signaler la présence de quelques anses intestinales. Jusqu'au seizième jour, l'embryon pourrait donc être assez bien caractérisé.

En comparant l'œuf qui a été décrit par nous, et que nous représentons (Pl. III, fig. 2, 3, 4), avec ceux de Pockels, nous avons été porté à croire qu'il avait de seize à vingt-cinq jours. Il est vrai que d'après ce que nous avons pu recueillir, il devrait avoir un mois au moins; mais à cette époque, d'après Pockels même, on ne peut déjà plus apercevoir l'allantoïde (vésicule érythroïde), et notre fœtus montre encore cette vésicule dans toute son intégrité. Dès lors, que conclure? ou bien que nous avons été trompé sur l'époque réelle de cet œuf, ou que l'embryon humain, dans le cas contraire, offrirait encore, jusqu'au vingt-cinquième jour, une vésicule ombilicale et une allantoïde bien distinctes l'une de l'autre, et nous ajouterons, comme résultat des observations qui nous sont également propres, un intestin complet, rectiligne, étendu de la bouche à l'anus, et un évasement ombilical analogue à celui que l'on distingue chez les autres mammifères. Ce dernier caractère qui, jusqu'aujourd'hui, avait passé inaperçu, et qui, nous l'espérons, sera désormais reconnu par ceux-là même qui l'ont nié, dans l'intérêt de leur opinion, nous paraît très propre à conduire un jour, à des conclusions satisfaisantes.

Quant à l'âge qu'assigne M. Velpeau au plus jeune des embryons qu'il a décrits, il est évidemment erroné. L'existence d'un cordon ombilical sur un fœtus quelconque, est toujours postérieure à certains phénomènes, tels, par exemple, que l'ouverture ombilicale, l'apparition de l'allantoïde, etc. Or,

l'embryon de M. Velpeau n'a que douze jours, et il
a un cordon ombilical ; ceux que nous venons de
mentionner n'en offrent aucune trace, pourtant ils
ont de douze à vingt-cinq jours. Pockels lui-même,
dit positivement (proposition 4.°), qu'au seizième
jour il n'en a pas encore : ne faut-il pas penser
que, dans cette circonstance, M. Velpeau a pu être
trompé. Au reste, cet accoucheur a, comme nous
l'avons déjà fait remarquer, enlevé toute valeur à
son observation (pour laquelle d'ailleurs il a employé des procédés vicieux, et écarté ceux dont il
pouvait se servir avec avantage), en avouant que
quelques détails de son embryon ont peut-être pu
échapper à l'artiste (1). Lorsqu'on n'est pas sûr
d'avoir bien vu une chose, peut-on affirmer que
telle ou telle particularité n'existe pas comme caractère de cette chose ? Il nous semble que la pru-
dence commande au moins de ne pas se prononcer
en pareil cas.

On le voit, la plus grande imperfection règne
encore sur la détermination des âges primordiaux
de l'embryon humain. Aussi, en rapportant les
observations que nous croyons relatives à cette
époque, et en indiquant, sans toutefois nous pro-

---

(1) Embryogénie, pag. 78, et explication des planches,
fig. 2" *d*.

noncer positivement, quels sont les caractères d'a-
près lesquels l'on pourrait se guider, notre intention n'a été que d'enregistrer, pour les faire connaître, les seuls faits que possède la science, et de
signaler les données d'après lesquelles il serait
possible d'arriver à la détermination des âges.

Avant que l'on puisse donner sur cette question
des résultats un peu exacts, il resterait donc, non
seulement à corroborer par de nouvelles observations celles que nous possédons aujourd'hui, mais
encore à connaître à quelle époque la tache embryonnaire subit ses modifications premières; quel
est le moment de l'apparition de l'allantoïde, celui
de sa conversion en cordon ombilical et en placenta. Ce qu'il faudrait que l'on pût saisir encore,
ce sont les divers degrés de rétrécissement de l'ouverture ombilicale, jusqu'à la clôture complète de
cette ouverture. Nous devons l'avouer, ce sont là
tout autant de *desideranda* de la science, que les
recherches futures des embryogénistes tendront
sans doute à satisfaire.

Mais si l'histoire des âges, pendant le premier
mois, est encore obscure, il semblerait que plus
tard, les auteurs soient en possession de faits qui
permettent de juger les époques auxquelles est arrivé le fœtus humain, d'une manière bien plus
approximative qu'on ne peut le faire vers les pre-

miers temps de la grossesse : et si Hunter a laissé, sur les époques originaires du développement, une obscurité qui n'a été dissipée d'une manière positive par aucun des anatomistes qui lui ont succédé, du moins son ouvrage sur des âges plus avancés, par les données précieuses qu'il renferme, est-il, à juste titre, considéré comme la règle des déterminations à adopter.

Mais la nature et l'étendue de cet ouvrage ne nous permettant pas d'entrer dans des considérations fort longues à ce sujet, et d'ailleurs l'embryogénie possédant un travail qui laisse peu de choses à désirer sous le rapport de l'exactitude, notre tâche devait se borner à signaler, comme nous l'avons fait, les *desideranda* de la science, et à indiquer la méthode à la faveur de laquelle toutes les lacunes peuvent être comblées. D'ailleurs, ces questions trouveront leur place et seront traitées avec tous les détails nécessaires, dans un ouvrage plus vaste pour lequel nous rassemblons des matériaux depuis plusieurs années.

Grossesses extra-utérines.

La science serait en peine de fournir quelques exemples authentiques pour démontrer, d'une manière irrécusable, que chez les femelles des mammifères voisins et même éloignés de l'espèce humaine, le produit de la conception se soit développé hors de la cavité propre de l'utérus : la femme seule paraît soumise à cette sorte d'infirmité. Ce n'est pas que son organisation soit moins parfaite que celle des femelles des autres espèces d'animaux; comme chez elles il y a harmonie entre toutes les parties qui constituent son appareil génital; mais plus qu'elles elle est sortie de l'état de nature; plus qu'elles aussi elle est soumise à des maladies des organes mêmes de la génération, et à des irrégularités dans l'époque de la conception, toutes causes capables de faire naître des obstacles mécaniques qui, en s'opposant à ce que l'œuf passe dans l'utérus, ou même à ce qu'il tombe de l'ovaire, donnent lieu aux développemens extra-utérins. C'est donc en général à des agens physiques qu'il faut attribuer ces sortes de grossesses, ou plutôt, comme nous l'avons dit, *ces infirmités* de l'espèce; car ce mot sert très bien, ce nous semble, à qualifier ici ces écarts dans les fonctions de reproduction, écarts auxquels la nature n'a pas plus condamné la femme que les femelles des autres animaux; mais que la femme elle-même prépare bien souvent, et par les abus du coït auquel elle se livre avec trop de passion, et par les violences exercées sur la matrice pendant l'acte vénérien.

Si, après la conception, l'œuf est retenu dans l'ovaire, parce que les membranes qui enveloppent cet organe, trop fortes et trop résistantes, empêcheront les vésicules de Graaf de se rompre; si le pavillon, par son adhérence aux parois abdominales ou aux intestins (ce qui arrive assez fréquemment à la suite de quelque maladie des viscères abdominaux), ou pour toute autre cause, est arrêté dans ses mouvemens, de manière à ne pouvoir remplir ses fonctions; si la trompe est obstruée par un corps quelconque, etc., il y aura infailliblement développement de l'œuf fécondé en dehors de la cavité de la matrice dans laquelle il était destiné à se fixer. Les grossesses extra-utérines pourraient donc, en ayant égard aux causes qui les produisent, être ramenées à deux groupes : celles qui dépendent d'un état pathologique ou anormal des organes, et celles qui sont dues à la présence d'un corps étranger qui s'oppose au passage de l'œuf dans l'utérus.

C'est aussi en considérant les parties dans lesquelles se sont rencontrés des fœtus ou des débris de fœtus développés hors de la matrice, que les auteurs ont été conduits à distinguer les grossesses extra-utérines, en grossesses extra-utérines *ovariennes*, *abdominales*, *tubaires* et *intersti-tielles*.

Notre intention n'est pas de traiter *ex professo* de chacune d'elles. Nous croyons même que dans l'état actuel de la science il y aurait impossibilité de le faire; car la plus grande partie des observations dont fourmillent les livres sont entachées de trop d'imperfection pour qu'on doive espérer d'attaquer cette question avec des matériaux propres à la résoudre *complètement*. Certes, nous sommes pourtant loin de vouloir nier la valeur des faits rapportés par les auteurs; nous savons trop bien qu'un œuf fécondé peut se développer d'une manière plus ou moins parfaite là où il se trouvera arrêté. Mais que sont les faits seuls sans la connaissance des causes qui les ont déterminés? Pourtant, c'est ce que les auteurs n'ont pas toujours compris. Le plus souvent ils se sont attachés à décrire un produit anormal, et ont négligé de s'informer, de chercher ce qui pouvait avoir donné lieu à un pareil écart dans le cours naturel de la reproduction. En l'absence d'observations complètes, nous nous bornerons à indiquer succinctement ce qui distingue entre elles les grossesses extra-utérines et les causes qui nous paraîtront les plus propres à déterminer chacune d'elles en particulier.

1.º *Grossesses extra-utérines ovariennes.* Comme le nom l'indique, c'est dans l'ovaire même que se développe, en pareille circonstance, l'œuf. Retenu dans cet organe, après sa fécondation, probablement par des puissances mécaniques qui s'opposent à sa chute (soit, par exemple, un épaississement anormal de la membrane propre qui limite le parenchyme de l'ovaire, ou de celle qui forme les parois de la vésicule de Graaf elle-même, soit aussi l'hypertrophie de la tunique péritonéale qui l'enveloppe), l'œuf subit des modifications par lesquelles se manifestent, avec des formes le plus souvent monstrueuses, les diverses parties de l'embryon.

Dans tous les cas dont nous parlons, les conditions au milieu desquelles se trouve placé le fœtus, sont trop peu favorables à son accroissement, pour qu'il y ait normalité dans son développement. D'ailleurs, quand l'œuf a acquis une certaine dimension, l'ovaire ne peut plus le contenir, et la déchirure de ce dernier devient une cause de péritonite mortelle.

Ces grossesses, dont la durée ne peut pas être déterminée, ne se présentent que rarement ; elles sont intéressantes à noter, parce qu'elles prouvent que l'œuf peut être fécondé dans l'ovaire , et nous aurons par conséquent l'occasion de les invoquer, lorsqu'il s'agira d'établir une théorie générale de la conception.

2.º *Grossesses extra-utérines abdominales.* Celles-ci, plus fréquentes que les précédentes, proviennent de ce que l'œuf, détaché de l'ovaire, n'étant pas saisi immédiatement par le pavillon, tombe sur un point de la cavité abdominale, et s'y développe. Les causes qui les déterminent sont facilement appréciables. L'on conçoit que si le pavillon adhère, par suite d'une maladie quelconque, au péritoine qui tapisse la cavité du bassin, ou qui recouvre les viscères abdominaux; que s'il y a en lui un vice de conformation; que s'il est affecté de paralysie, ce qui peut très bien avoir lieu; qu'enfin s'il y a inaction de ce même pavillon, alors que l'œuf se détache de l'ovaire; l'on conçoit, disons-nous, qu'il puissse passer directement de celui-ci dans l'abbomen, et là s'attacher sur un point du péritoine.

La fréquence de ces grossesses s'explique par la multiplicité des causes qui peuvent les produire. Le fœtus, dans ces cas, est susceptible de se développer normalement jusqu'à un certain âge. On raconte même qu'il y a des exemples qui prouvent qu'une opération césarienne, faite à propos, peut délivrer la mère. Le plus ordinairement, ces grossesses sont anormales, et, tôt ou tard, funestes.

Cependant on a des cas très curieux et surtout très heureux de délivrances que l'on pourrait appeler naturelles, le fœtus, ou plutôt des débris de fœtus ayant été expulsés par la région anale, à la faveur d'un abcès. Si nous voulions rappeler toutes les observations auxquelles ces grossesses ont donné lieu, un volume n'y suffirait peut-être pas. D'ailleurs, nous ne nous sommes pas engagé à faire de la pathologie.

3.º *Grossesses extra-utérines tubaires.* Celles-ci, plus naturelles que les précédentes, ont quelquefois aussi un terme bien plus court ; car les tubes, à cause de leur étroite dimension, ne sont bientôt plus susceptibles de pouvoir contenir l'œuf qui prend de plus en plus de l'accroissement, et des déchirures s'en suivent, qui sont toujours fâcheuses.

Il eût été utile que les accoucheurs n'eussent pas toujours oublié de noter si, dans ces cas, les conduits tubaires étaient ou non obstrués par un obstacle mécanique. Il nous semble que la présence de fausses membranes dans ces conduits, et par conséquent aussi, ainsi que nous l'avons développé ailleurs, la caduque des ovologistes humains, doivent être considérées comme causes de ces grossesses anormales ; mais l'oblitération des trompes du côté de la matrice, est une de celles qui les produisent le plus ordinairement.

4.° *Grossesses extra-utérines interstitielles*. Ces espèces de grossesses, nouvellement reconnues, admettent déjà de nombreux exemples. Elles ont été ainsi nommées, parce que l'œuf semble se développer dans le tissu même de l'utérus. C'est à tort, selon nous, que la dénomination *d'interstitielles* leur a été appliquée, parce que ce n'est pas dans l'épaisseur du tissu déchiré de la matrice, comme ce mot paraîtrait le faire croire, que se développe l'œuf, dans ces circonstances ; mais dans un des cryptes plus ou moins profonds et plus ou moins ouverts par suite d'une maladie, qui criblent la muqueuse de cet organe. Là le produit de la conception se trouve fixé, son placenta se développe, s'insère sur un point voisin, et plus tard, lorsque la loge dans laquelle il se trouve, n'est plus suffisante pour le contenir, alors il la déchire réellement, et semble à mesure qu'il distend, par son extension, les fibres de l'utérus, se glisser de plus en plus dans l'intervalle même de ces fibres. Ce ne serait donc pas une grossesse interstitielle proprement dite, mais bien une grossesse dans un crypte. Dans un cas que nous avons eu l'occasion d'observer, il nous a été possible de reconnaître une communication entre la cavité où s'était logé l'œuf, et celle des tubes de Fallope. Le canal étroit qui réunissait ces deux cavités, était évidemment tapissé par la continuation de la membrane muqueuse des trompes ; ce qui prouve que c'est bien dans un crypte dilaté que, dans le cas de cette espèce, l'œuf se développe.

La mort de la mère arrive toujours de bonne heure. La déchirure qui se fait dans l'abdomen, détermine une péritonité aiguë, qui ne laisse pas de ressources au médecin.

Nous ne devons pas oublier de dire ici, bien qu'ailleurs nous en ayons déjà parlé, que dans tous les cas de grossesses extra-utérines, l'œuf se trouve enveloppé d'une pseudo-membrane qui lui sert de caduque. Cette pseudo-membrane, qui offre la plus grande analogie avec l'adventive des mammifères, et qui se trouve ainsi environner l'œuf de toute part, est exhalé par la partie de nos tissus sur laquelle l'œuf vient se fixer. Il détermine sur eux une sorte d'irritation dont ils ne peuvent se défendre qu'en dégorgeant autour de ce petit corps, qui leur est étranger, une certaine quantité des fluides qu'ils contiennent. Une balle qui séjourne pendant quelque temps dans le corps d'un animal, provoque à peu près la même concrétion membraniforme. Au reste, beaucoup de recherches sont encore à faire sur ce produit, en quelque sorte pathologique.

Mais il est à remarquer que, dans le cas où l'œuf

arrive à un développement assez avancé, il se fait un placenta dont la forme et les limites sont parfaitement **arrêtées**, sans qu'il soit besoin pour cela de l'intervention d'une caduque telle que celle que les ovologistes humains ont admise. Nous avons donc eu raison de dire, plus haut, que la caduque humaine des auteurs n'a pas les usages qu'on lui suppose.

OVOLOGIE DU CHIEN.

CHAPITRE XII.

CONSIDÉRATIONS PRÉLIMINAIRES.

Bien que le chien ait été, depuis déjà quelques années, l'objet de nombreuses recherches faites principalement en France par MM. Prévost et Dumas, et après eux, en Allemagne, par Baer, cependant l'histoire de son développement n'est qu'à peine ébauchée. Nous sommes, certes, loin de vouloir nier l'importance des travaux qui ont été publiés à ce sujet, soit par nos savans compatriotes, soit par le professeur de Kœnigsberg. Evidemment, ces anatomistes ont consigné des observations dont, à la vérité, ils n'ont pas toujours reconnu la juste valeur, privés qu'ils étaient des moyens propres à les bien juger, mais qui sont précieuses pour la science, à cause de quelques faits qu'elles renferment; faits qui deviennent, en se plaçant d'eux-mêmes dans le cadre de la théorie générale que nous proposons, la confirmation de cette théorie. MM. Prévost et Dumas n'ont d'ailleurs constaté qu'une partie du phénomène du développement; car, préoccupés qu'ils étaient par des idées qui sont probablement abandonnées aujourd'hui même par eux, ils ont dû souvent négliger des détails essentiels, pour ne voir que ce qui pouvait se rattacher à leur sytème. Baer, dans sa lettre adressée en 1827 à l'Académie impériale des sciences de Saint-Pétersbourg, en donnant le résultat de ses recherches sur ce carnassier, a bien fait faire un progrès à son ovologie; mais les observations de ce savant sont loin encore d'offrir un travail complet, et consacrent en outre des erreurs que nous signalerons bientôt.

Quant à nous, nous devons avouer qu'il nous resterait certainement encore beaucoup à faire avant de pouvoir livrer une embryogénie du chien aussi complète que celles que nous donnons de la brebis et du lapin; car nos recherches sur ce carnassier ne sont pas encore aussi avancées que celles que nous avons faites pour les deux autres espèces; mais nous croyons, en réunissant aux faits recueillis par nous, quelques-uns de ceux que nous fourniront les écrits des auteurs, pouvoir établir l'ovologie du chien d'une manière, nous le répétons, sinon complète, du moins aussi satisfaisante qu'on peut espérer de la créer avec le peu de données que nous possédons à ce sujet, ou avec celles que nous emprunterons à la science, et assez suffisante pour faire voir que la théorie que nous avons proposée se trouve confirmée par elle.

ŒUF DANS L'OVAIRE.

Il serait superflu de dire quelles sont les parties qui entrent dans la composition de l'œuf, alors qu'il est encore renfermé dans les capsules de l'ovaire ; mais un fait à noter, c'est que chez le chien et, en général, chez presque tous les carnassiers, l'œuf, dans les vésicules de Graaf, et durant l'époque du rut, est d'une dimension telle, qu'il est facilement visible à l'œil nu. Baer prétend l'avoir aperçu sur l'espèce dont il s'agit, même à travers les parois des vésicules qui le contiennent. Nous avouerons qu'il nous a été très aisé de découvrir l'œuf du chien dans l'ovaire, mais que jusqu'à présent, nous n'avons pas encore eu, comme Baer, l'avantage d'avoir pu le distinguer à travers les membranes de l'organe qui le recèle.

D'ailleurs, il résulterait des observations de ce savant, qu'il n'est pas également facile de l'apercevoir sur toutes les races de chien. Cette difficulté tiendrait à une particularité d'organisation.

Une seule fois, chez une espèce du genre chat,

chez une panthère femelle, morte à la ménagerie du Muséum d'histoire naturelle de Paris, pendant le rut, nous avons dû à l'obligeance de M. de Blainville de pouvoir constater la présence dans les vésicules de Graaf, d'œufs bien plus grands que ceux que nous connaissions jusqu'alors; et ces œufs, retirés de leurs capsules, nous ont offert la vésicule que nous avions déjà découverte dans l'œuf du lapin et dont nous avons fait l'analogue de la vésicule de Purkinje dans celui des oiseaux, d'une manière si nette et si évidente, qu'en vérité les moyens amplificateurs les plus simples étaient en quelque sorte inutiles. Nous avons même pu les montrer clairement à toutes les personnes qui assistaient à un cours, qu'à cette époque nous avions ouvert à l'Ecole pratique de la Faculté de médecine.

Il paraîtrait donc que les carnassiers, du moins ceux que nous avons pu étudier, seraient, de tous les mammifères (à l'exception pourtant de ceux qui font la transition aux oiseaux), ceux qui, généralement, possèdent, dans l'ovaire, des œufs dont le diamètre est le plus considérable.

Quoiqu'il en soit, ceux du chien sont, dans l'ovaire, composés comme ceux de tous les autres mammifères. Leur forme est sphérique, et leur volume varie selon l'époque à laquelle on les observe, et sur le même individu. Durant le rut, par exemple, l'on pourrait désigner ceux qui sont destinés à tomber, tant ils se distinguent des autres par leurs dimensions.

Ce qu'il y aurait de remarquable encore, c'est que l'œuf qui, chez les autres espèces, passe dans l'utérus le deuxième ou le troisième jour au plus tard, après la conception, semblerait ne tomber chez le chien, pour gagner l'organe où son développement doit se faire, que du cinquième au septième jour. Vingt-quatre heures après l'accouplement, MM. Prévost et Dumas n'ont rien trouvé de changé dans la disposition de l'ovaire. Deux jours après, les ovules (c'est ainsi qu'ils nomment les vésicules de Graaf) avaient seulement un diamètre sensiblement supérieur à celui qu'elles offrent ordinairement. Après trois et quatre jours, ces vésicules, toujours croissantes, offraient déjà, selon eux, un diamètre de sept à huit millimètres, et ce n'a été que du sixième, et même du cinquième jusqu'au septième jour, qu'ils ont pu constater la chûte des œufs dans l'utérus. A cette époque, « les » vésicules de l'ovaire, disent ces physiologistes, » disparaissent successivement, et l'on trouve les » corps jaunes vides ou remplis de sérosité, mais » toujours caractérisés par la présence de la fente » sanglante. Chez une chienne ouverte après six

» jours, nous avons vu deux corps jaunes sur l'o-
» vaire droit, un seul du côté gauche, et cinq
» vésicules de sept ou huit millimètres de dia-
» mètre, qui semblaient sur le point de s'échap-
» per de cet organe. »

Ainsi le chien, d'après MM. Prévost et Dumas, présenterait cette particularité, que, chez lui, la capsule de l'ovaire qui renferme l'œuf ne se déchire que fort tard après l'acte copulateur, pour livrer passage à celui-ci, et qu'il peut y avoir entre la chûte du premier œuf et du dernier un intervalle d'un jour et plus. Si ce fait, que nous avons cru utile de signaler, était bien positivement acquis, nous pourrions nous expliquer jusqu'à un certain point l'irrégularité que présentent dans leur développement les œufs pris dans la même heure après l'accouplement, soit sur un seul individu, soit même sur deux chiennes différentes. Les observations faites jusqu'à ce jour, offrent en effet, sur ce point, des irrégularités telles, qu'on serait presque porté à supposer que les hommes qui les ont consignées dans leurs écrits, ont commis une erreur de date, si, soi-même, on n'était conduit, après des expériences multipliées, à constater toutes ces différences ; aussi n'est-ce que d'une manière approximative que nous daterons l'apparition de tel ou tel phénomène.

Au reste, en traitant de l'ovologie du lapin, nous verrons si la science n'est pas en possession de faits qui tendraient à expliquer pourquoi les auteurs ne sont quelquefois pas d'accord sur l'époque fixe du passage de l'œuf dans l'utérus.

ŒUF DANS LA MATRICE, ET MODIFICATIONS SUCCESSIVES QU'IL Y SUBIT.

Quelle que soit l'époque marquée pour la chûte des œufs, ce qu'il y a de certain, c'est que lorsqu'après la rupture des vésicules de Graaf, on les cherche dans les trompes, ce n'est pas sans peine qu'on parvient à les y découvrir. MM. Prévost et Dumas n'ont jamais pu les apercevoir ; cependant Baer dit les y avoir vus. Il est à regretter que cet anatomiste ait laissé sa découverte incomplète, en ne donnant pas l'indication du jour auquel il lui a été possible de saisir leur passage dans les tubes. D'après lui, ces œufs, composés de deux globes ou vésicules, sont d'un blanc jaunâtre. Mesurés sous le microscope, leur diamètre n'est que d'un quinzième de ligne, et à cette époque ils n'ont encore subi aucune modification sensible.

Ce n'est réellement bien qu'à dater du *huitième jour* que l'on parvient à saisir leur développement. Nous avons vu, et MM. Prévost et Dumas l'avaient remarqué avant nous, qu'alors la forme de l'œuf, de sphérique qu'elle était, tend à devenir ellipsoïde, en s'allongeant dans le sens de l'axe longitudinal de l'utérus. Il a une demi-ligne à peu près de diamètre (un millimètre et demi ou deux), est transparent et entièrement libre, de sorte qu'on peut facilement l'enlever et le soumettre à l'examen.

Etudié à un fort grossissement, il se présente, sous l'aspect d'une vésicule unique, la membrane blastodermique que l'on a supposé isolée dans une autre œuf de la planche IV, fig. 3, étant ici confondue avec la membrane vitelline (même planche, fig. 4). Sur un point de cette vésicule, on voit le premier groupement des globules qui vont constituer la tache embryonnaire. Cette tache s'offre sous la forme générale que nous lui avons reconnue. On peut voir, en outre, que la membrane vitelline est parsemée de petites taches qui sont probablement le résultat d'un produit adventif.

Mais ce qu'il y a de surprenant, et ce que l'on ne peut encore convenablement expliquer, bien qu'on ait essayé de le faire, c'est que des œufs du dixième, onzième et même du quatorzième jour, ne sont quelquefois pas plus développés que ceux qui n'en ont que huit ou neuf; c'est que, souvent aussi, ceux de cette époque offrent des modifications qui sembleraient devoir n'appartenir qu'à un âge plus avancé. Ainsi, MM. Prévost et Dumas ont fait des efforts inutiles pour se procurer des œufs de dix jours; ou bien l'accouplement n'avait pas été fructueux, ou bien le développement de ceux qu'ils obtenaient leur paraissait trop avancé pour cet âge. Nos propres recherches nous ont conduit à voir également que des œufs de quatorze jours étaient tellement semblables à ceux que les investigateurs français ont décrits pour n'en avoir que huit, que nous eussions été tenté de les rapporter à cette époque, si nous n'avions connu à une heure près, le moment de la conception, en faisant couvrir, sous nos yeux, la femelle que nous voulions soumettre à nos expériences. La figure 4 de la planche IV représente un de ces œufs, âgé de quatorze jours, offrant à peine les particularités qui ont été signalées par MM. Prévost et Dumas, au huitième, et dans la même corne qui renfermait l'œuf que nous figurons (Fig. 3), s'en trouvaient d'autres (Fig. 2) qui avaient encore leur forme sphérique, et qui n'avaient pas, par conséquent, subi la modification qui les rend ellypsoïdes, ce qui est un signe d'un développement plus avancé (1).

(1) Ce serait peut-être ici le lieu de se demander s'il ne pour-

Baer a constaté le même fait que nous. « Je dis-
» séquai, dit-il (1), une chienne pleine depuis un
» peu plus de deux semaines; je trouvai des œufs
» ayant une demi-ligne de diamètre, libres dans
» l'utérus, mais sans aucune trace de fœtus. Une
» autre chienne de la même époque de la gestation
» me fournit des œufs semblables. »

Voilà trois cas dont les faits sont loin de con-
corder, relativement aux époques, avec ce qu'ont
écrit les physiologistes dont nous avons plusieurs
fois déjà cité les observations; de sorte que si l'on
n'avait foi dans leurs recherches, si d'ailleurs l'on
n'était instruit soi-même, par expérience, de toutes
ces irrégularités, l'on pourrait croire qu'ils ont
commis des erreurs de date.

Pour nous, nous sommes si peu porté à le penser, que nous emprunterons à leur troisième mémoire sur la génération des mammifères, quelques
détails relatifs au développement du fœtus, *douze
jours* après l'accouplement.

rait pas se faire que, pendant la durée du rut qui, chez le
chien, est très longue, la conception eût lieu plusieurs fois et à
des intervalles plus ou moins éloignés. C'est là une question
qu'il serait important d'élucider, et pour la solution de laquelle
nous sommes en voie d'expérience.

(1) Lettre adressée en 1827 à l'Académie impériale des
sciences de Saint-Pétersbourg, p. 9.

Ainsi, d'après eux, dans les ovules de cet âge, l'embryon, dont on n'apercevait encore aucune trace au huitième, se reconnaît sans la moindre difficulté ; mais sa forme et ses dimensions varient ; celles des œufs eux-mêmes varient aussi, selon qu'on les prend au sommet ou à la base des cornes. En suivant la description qu'ils donnent de ces œufs, on voit qu'il ne s'agit encore ici que des modifications que subit dans les premiers temps la tache embryonnaire, lorsque, de circulaire qu'elle était, elle devient ellyptique. En effet, la figure qu'ils en donnent et que nous reproduisons (Pl. IV, fig. 5), représente fidèlement cette apparence de corps de guitare, signalé déjà bien souvent dans le cours de cet ouvrage, comme donnant une idée grossière sans doute, mais très expressive de la forme que prend la tache embryonnaire lorsqu'elle a subi les reploiemens dont nous avons parlé au chapitre général du développement. Les phéno-mènes originaires qui se manifestent sur l'œuf du chien, ne diffèrent donc en rien de ce que nous avons connu jusqu'ici et de ce que nous connaî-trons encore chez les autres espèces.

Mais dans quelle position est l'embryon?

Nous avons admis (1) que l'embryon ou la tache

____

(1) Page 115.

qui le représente à une époque primordiale, est toujours placée d'une manière déterminée par rapport à la matrice, et constante pour chaque espèce. Or, le chien ne se soustrait-il pas à cette loi? nullement. L'embryon est constamment placé dans le sens transversal de l'œuf, le dos regardant la membrane vitelline, de sorte que si celui-ci, ce qui est invariable, a toujours, comme nous l'avons avancé plus haut, ses pôles prolongés parallèlement à l'étendue des cornes; il en résulte nécessairement que l'embryon est dans une position transversale relativement à l'utérus. Plus tard, cette position changera; mais primitivement, il y a fixité sous ce rapport.

Maintenant, avant de passer à un âge plus avancé, nous devons signaler quelques modifications subies par l'organe utérin, au point qui correspond à la situation des œufs. Disons avant, que ceux-ci sont, à l'époque dont nous parlons, encore libres de toute adhérence, et qu'ils se soulèvent et se dégagent d'eux-mêmes, lorsqu'après une incision pratiquée sur l'utérus, on plonge cet organe dans de l'eau.

Mais ce qu'il y a de remarquable, c'est l'harmonie qui s'établit entre l'œuf et la matrice. La muqueuse qui tapisse l'intérieur de cet organe, se boursouffle, prend un aspect tout particulier, et semble divisée comme par une multitude innombrable de stries rougeâtres, placées les unes à côté des autres, et formant une sorte de cercle autour de l'œuf. Ainsi modifiée, cette partie de l'appareil gestateur, abondamment pourvue de vaisseaux sanguins, embrasse l'œuf de toutes parts, sans doute pour faciliter les adhérences placentaires lorsqu'elles devront s'établir, en même temps qu'elle exhale autour de lui une matière albumineuse que nous connaissons sous le nom de membrane adventive.

Tel est l'état de l'œuf à une époque de son évolution postérieure à l'apparition de la tache embryonnaire.

Au *vingtième jour* environ, l'œuf n'est plus mobile dans l'utérus ; il a contracté des adhérences avec ce dernier, et il est entièrement opaque à cause des villosités nombreuses développées à la surface de la membrane vitelline. Baer, qui a donné une observation relative à cet âge, s'exprime dans les termes suivans : « Au-delà des pointes de l'œuf, » on voit qu'il est composé de deux tuniques dis- » tinctes et assez distantes l'une de l'autre. L'ex- » terne, communément nommée *chorion*, est ab- » solument privée de vaisseaux et supporte les vil- » losités ; elle correspond à la tunique corticale ou » testacée, ou membrane de la coquille des oi-

» seaux. » Et plus bas : « L'interne ayant la forme
» d'un sac, offre une teinte jaune, et sa face interne
» est parsemée de granulations. Ces granulations,
» le réseau vasculaire qu'elle offre, et son rapport
» avec l'embryon, font voir aisément que c'est
» la membrane érythroïde ou la vésicule ombili-
» cale (1). »

En acceptant l'observation de Baer, comme
propre à nous fournir des faits qui traduisent des
phénomènes appartenant à une époque plus avancée que ceux que nous venons d'examiner, nous
ne nous sommes pas imposé pour devoir d'accepter également les conclusions qu'il a pu en tirer ;
aussi, malgré toute notre estime pour ce savant
professeur, nous nous permettrons de ne pas être
entièrement d'accord sur quelques points.

Nous avons déjà fait remarquer combien sont
vicieuses les dénominations de *corticale* et de
chorion, appliquées à la membrane vitelline, par
conséquent nous nous bornerons à ce que nous
en avons dit ; mais que cette membrane corres-
ponde, comme c'est l'opinion reçue dans la
science, à la membrane de la coquille des oiseaux,
c'est ce que nous avons trop à cœur de détruire,
pour que nous nous abstenions d'en parler encore

(1) Lettre sur la formation de l'œuf, p. 5.

ici. D'ailleurs, comme le travail de Baer a trait spécialement à l'ovologie du chien, et comme c'est dans ce travail qu'il a émis des opinions générales, erronées selon nous, nous croyons, puisque nous faisons l'histoire du développement de cette espèce, devoir revenir sur ce point. Toutefois, notre raisonnement se bornera à ceci : que pour qu'une analogie puisse être convenablement établie, il faut que les objets à comparer soient dans les mêmes conditions, et en rapport avec les mêmes circontances. Or, il nous semble que cette rigueur dans les procédés employés, a été totalement négligée, puisque l'on a comparé un produit que l'on pouvait en quelque sorte considérer comme pris dans l'ovaire, puisqu'il n'avait pas encore revêtu une membrane adventive bien caractéristique (et puisque d'ailleurs c'est de celle qui lui est soujacente dont il s'agit seulement), avec un autre produit jeté dans le monde extérieur, après avoir traversé un organe qui lui a fourni des matériaux propres à sa conservation dans le temps. Si l'on avait étudié l'un et l'autre de ces produits dans l'ovaire, et si on les avait alors comparés, on aurait vu que ce qu'on appelle membrane corticale ou chorion, n'est pas plus l'analogue de la membrane de la coque de l'œuf des oiseaux, que l'albumen n'est l'analogue du vitellus.

Mais ce qui plus nous étonne encore de la part du professeur allemand, c'est qu'il ait pu réunir, sous la même dénomination, les vésicules érythroïde et ombilicale. Nous sommes loin de penser que M. Baer, lorsqu'il a ainsi confondu deux choses si évidemment différentes, n'eût pas connaissance du beau travail de son savant confrère et compatriote ; nous croyons seulement que, ne donnant pas à ce fait toute l'attention qu'il méritait, ou peut-être ne voyant là qu'un jeu de hasard, qu'un état pathologique, ou encore qu'un caractère spécial, distinctif de la vésicule ombilicale dans l'œuf humain, il aura accueilli le mot de vésicule érythroïde ou ombilicale, comme mot collectif, sans chercher à discuter le fait en lui-même. Mais en vérité, Pockels s'était trop attaché à différencier ces deux vésicules, pour qu'on pût se méprendre sur leur valeur, lorsque surtout, comme M. Baer, on pouvait invoquer les lumières fournies par des recherches antérieures sur les mammifères. Dans l'ovologie de l'espèce humaine, nous nous sommes étendu assez longuement sur ce sujet, et nous croyons avoir fait ressortir assez bien le caractère distinctif de ces deux vésicules pour qu'il nous semble inutile d'y revenir.

Quoiqu'il en soit (et notre intention n'a pas été de faire de la critique, mais de relever ce qui

nous a paru être une erreur), quoiqu'il en soit, disons-nous, d'après Baer, vers le vingtième jour, l'œuf du chien, composé de deux vésicules, l'une externe et l'autre interne, offre un « em-
» bryon long de quatre lignes dans sa courbure.
» Il est situé entre la tunique corticale (vitelline),
» et le sac intestinal (vésicule ombilicale) ; il est
» uni à ce dernier d'une manière aussi intime que
» l'est le poulet à la fin du troisième jour. Comme
» chez ce dernier, la partie postérieure de l'em-
» bryon, qui est droite et longue de deux lignes
» et demie, est couchée sur le *ventre ouvert*, le
» dos qui est clos étant tourné vers la tunique
» corticale ; sa partie antérieure, garnie de la gaîne
» céphalique, se courbe à droite et en bas, et est
» couchée sur le côté gauche : il est entouré de tou-
» tes parts d'un *area vasculosa*. » (Pl. IV, fig. 6.)

C'est à peu près vers la même époque qu'apparaîtrait l'allantoïde. La genèse de cette vésicule chez le chien est encore à faire ; car, ce qu'en dit Baer, est assez vague et incomplet, et la figure qu'il en donne est peu propre à suppléer la description. Nos connaissances à ce sujet se bornant aux faits scientifiques, si ces faits manquent, nous devons ajourner toute explication sur un point que nous nous croyons pourtant en mesure de pouvoir bientôt résoudre.

Plus tard, vers le *vingt-quatrième jour* environ, tout dans l'œuf est parfaitement caractérisé. Alors les adhérences placentaires sont complètement établies, et présentent ce caractère particulier, qu'au lieu de se faire par un seul gâteau comme chez l'homme ou les rongeurs, ou par des gâteaux ou des disques multiples comme chez les ruminans et les pachidermes, c'est par une zone large qui enveloppe tout l'œuf, qu'elles s'établissent. Cette ceinture placentaire est remarquable par un dépôt de matière colorante qui s'effectue dans le sein d'un grand nombre de villosités disposées en anneau vers les pôles de l'œuf; la couleur vive et belle de ces anneaux qui marquent les limites dans lesquelles se font les adhérences, est d'un vert admirablement nuancé. Nous donnons à la planche IV la figure (7) d'un œuf presque entièrement caché par la zone villeuse du placenta : les deux anneaux y sont très bien marqués, et se distinguent par leurs villosités plus longues. Cette zone n'est pas toujours proportionnellement aussi grande par rapport au volume de l'œuf; car si, à cet âge, les pôles de celui-ci apparaissent à peine de chaque côté sous forme de cônes arrondis, à une époque plus avancée, lorsque, par l'effet du développement, la vésicule ombilicale et les autres enveloppes du fœtus acquièrent une plus grande dimension, la ceinture placentaire qui, après un certain degré d'extension, est restée comme stationnaire, n'apparaît plus alors à la surface de l'œuf que sous l'aspect d'une bande assez étroite même. Il est inutile de dire que toutes les parties de l'œuf sur lesquelles ne se montrent point les villosités qui forment le placenta sont transparentes, la couche adventive qui recouvre ces parties étant très légère et disparaissant même après un certain temps.

Mais ce fait d'une ceinture placentaire, enveloppant l'œuf, n'est-il pas la négation de la loi générale qui, selon nous, préside à la formation du placenta, et peut-on l'expliquer rigoureusement?

Nous l'avons dit : l'allantoïde participe essentiellement à la réalisation du placenta, et la forme de celui-ci peut se déduire de la forme qu'affecte cette vésicule lorsqu'elle se développe. Or, le chien ne fait pas exception, et c'est bien toujours l'allantoïde qui, chez lui, comme chez les autres espèces que nous avons étudiées, détermine le placenta. Chez lui il y a seulement ceci de spécial, que la vésicule allantoïdienne, qui acquiert bientôt des dimensions considérables, au lieu de s'étendre selon le grand axe de l'œuf, c'est-à-dire dans le sens de la vésicule ombilicale, comme nous verrons que cela a lieu chez la brebis, se dirige selon son plus étroit diamètre; il en résulte alors qu'à mesure qu'elle se développe, elle envahit successivement, et dans des limites qu'elle détermine pour ainsi dire elle-même, toute la circonférence de l'œuf, de manière à envelopper ainsi l'embryon et la vésicule ombilicale. La fig. 8 de la planche IV donnera une idée de la disposition qu'affectent toutes ces parties. L'embryon y est représenté coiffé en partie par la vésicule ombilicale; et si l'on suppose la partie de l'œuf qui est rabattue, en conjonction avec le lambeau supérieur, on s'expliquera comment le fœtus et la vésicule ombilicale elle-même, peuvent être entourés par l'allantoïde. Ici, il n'y a pas, jusqu'au vingt-quatrième jour, d'antagonisme bien établi entre ces deux vésicules sous le rapport de leurs fonctions de protection; toutes deux sont très développées, et toutes deux servent d'enveloppe à l'embryon.

L'œuf du chien, par la forme particulière qu'offre son placenta, n'est donc pas la négation de ce que nous avons dit jusqu'ici, et cette forme s'explique naturellement par la disposition qu'affecte l'allantoïde. L'ovologie de cette espèce entre par conséquent dans le cadre général que nous avons tracé.

OVOLOGIE DE LA BREBIS.

CHAPITRE XIII.

L'œuf de la brebis, par la forme bizarre qu'il est destiné à subir peu de temps après sa chûte de l'ovaire, semble au premier abord la négation formelle d'une loi générale dans le développement des vertébrés. Si l'on s'en rapportait, en effet, aux documens que nous a transmis un physiologiste célèbre, on serait tenté de croire qu'affranchie de la règle commune, l'allantoïde occuperait déjà toute la cavité des cornes de la matrice alors que, par une exception inouïe, il n'existerait pas encore la plus légère trace de l'embryon. Cette croyance, que des faits mal appréciés ont autorisée, a été positivement exprimée par Haller dans son chapitre de la conception : « Je n'ai rien vu, » dit-il, le dixième, le douzième, ni le treizième » jour, si ce n'est une mucosité dans la corne de » la matrice. Le quatorzième jour, il y avait une

» autre mucosité, blanche , et si tenace qu'on au-
» rait pu la pelotonner ; cette mucosité ressemblait
» déjà *à la membrane allantoïde*, ou à un folli-
» cule fort long. Il n'y avait rien de figuré le sei-
» zième jour. Enfin le dix-septième , une mem-
» brane presque aussi molle que l'est celle qui se
» trouve entre les deux feuillets de la membrane
» vasculeuse du poulet contenu dans l'œuf, for-
» mait un follicule oblong , et si délicat qu'il ne
» pouvait résister au souffle. Après avoir fait ces
» observations, ajoute-t-il un peu plus loin, j'ai
» ouvert encore plusieurs brebis pour voir le fœ-
» tus avant le dix-neuvième jour, mais cela ne m'a
» jamais réussi. »

Haller, comme on vient de le voir, n'a pu découvrir dans l'utérus, le quatorzième jour après
l'accouplement, qu'une mucosité qui , d'après lui,
ressemblait à la membrane allantoïde, *ou à un
follicule fort long* : nous verrons tout à l'heure ,
en exposant le résultat de nos propres recherches,
qu'à cette époque l'allantoïde, chez la brebis,
n'existe pas encore, tandis que l'œuf tout entier se
présente alors comme un filament excessivement
allongé, occupant toute l'étendue des cornes de la
matrice, et ayant une nature muqueuse telle que
l'indique Haller. Nous sommes donc porté à croire
que le follicule signalé par ce physiologiste , à

l'époque où, comme nous le dirons, l'allantoïde n'offre encore aucune trace de son existence, n'est autre chose que l'œuf tout entier.

Mais le dix-septième jour, Haller dit avoir rencontré un autre petit corps qui, sous l'aspect d'une membrane molle et délicate, formait un *follicule oblong*. Or, si ce qu'il a pris pour la membrane allantoïde est l'œuf, ce qu'il désigne maintenant sous le nom de follicule oblong doit être l'allantoïde; car c'est vers cette époque, comme nous l'établirons, que cette vésicule commence à se former, et alors elle est encore d'une fragilité extrême.

Quant à la difficulté que Haller a eue de découvrir l'embryon avant le dix-neuvième jour, on peut, jusqu'à un certain point, la concevoir facilement ; car du seizième au dix-huitième jour, le fœtus a un volume si petit par rapport à la longueur excessive de l'œuf, il est en outre tellement homogène , par son tissu , avec celui des membranes de l'œuf au sein desquelles il se trouve , qu'on ne peut arriver à l'apercevoir, surtout à une époque où aucune trace de vaisseaux rouges n'indique encore sa présence , qu'après avoir parcouru avec l'attention la plus soutenue, toute la longueur du filet mucide qui constitue l'œuf; lorsque , surtout, l'on ne connaît pas déjà , d'une manière approximative au moins, le point qu'il y occupe.

Harvey, avant Haller, n'avait pas été plus heureux dans ses recherches. D'ailleurs, ses observations ne reposent le plus souvent que sur des embryons arrivés déjà à un terme avancé du développement, et sur l'époque de l'accouplement des animaux dont il faisait le sujet de ses recherches.

M. Dutrochet, qui le premier a démontré l'analogie des membranes de l'œuf de la brebis parvenu à son complet développement, avec celles des autres vertébrés, n'a point dirigé ses investigations sur les transformations successives qu'il éprouve dans les premiers temps de son existence.

Lors donc que nous avons voulu entreprendre l'étude du développement de l'œuf de la brebis à son époque originaire, l'histoire de la science ne nous a fourni aucun renseignement propre à nous diriger dans l'étude de l'ordre de succession des phénomènes. Aussi, en l'absence de tout antécédent, il nous a fallu, par des tâtonnemens multipliés, que l'extrême difficulté du sujet devait rendre souvent infructueux, rechercher avec soin les époques précises de l'apparition des faits principaux et des transitions qui les enchaînent. En conséquence, nous n'avons rien négligé pour donner à nos observations toute la rigueur dont elles étaient susceptibles, et nous n'avons jamais accepté un

seul fait sans l'avoir vérifié plusieurs fois. Il suffirait d'ailleurs de dire que plus de quarante brebis
ont été sacrifiées dans nos recherches, pour faire
préjuger que les résultats que nous donnons sur le
développement de ce ruminant, étant le fruit d'une
expérience longue et soutenue, doivent être de
quelque valeur.

ŒUF DANS L'OVAIRE.

L'œuf de la brebis, étudié dans l'ovaire, se
compose comme nous l'avons établi dans les généralités.

Il n'y a donc rien à ajouter sous ce rapport à ce
que nous avons connu jusqu'à présent. Le volume
de cet œuf est à peu près d'un quinzième de ligne
de diamètre environ. Lorsqu'il tombe de l'ovaire
pour pénétrer dans les trompes utérines, la petite
vésicule transparente (analogue de la vésicule de
Purkinje) se dissout, et ici encore se trouve confirmé ce que nous avons dit d'une manière générale de l'œuf des mammifères.

ŒUF DANS L'UTÉRUS ET MODIFICATIONS SUCCESSIVES QU'IL Y SUBIT.

Bien que dans la première partie de ce volume
nous nous soyions étendu assez longuement sur-

l'état de l'utérus, à l'époque du rut; cependant nous croyons devoir présenter ici quelques nouvelles considérations à ce sujet, d'autant mieux, que l'espèce qui nous occupe offre, plus que toutes les autres peut-être, cet état d'exubérance de fluides, dirons-nous, de l'organe utérin; état qui établit une harmonie évidente entre cet organe et l'œuf qui doit s'y développer.

En effet, si l'on ouvre une brebis pendant l'époque du rapprochement des sexes, on s'aperçoit que la matrice, dont le volume est sensiblement accru, n'a plus sa mollesse habituelle; que ses parois, épaissies et turgescentes, sont devenues le siége d'une fluxion qui ne présente aucun caractère de la fluxion inflammatoire, mais qui, résultat évident d'une infiltration d'albumine dans les cellules du tissu de la matrice qu'elle distend, devient la cause mécanique de l'espèce d'érection dans laquelle se trouvent les nombreuses éminences connues sous le nom de cotylédons, dont elle n'altère point la pâleur. On dirait cette tuméfaction qui se manifeste sur la lèvre, par exemple, à la suite d'une piqûre d'abeille; ce n'est pas qu'il y ait analogie dans l'un et dans l'autre cas, car il est probable que la cause qui produit la turgescence de l'utérus étant différente de celle qui provoque le boursouflement de la lèvre, les effets ne doivent

pas être les mêmes, mais l'on peut dire qu'il y a
dans l'apparence quelque chose qui tendrait à faire
supposer une analogie.

Cette turgescence, ainsi que nous l'avons avancé
précédemment, ne se borne point aux cornes;
elle s'étend aux trompes, se propage jusqu'au
pavillon, qui s'étale alors de manière à saisir
l'ovaire comme par instinct. Il semble qu'à cette
époque la matrice fasse provision de fluides pour
aider le développement de l'œuf qui va s'y fixer.
Lorsqu'en effet ce dernier y est parvenu, on la
voit se dégorger assez rapidement, pour qu'au
bout de quelques jours son volume soit réduit de
moitié. Les parties externes de l'appareil génital se
trouvent même alors abondamment lubrifiées par
les fluides qui, de l'utérus, sont versés au dehors.

Après ces considérations, nous devons établir
les époques auxquelles apparaissent les phénomènes consécutifs du développement.

Cinquième jour après la conception.

L'œuf est parvenu dans la corne de la matrice
correspondante à l'ovaire dont il provient. Son
volume ne s'étant pas sensiblement accru, et sa
transparence étant extrême, il faut, comme nous
l'avons dit, la plus grande attention pour le dé-

couvrir, et les soins les plus minutieux pour le saisir sans le briser. Il vient toujours s'arrêter le long du tiers inférieur de la corne, et jamais le long des deux tiers supérieurs. Il a alors à peine une demi-ligne de diamètre, et se trouve constitué par deux vésicules emboîtées (Pl. V, fig. 2) : l'une extérieure, *vitelline*, née dans l'ovaire ; l'autre intérieure, formée après la conception, par la condensation du vitellus. Il est inutile de rappeler ici que c'est celle que nous avons désignée sous le nom de *vésicule blastodermique*, en la comparant au blastoderme des oiseaux.

Huitième jour.

Parvenu dans le lieu où il s'est définitivement arrêté, l'œuf a commencé à subir un changement de forme (Pl. V, fig. 3). Il s'est allongé suivant celui de ses diamètres qui s'est placé dans le grand axe de la corne de la matrice ; mais il est toujours composé, comme avant, de deux vésicules emboîtées (la membrane vitelline et la vésicule blastodermique) qui, au lieu de se conserver sphériques comme chez le lapin, ce que nous verrons en faisant l'ovologie de cette espèce, se sont converties en deux boyaux filiformes, de cinq à huit lignes de long. Ainsi donc, pour avoir changé de forme, l'œuf de la brebis n'en a pas moins conservé une rigoureuse analogie avec celui des autres mammifères et même des oiseaux; par conséquent, et quelque étendue que doive être la longueur qu'il est destiné à acquérir pendant les jours qui vont suivre, il est facile de voir que cette similitude n'en sera nullement altérée.

Neuvième, dixième, onzième, douzième, treizième jour.

L'œuf s'étend avec une surprenante rapidité. Il franchit la corne dans laquelle il est descendu, pour se prolonger jusque dans celle du côté opposé, dont vers le quinzième ou le seizième jour il a envahi toute la cavité. Or, comme dans son accroissement longitudinal il a marché en serpentant autour des éminences nombreuses dont la matrice est parsemée, il s'ensuit que sa longueur finit par devenir beaucoup plus considérable que celle de la matrice elle-même.

Il n'est pas possible de dire à quelle époque précise il commence à pénétrer dans la seconde corne de la matrice, parce que cela dépend nécessairement de la distance à laquelle il s'est arrêté du point de *conjonction* des deux cornes; alors qu'il avait encore sa forme sphérique.

Treizième et quatorzième jour.

Vers le treizième ou le quatorzième jour, un nouveau phénomène commence à se manifester. La matrice exhale autour de l'œuf, qui occupe déjà les trois quarts de sa longueur totale, une couche pseudo-membraneuse que l'action de l'eau blanchit et dissout assez promptement. Cette couche pseudo-membraneuse est l'analogue de celle que nous avons désignée sous le nom de membrane adventive, parce qu'elle est exhalée après la descente de l'œuf dans l'utérus ; membrane que l'on ne doit pas confondre avec la vitelline, dont elle est parfaitement distincte.

De ce qui précède, il résulte que vers le quatorzième jour l'œuf de la brebis se trouve composé encore des trois vésicules engaînées, savoir, en procédant de dehors en dedans :

1.° La membrane adventive, exhalée postérieurement à l'arrivée de l'œuf dans la matrice ;

2.° La membrane *vitelline*, née dans l'ovaire ;

3.° La vésicule blastodermique, formée après la conception.

Quinzième jour.

Vers le quinzième jour on voit apparaître dans un point de la surface externe de la plus intérieure des trois membranes dont l'œuf se compose, c'est-à-dire de la membrane blastodermique, le nuage ou la tache circulaire qui est le premier rudiment de l'embryon (tache embryonnaire). Cette tache, que son extrême petitesse ne permet pas d'observer au faible grossissement d'une loupe ordinaire, ne peut être aperçue que lorsque, par une macération de quelques instans, on est parvenu à dissoudre la membrane adventive, qui seule n'est point transparente. Ainsi, dépouillé de cette couche pseudo-membraneuse, et transporté sous un grossissement convenable, l'œuf présente toujours la tache dont il est ici question, pourvu toutefois qu'on soit averti du point où il faut la chercher. Or, nous avons dit plus haut qu'avant de perdre sa forme sphérique l'œuf venait toujours s'arrêter dans le tiers inférieur de la corne correspondante à l'ovaire dont il provient ; il est donc naturel de chercher la tache embryonnaire dans la portion de sa longueur qui occupe le tiers inférieur de cette même corne, et c'est là en effet qu'elle existe toujours.

Seizième jour.

La tache embryonnaire s'est transformée en une ellipse allongée et légèrement échancrée sur les côtés, ce qui lui donne à peu près cet aspect général que nous lui avons reconnu, c'est-à-dire celui d'un corps de guitare (Pl. V, fig. 4). Le capuchon céphalique commence à se renverser pour former la peau du col et de la poitrine : le capuchon caudal va se renverser bientôt aussi pour former la peau du bassin. Les parties latérales de la tache embryonnaire sont également ramenées peu à peu vers l'ombilic, qui est le point de concours commun. En se renversant ainsi, la peau de l'embryon renferme dans la cavité abdominale une petite portion de la vésicule blastodermique, qu'elle sépare, comme on peut le voir sur la figure que nous venons de citer, par un étranglement que l'ombilic déterminera peu à peu, d'une plus grande qui fera saillie à l'extérieur, et que nous avons connue sous le nom de vésicule ombilicale, vésicule qui portera, comme nous l'avons dit ailleurs, les vaisseaux omphalo-mésentériques. L'étranglement que l'ombilic fait subir à la vésicule blastodermique s'allongera un peu, se convertira en un canal qui, sortant directement du ventre de l'animal, ira se continuer à angle droit avec la vésicule ombilicale, qui paraîtra alors se diviser en deux cornes inégales. On le voit, sauf les formes, les phénomènes auront lieu, comme nous l'avons établi, dans les généralités.

Ainsi donc l'embryon, développé dans l'épaisseur de la vésicule blastodermique qu'il transforme en vésicule ombilicale, se trouve renfermé avec cette dernière dans la membrane vitelline, avec laquelle il est en contact par sa face dorsale. Or, comme la forme de l'œuf peut être représentée par celle d'un long cylindre, n'y a-t-il pas un côté spécial de la matrice avec lequel le point de la surface de ce cylindre qui correspond à l'embryon, vienne s'appliquer de préférence? Les recherches que nous avions faites sur le développement du lapin nous avaient déjà préparé à la solution de ce problème; elles nous avaient appris que non seulement l'œuf venait toujours appliquer le point de sa surface qui correspond à l'embryon sur la *ligne vasculaire ou mésentrique* de la matrice, mais qu'il se disposait encore de telle manière que le grand axe de l'embryon fût placé dans toute sa longueur, par sa face dorsale, sur cette même ligne, avec autant de rigueur que l'aiguille aimantée dans le méridien magnétique. Seulement ici la tête est indistinctement dirigée du côté de l'ovaire ou du vagin. Nous avons donc été analogiquement conduit à rechercher si l'œuf de la brebis était soumis à la même loi, et nos prévisions ont été confirmées par un assez grand nombre de faits pour qu'il n'existe pas le plus léger doute sur ce point difficile à constater.

Nous disons que ce point est difficile à constater, surtout chez l'espèce dont il est question ; d'abord, parce que l'œuf étant d'une longueur excessive, il est presque impossible de connaître précisément la place qu'occupe l'embryon sur cet œuf, pour étudier sa position avant qu'elle puisse changer ; et ensuite, parce que la présence de la membrane adventive jetant de l'opacité sur les membranes propres de l'œuf et sur l'embryon, il devient nécessaire, si l'on veut convenablement étudier celui-ci, de plonger l'œuf encore attenant à la matrice dans un liquide qui, par sa transparence, permette de distinguer nettement chacune de ses parties. Or, dans cette opération, les rapports de l'embryon avec l'utérus changent constamment, de sorte qu'il est impossible, dès lors, de se faire une opinion que puisse motiver l'observation des faits. Lors donc que nous avons voulu constater quelle était réellement la position du fœtus dans les premiers temps de son développement, nous avons dû chercher un moyen qui, sans trop altérer l'œuf, nous permît de le conserver dans ses rapports avec l'organe qui le renfermait. Ce procédé très simple en lui-même, et que nous n'indiquons que pour faciliter l'étude des personnes qui voudraient se livrer à ces sortes de recherches, consistait , après avoir ouvert la matrice hors de l'eau , à fixer contre les parois de celle-ci , et au moyen de quelques épingles placées de distance en distance, l'œuf, en lui conservant la position dans laquelle il se montrait à nous. Après ces précautions, nous pouvions faire l'examen du fait que nous voulions constater, sans qu'il y eût rien de changé dans les rapports. Ce procédé nous a toujours réussi et nous a conduit à admettre ce que nos prévisions, nous le répétons, nous annonçaient déjà, que l'embryon est, quant à la position qu'il a dans l'utérus, soumis, vers l'époque première de son développement, à la même loi que celui des rongeurs.

Seize jours et quinze heures.

L'embryon a deux lignes de long.

Vers la région caudale , immédiatement au-dessus du point qui correspondra plus tard à la symphyse du pubis, on voit paraître une petite poche qui , née à la base du pédicule naissant de la vésicule ombilicale, c'est-à-dire de l'étranglement que l'embryon a fait subir à la vésicule blastodermique, semble ici, plus que dans aucune autre espèce, n'être qu'une expansion , un véritable cul-de-sac du blastoderme lui-même. (Pl. V, fig. 5).

Nous pouvons assurer, après avoir sacrifié huit brebis pour l'examen et la confirmation de ce seul fait, que la poche dont nous parlons, est en continuation directe, comme d'ailleurs nous l'avons établi d'une manière générale pour tous les mammifères, avec le pédicule de la vésicule ombilicale.

Cette poche est destinée bientôt après sa naissance à manifester des formes, qui, sans être un caractère essentiellement propre aux ruminans, trouvent peu d'analogues dans la série zoologique. C'est cette poche qui constitue l'allantoïde, et c'est elle qui, peu de temps après son origine, ainsi que nous le verrons en la suivant dans son accroissement successif, affecte cette disposition que Haller a désignée par le nom de *follicule oblong*. Nous sommes porté à croire, nous le disons encore ici, que le follicule dont parle le célèbre physiologiste, n'est autre chose que cet organe auquel nous avons donné la dénomination particulière d'allantoïde, puisque l'époque à laquelle Haller a pu l'apercevoir, coïncide avec celle à laquelle la vésicule allantoïdienne s'est montrée à nous.

Dix-septième jour.

Vers la fin du seizième jour et au commencement du dix-septième, l'embryon a trois lignes de long; la vessie allantoïde en a deux et demie dans son diamètre longitudinal, et, disposée transversalement à l'extrémité caudale du fœtus, elle ressemble à un croissant dont la partie moyenne et concave se prolonge depuis le pubis jusqu'au pédicule de la vesicule ombilicale (Pl. VI, fig. 1). Or, puisque, comme nous venons de le dire, elle se trouve disposée transversalement à la queue de l'embryon, il s'ensuit qu'elle doit nécessairement aussi être disposée transversalement à la *ligne vasculaire* ou *mésentérique* de la matrice, car l'embryon est appliqué dans toute sa longueur sur cette même ligne. On peut se faire une image grossière de l'aspect général des choses à cette époque, par une comparaison avec un ancre de vaisseau dont l'embryon représenterait la *tige*, l'allantoïde les *bras*, et le pédicule de la vésicule ombilicale le *câble*.

Les fluides qui circulent dans les vaisseaux allantoïdiens, n'ont pas encore, à cet âge, acquis le caractère des vrais fluides sanguins, et sont incolores comme ceux des animaux inférieurs.

Dix-huitième jour.

La vessie allantoïdienne, qui, vers le dix-septième jour, avait son grand diamètre disposé transversalement à l'axe de l'embryon, et par conséquent, à la ligne vasculaire de la matrice, ne conserve pas sa position primitive; elle exécute un mouvement et subit une demi-torsion sur son pédicule, à la faveur de laquelle l'une de ses extrémités latérales se dirige du côté de l'ovaire, **et** l'autre du côté du vagin (Pl. VI, fig. 2). En changeant de position, elle *s'oriente* de manière à placer les troncs vasculaires qui parcourent le bord concave du croissant qu'elle représente, selon la ligne vasculaire ou mésentérique de la matrice.

Ainsi donc, l'embryon de la brebis renfermé dans la membrane vitelline, a maintenant, et depuis la fin du seizième jour (comme nous verrons qu'à celui du lapin, par exemple, avant le commencement du dixième), deux vésicules qui sortent de son ventre : la première est la vésicule ombilicale, qui occupe toute la longueur de la cavité de la membrane vitelline ; la seconde est l'allantoïde qui va se glisser entre la face externe de la vésicule ombilicale et la face interne de la membrane vitelline, jusqu'à ce qu'elle ait progressivement envahi toute la cavité de cette dernière.

Le sang de l'embryon et de ses annexes, qui jusqu'à cette époque s'était conservé sans coloration, commence à devenir rouge.

Du dix-neuvième au vingt-quatrième jour.

La vessie allantoïde poursuit son développement (Pl. VI, fig. 3). Elle remonte vers l'ovaire par l'une de ses extrémités, par l'autre descend vers le vagin, et s'engage bientôt dans le point de conjonction des deux cornes de la matrice, pour remonter ensuite dans la corne du côté opposé à celle qu'occupe l'embryon ; mais il n'est pas possible d'indiquer l'époque précise à laquelle elle commence à s'y engager, à cause de l'éloignement variable de l'embryon. Cependant, comme cet éloignement ne dépasse jamais certaines limites, nous pouvons affirmer que dans les cas les plus défavorables, l'allantoïde a toujours franchi le point de conjonction des deux cornes, du vingt au vingt-unième jour, et que vers le vingt-quatrième elle a déjà envahi toute la cavité de la membrane vitelline, avec laquelle on la voit se confondre par adhérence. (Pl. VII). De cette fusion il résulte que les vaisseaux dont la vessie allantoïde est sillonnée, viennent s'appliquer sur toute la face interne de la membrane vitelline ; en sorte que, si l'on examine un œuf à une époque un peu trop avancée, on est porté à croire que la membrane la plus extérieure (abstraction faite de la membrane adventive, presque entièrement résorbée), se trouve chargée d'un système vasculaire, pendant qu'elle en est privée en réalité; et c'est là, sans doute, la raison qui a fait méconnaître la membrane vitelline par tous les auteurs. Au reste, la fusion n'est point tellement intime au vingt-quatrième jour, qu'on ne puisse encore distinguer la membrane vitelline qui se profile nettement autour de la vessie allantoïdienne dont on chercherait en vain à la décoller. Un seul point de son étendue est resté encore libre, et ce point est celui qui correspond à l'embryon.

Pendant que l'allantoïde se développe, et que sa fusion avec la membrane vitelline se réalise, l'embryon, appliqué dès l'origine, par sa face dorsale et dans toute sa longeur, sur la ligne vasculaire ou mésentérique de la matrice, commence, vers le dix-huitième jour, à se courber en arc de cercle, se glisse entre la face interne de la membrane vitelline et la face externe de la vessie allantoïde qui retient son extrémité caudale seulement fixée à cette ligne mésentérique, avec laquelle la *corde* qui soutend l'arc de cercle qu'il représente, forme un angle droit. Bientôt, c'est-à-dire vers le vingt-quatrième ou le vingt-cinquième jour, l'embryon, continuant toujours à se recourber, et son extrémité caudale étant toujours fixée au même point, il arrive que la tête finit par dépasser le niveau de la queue, et qu'il exécute alors une demi-évolution par laquelle celle de ses extrémités qui, dans les premiers temps était dirigée du côté de l'ovaire, par exemple, se trouve désormais dirigée du côté du vagin, et réciproquement, en sorte que ce ne sera plus par sa face dorsale qu'il sera en regard avec la ligne vasculaire de la matrice, mais par sa face ventrale.

En exécutant les mouvemens dont nous venons de parler, l'embryon fait subir à l'allantoïde une torsion à la faveur de laquelle il commence à l'enrouler en spirale, pour la convertir en cordon ombilical, du moins dans la portion de son pédicule.

En même temps son volume s'accroît d'une manière sensible ; et à mesure que cet accroissement se réalise, il arrive que, placé entre la face interne de la membrane vitelline et la face externe de la vesicule allantoïdienne qui sort de son ventre, il refoule cette dernière de manière à s'en coiffer comme d'une double voûte continue dont il augmente progressivement la profondeur en s'y enfouissant, si nous pouvons ainsi dire, tout entier. La figure de la planche VII de notre Atlas représente un fœtus, coiffé déjà en partie par l'allantoïde.

Vers le vingt-cinquième ou le vingt-sixième jour, on voit cette double voûte se fermer derrière l'embryon, comme une bourse, en un point que M. Dutrochet a désigné sous le nom de *point de conjonction*, en signalant le premier le fait *accompli* de l'enroulement du fœtus. Ainsi l'embryon de la brebis se trouve recouvert par son allantoïde, comme nous verrons que celui du lapin l'est par sa vésicule ombilicale, et si l'un et l'autre ne le sont pas par la même membrane, c'est que dans l'un, ainsi que nous allons le dire tantôt, c'est la vessie allantoïdienne qui acquiert un développement excessif par rapport à la vésicule ombilicale, pendant que dans l'autre c'est tout-à-fait le contraire.

Vingt-huitième jour.

La membrane exhalée est presque complètement résorbée ou desquammée. L'allantoïde, intimement confondue avec la membrane vitelline, n'est, pour ainsi dire, plus qu'imparfaitement séparée par cette dernière de la surface de la matrice, avec les nombreuses éminences de laquelle elle va contracter des adhérences placentaires. Ces éminences ou cotylédons affectent une disposition particulière. Elles se présentent sous forme de disque circulaire, déprimé dans le milieu et comme tuméfié sur les bords. A ces cotylédons correspondent autant de petites plaques qui existent sur la membrane vitelline. Ce sont ces plaques ou placentas futurs, très distincts à cause de leur couleur blanchâtre, qui vont, en s'enfonçant dans les petites cavités que leur offrent les cotylédons utérins, effectuer les gâteaux placentaires, et c'est par elles que s'établiront les adhérences.

Ces adhérences, qui ne sont complètement réalisées que vers le trente-quatrième jour, s'établissent au moyen d'une foule de digitations qui ont quelque chose d'analogue à la manière dont les racines d'un arbre s'implantent dans la terre.

Mais pendant que ces adhérences placentaires s'établissent, la membrane vitelline est-elle perforée dans chaque point correspondant à un petit placenta, ou bien persiste-t-elle dans un état de fusion intime avec l'allantoïde, de manière à participer elle-même à l'adhérence, et à entrer par conséquent dans la composition des villosités placentaires? Cette dernière opinion a été déjà émise dans la partie du cours qui a trait aux généralités, et c'est elle qui, jusqu'à présent, nous paraît évidente. On serait peut-être tout d'abord tenté de croire que la membrane vitelline doit s'être laissé perforer par les villosités des placentas, si un examen attentif ne montrait bientôt l'étroite relation qui existe toujours entre celle-ci et l'allantoïde. En effet, l'allantoïde n'a fait, pour ainsi dire, que pousser la membrane vitelline devant elle, et s'en est coiffée comme d'un doigt de gant, dans les nombreuses digitations qu'elle envoie au cotylédon de la matrice, pour établir une adhérence entre elle et le fœtus. Ce fait est mis dans toute son évidence, lorsque l'on cherche à distinguer de combien de couches sont composées les digitations ou villosités placentaires, et quelle est la nature de ces couches. On voit, à ne pouvoir en douter, que ces villosités, assez semblables, pour la disposition et la forme, à des petits culs-de-sac, sont composées de deux membranes, l'une externe non vasculaire, et qui, par conséquent, appartient à la vitelline (chorion), car nous avons dit que cette membrane est, à toutes les époques, entièrement dépourvue de vaisseaux; et l'autre, interne vasculaire, provenant de l'allantoïde : les veines et les artères que porte celle-ci se rencontrent dans chaque digitation, de sorte qu'il est vrai de croire que les villosités placentaires ne sont dues qu'à la terminaison, dans un point déterminé, des vaisseaux allantoïdiens.

Chez les ruminans, les placentas ne sont plus avec l'utérus dans une étroite connexion, comme le sont celui de l'espèce humaine, des rongeurs, etc. Ils n'ont, avec cet organe, que des rapports peu

intimes ; en un mot ce n'est, si l'on peut dire,
qu'une communication par juxta-position. C'est ce
qui explique les fréquens avortemens auxquels
sont exposées les femelles de ces espèces, avortemens déterminés, le plus souvent, par un léger
choc sur les parois abdominales. Il suffit d'une
traction peu forte pour détacher les houppes placentaires des cotylédons sur lesquels elles s'implantent. Mais un fait remarquable, et qui vient à
l'appui de l'opinion que nous avons émise relativement à la manière dont la nutrition s'opère, et
aux matériaux qui servent à cette nutrition, c'est
que lorsque l'on a ainsi séparé le placenta du cotylédon de la matrice, surtout lorsque l'embryon
n'est pas très avancé dans son développement, on
voit une sorte de liquide lactescent sortir par les
vides qu'emplissaient auparavant les villosités placentaires. Or, ici il n'y a pas de prétendus vaisseaux utero-placentaires (ce fait est bien et généralement admis, même par les anatomistes qui ont
cru observer ces vaisseaux, chez les autres espèces);
mais il y a une sorte d'albumine blanchâtre ayant
quelque analogie avec le lait. Pourquoi ne pas
admettre alors, comme nous l'avons fait ailleurs,
que ce n'est pas le sang en nature qu'absorbent
les placentas, pour fournir à la nutrition de l'embryon, mais des matériaux extraits du sang et

propres à cette nutrition? Dans les pachidermes, par exemple, ce fait est encore plus patent, car ici il n'y a plus de placenta, proprement dit ; tout l'œuf est comme parsemé d'une myriade de tout petits disques blanchâtres qui sont en contact avec autant de points de l'utérus, et c'est par ces disques que se font les adhérences à la matrice.

Un phénomène qui peut se rattacher à l'époque dont nous parlons, bien qu'il lui soit antérieur par son origine, est celui de la disparition, en quelque sorte, de la vésicule ombilicale. Chez les ruminans, l'antagonisme qui s'établit entre l'allantoïde et la vésicule ombilicale, antagonisme qui fait que l'une d'elles se réduit lorsque l'autre s'accroît, est dans toute son évidence. L'on voit en effet (et cela est très bien exprimé par les figures 4 et 5 de la planche V; 1, 2 et 3 de la planche VI, et celle de la planche VII), que la vésicule ombilicale, qui occupait primitivement toute l'étendue de la cavité de la membrane vitelline, se flétrit peu à peu, s'atrophie, ne se montre bientôt plus que sous l'aspect d'une bande blanchâtre assez étroite, se trouve réduite, plus tard, à un filet d'apparence fibreuse appliqué par l'une des faces de l'œuf, et régnant dans toute la longueur de celui-ci. Mais alors l'allantoïde a comblé toute la cavité qu'occupait avant elle la vésicule ombilicale, et alors aussi s'accomplit le phénomène que nous avons vu se manifester du dix-neuvième au vingt-quatrième jour. L'allantoïde tend à s'appliquer de plus en plus contre la face interne de la membrane vitelline, de manière à se confondre presque avec elle, et à contracter, dans beaucoup de points de son étendue, des adhérences placentaires ; mais, d'un autre côté, elle reste libre pour envelopper l'embryon, en se réfléchissant sur lui de toute part : elle remplit, par conséquent, à l'égard de celui-ci, le rôle de protection qui, chez beaucoup d'autres espèces, principalement chez les rongeurs, était dévolu à la vésicule ombilicale ; de sorte que sous ce rapport, l'antagonisme qui existe entre ces deux vésicules, est encore ici manifestement établi. Bien que nous ayons déjà signalé ce fait, nous devions de nouveau le mentionner en parlant de la brebis, parce que cette espèce nous l'offre dans toute sa plénitude, et qu'elle peut être considérée comme le type de cette sorte d'exagération allantoïdienne, comme le lapin sera parmi les rongeurs le type du cas contraire.

Vingt-neuvième jour.

A cette époque, une membrane non vasculaire se décolle de la face interne de l'allantoïde. Cette membrane qui paraît appartenir exclusivement aux ruminans, mais surtout à la brebis, a été prise par quelques-uns pour une vésicule particulière distincte de l'allantoïde, tandis que d'autres lui ont donné le nom qui sert à désigner celle-ci. Nous ne saurions être d'accord avec ces auteurs sur ce point. Cette dernière membrane qui apparaît sous forme de vésicule, fait bien partie de l'allantoïde, mais ce n'est pas, à proprement parler, elle qui constitue cet organe. Nous devons nous expliquer à ce sujet, et pour le faire, nous avons besoin de rappeler les phénomènes premiers du développement.

En traitant de l'ovologie générale, nous avons dit (et nous l'avons démontré), que la vésicule blastodermique était composée de deux couches principales, et que l'allantoïde, qui n'est, selon nous, qu'un lobe de cette vésicule, possédait, par conséquent, comme elle, ces deux couches. Or, ceci admis, nous concevons aisément qu'il puisse se trouver des cas dans lesquels ces deux couches qui, d'ordinaire et généralement chez toutes les espèces, sont destinées à rester intimement unies, se séparent l'une de l'autre par un mécanisme et pour une cause qui nous échapperait, et demeurent ensuite isolées par l'interposition entre elles d'un liquide. Ce ne serait là qu'une exception qu'il ne répugnerait pas d'admettre, et dont la brebis nous fournirait un exemple. La deuxième poche que les auteurs ont désignée comme étant l'allantoïde, ne serait donc, pour nous, que la couche interne de cette même vésicule, ainsi distante de l'autre, sans doute par une finalité quelconque, finalité que nous n'avons, jusqu'à ce jour, pu pénétrer encore. Cette couche est celle que nous avons dit se continuer avec la couche intestinale du blastoderme, ou mieux avec la vessie, par l'ouraque.

Après cette époque, aucun phénomène, bien curieux et bien digne d'attention, ne se manifeste, et le développement de l'embryon, s'il n'est entravé par quelque agent mécanique, ne consiste plus que dans le perfectionnement des formes et des organes. D'ailleurs, c'est à l'organogénie que nous devons rapporter ce que peut offrir encore d'intéressant le fœtus de la brebis, sous le rapport de ses organes, et surtout de ceux de la génération. Ces derniers nous conduiront à proposer une signification des parties génitales externes, beaucoup plus rationnelle que celle que l'on a donnée jusqu'à ce jour.

APPENDICE.

Maintenant resterait à examiner les cas dans lesquels la portée est double, ce qu'il n'est pas rare
de rencontrer. Or, dans ces cas, quelle est, dans
la matrice, la position des deux œufs, et quelles
sont les relations que les œufs ont entre eux?

Il est inutile, ce nous semble, de dire que le
développement se fait de la même manière; que
les mêmes phénomènes apparaissent aux mêmes
époques, lorsqu'il y a deux embryons dans l'utérus, comme lorsqu'il n'y en a qu'un seul. Par
conséquent, l'histoire que nous venons d'en faire
ne saurait en éprouver des modifications fondamentales. Les seuls changemens que l'on remarque sont relatifs à la disposition des œufs. En
effet, ceux-ci au lieu de s'engager à la fois dans
les deux cornes de la matrice, ainsi que cela paraît
être constant alors que la portée est simple, prennent une toute autre position. Placés l'un dans la
corne de droite, et l'autre dans celle de gauche,
une de leurs extrémités se trouve bien, comme à
l'ordinaire, dirigée du côté de l'ovaire; mais
l'autre, celle qui, arrivée au point de conjonction des deux cornes, devait remonter, pour s'y
loger, dans celle du côté opposé à celui dont l'œuf

a fait son lieu d'élection, n'a pas suivi sa marche habituelle, et s'est portée directement vers l'ouverture vaginale, c'est-à-dire dans cette cavité appartenant à l'utérus, dont l'étendue, en partant du point de conjonction, jusqu'à peu près au museau de tanche, est de trois pouces environ. Là les deux œufs en contact par toute leur portion qui s'y trouve comprise, s'unissent quelquefois intimement entre eux, et s'enroulent de manière à représenter le pied d'un Y dont les autres portions, engagées dans les cornes, figureraient les branches. Cette configuration d'ailleurs étant celle de la matrice, il est assez simple de concevoir que deux corps qui, en quelque sorte, se moulent dans elle, puissent l'affecter.

Mais dans les portées doubles, chaque ovaire fournit-il son produit, ou bien n'est-ce que d'un seul que tombent les deux œufs ?

L'expérience nous a appris que fréquemment, lorsqu'on trouve deux fœtus dans l'utérus, l'on rencontre aussi un corps jaune sur chaque ovaire, preuve irrécusable que, dans ce cas, ces deux organes ont, chacun de leur côté, fourni un œuf à la corne correspondante. Mais quelquefois aussi nous avons pu constater le cas contraire. Nous avons vu qu'un seul ovaire offrait les traces évidentes de la déchirure des deux vésicules de

Graaf qui avaient laissé échapper les deux œufs que nous trouvions développés dans l'organe utérin. Or, il faut admettre que, dans les portées doubles, tantôt les jumeaux proviennent du même ovaire, tantôt de deux à la fois.

Mais ceci admis, une difficulté s'élève, et c'est celle d'expliquer comment, dans le premier cas, lorsque les œufs s'échappent du sein d'un seul ovaire pour passer, par le même conduit, dans la corne où ce conduit se rend, il peut se faire que l'un d'eux aille gagner, pour s'y fixer, la corne opposée. Si, dans le second cas, le fait s'explique de lui-même, l'on conçoit aisément qu'ici il puisse en être autrement. '

Sans avoir la prétention de résoudre complètement cette question, cependant nous allons donner, à ce sujet, l'opinion qui nous paraît offrir le plus de chances de probabilité.

Supposons que les deux œufs, arrivés dans l'utérus, soient assez rapprochés l'un de l'autre (et il y a des probabilités pour que cela ait lieu, car les cornes n'ont pas une très grande étendue, et ensuite il peut fort bien arriver que la chute de l'un ayant suivi immédiatement celle de l'autre, ils parviennent en même temps à peu près vers le même point pour en faire leur lieu d'élection); supposons, disons-nous, qu'ils soient assez rapprochés l'un de l'autre, il en résultera qu'à mesure qu'ils se développeront, comme ils s'allongent dans le sens de l'axe longitudinal de l'utérus, celui qui est le plus rapproché de l'ovaire, limité qu'il est de ce côté, par la terminaison du canal utérin, et forcé à s'étendre de plus en plus, poussera insensiblement le second, qui, par sa position et par la tendence qu'il aurait eue s'il avait été seul à s'engager en partie dans la corne opposée, gagnera cette même corne, et finira par la remplir totalement. Mais alors les bouts des deux œufs, en contact, arrivés au point de conjonction, se porteront dans la cavité dont nous avons parlé plus haut.

Il est d'autant plus probable que les choses se passent ainsi, qu'alors aucune adhérence placentaire n'est encore établie, et que les œufs jouissent d'une très grande mobilité; pourtant, nous le répétons, nous n'oserions affirmer que cela soit, et, par conséquent, ce fait est encore susceptible de vérification.

Telles sont les considérations que nous avions à ajouter à l'histoire du développement de la brebis. Cette espèce, prise comme type des ruminans, quant à son ovologie, nous a présenté des faits caractéristiques qui appartiennent également à tous ses congénérés, car tous les ruminans offrent dans leur développement les mêmes particularités, à un degré plus ou moins appréciable. Nous devons dire même que les pachidermes (le cochon pris pour exemple), en diffèrent si peu, qu'en vérité l'exposé de leur ovologie ne serait, à proprement parler, qu'une amplification de celle des animaux en question. Ce qui les différencie le plus, c'est un état particulier de l'œuf qui, au lieu d'être uniformément oblong, offre à ses extrémités un étranglement duquel résultent deux espèces d'appendices d'un intérêt vraiment très secondaire, et ensuite la multiplicité des disques placentaires disséminées sur toute la surface de l'œuf.

OVOLOGIE DU LAPIN.

CHAPITRE XIV.

Les œufs du lapin étudiés dans l'ovaire s'y trouvent renfermés dans des cellules parfaitement sphériques, transparentes, et d'un volume variable, suivant qu'elles se rapprochent plus ou moins de l'époque à laquelle elles doivent se déchirer, ou qu'elles s'en éloignent davantage ; leur diamètre ne s'étend jamais au-delà de deux lignes. Ces cellules apparaissent à la surface comme des pierres précieuses (Pl. VII, fig. 5), et lorsqu'on les incise, il s'en échappe un fluide visqueux, au milieu duquel se trouve un œuf dont la ressemblance avec celui des autres mammifères est assez intime pour qu'il soit inutile d'entrer dans aucun détail particulier à son sujet (Pl. VIII, fig. 1). Nous dirons seulement que cette ressemblance, parfaite dès l'origine, est un fait intéressant à noter, parce que nous allons voir que dans la succession de ses transformations il finira par acquérir des caractères propres à le rapprocher de celui des oiseaux.

ŒUF DANS LA MATRICE, ET MODIFICATIONS SUCCES-SIVES QU'IL Y SUBIT.

A l'époque du rut, les vésicules de Graaf, celles du moins qui sont arrivécs à maturité, distendues par le liquide au milieu duquel l'œuf se trouve suspendu, se déchirent en nombre fort variable pour chaque ovaire. Il n'est pas rare de rencontrer huit, neuf et même dix déchirures à la surface de chacun d'eux ; mais il est assez rare que le nombre soit égal dans l'un et dans l'autre.

On a souvent l'occasion de remarquer que le nombre des œufs que l'on trouve plus tard dans la matrice ne correspond pas à celui des vésicules de Graaf déchirées; en sorte, qu'alors il est évident que parmi ceux qui sont tombés de l'ovaire, il s'en est rencontré qui n'étaient pas susceptibles de se développer. Mais à quelle époque ces œufs sont-ils parvenus dans la matrice? Est-ce quelques heures ou plusieurs jours après l'accouplement? Cette question a beaucoup occupé les anatomistes, et malgré tous leurs efforts pour la résoudre, ils ne nous paraissent pas encore être arrivés à aucun ré-sultat bien positif.

Il nous semble que leurs incertitudes, ou plutôt la divergence de leurs opinions, provient mani-

festement encore ici de ce qu'ils ont voulu convertir des faits particuliers en règle générale. En effet,
le passage des œufs dans les cornes de la matrice
ne saurait avoir lieu à une époque rigoureusement
déterminée pour toutes les femelles ; car puisque
(comme le prouve l'existence des corps jaunes
dans les ovaires des femelles vierges) la déchirure
des vésicules de Graaf se produit indépendem-
ment de l'acte copulateur, il s'ensuit que, dans les
cas où l'accouplement a lieu lors de leur maturité
complète, elles laissent échapper l'œuf au moment
même, ou à une époque plus ou moins éloignée,
suivant qu'elles se rompent d'une manière plus ou
moins tardive. On peut concevoir aussi que si l'accouplement ne s'opère qu'à une époque postérieure
à celle qui est marquée pour leur maturité normale,
les œufs, parvenus dans l'utérus ou en voie d'y arriver, reçoivent l'influence de la conception ou
dans celui-ci, ou pendant qu'ils parcourent le canal
vecteur.

Il résulte donc de ce que nous venons de dire,
qu'il ne faut pas s'attendre à rencontrer des œufs
dans la matrice à une époque fixe, mais au contraire fort variable, et les limites de ces variations
peuvent s'étendre jusqu'au second et même au troisième jour chez le lapin ; ils ne présentent plus alors
aucune trace de l'analogue de la vésicule de Purkinje.

Troisième et quatrième jour.

Les œufs ont alors une ligne ou une ligne et demie de diamètre ; ils sont parfaitement transparens, libres et mobiles ; on les fait changer de place en soufflant sur eux. Semblables à une bulle de savon ou à une goutte d'eau, on les croirait, au premier abord, constitués par une seule vésicule contenant un fluide parfaitement translucide ; mais si on les transporte dans un verre de montre rempli d'eau, on ne tarde pas à s'apercevoir qu'un liquide, en s'interposant entre les deux couches emboitées, qui, en réalité, le composent, commence à rendre ces dernières fort distinctes ; l'extérieure est la membrane vitelline, l'intérieure la vésicule blastodermique.

Ce liquide, qui s'interpose ainsi entre les vésicules vitelline et blastodermique, n'est-il autre chose que l'eau dans laquelle les œufs sont plongés qui pénètre par endosmose, ou bien que le fluide albumineux contenu dans l'œuf lui-même qui s'échappe par exosmose, ou bien ces deux phénomènes concourent-ils ensemble au même résultat ? C'est là une question dont la solution peut satisfaire la curiosité, mais qui ne nous paraît avoir, pour le but que nous nous proposons en ce moment, aucune importance. Ce qu'il est essentiel de noter, c'est que les deux vésicules dont il s'agit n'ont entre elles aucun lien de continuité.

Il est encore essentiel de noter que le vitellus, que nous avions vu dans l'ovaire occuper toute la cavité de la membrane vitelline, a été remplacé par un liquide transparent, et que par conséquent ce même vitellus ne peut avoir été employé en se condensant qu'à la formation du blastoderme, comme nous l'avons admis au chapitre général.

Il y a cent cinquante ans environ, Graaf avait constaté la présence des œufs dans l'utérus des lapines ; mais il ne les avait jamais aperçus que soixante-douze heures après l'accouplement (1). Il avait également remarqué qu'ils étaient remplis d'un liquide diaphane ; qu'ils n'adhéraient pas à l'utérus, et qu'on les faisait mouvoir rien qu'en soufflant dessus. Il avait vu aussi qu'ils possédaient deux tuniques, dont il ne connaissait, il est vrai, ni l'origine, ni la signification, mais qu'il n'avait pas moins constatées. « Ce résultat, dit-il, pourra » paraître incroyable, mais il m'a été démontré » très facilement au moyen d'une petite industrie. »

____

(1) Il les vit encore plus distinctement du quatrième au septième jour de la gestation. Nos observations, sous ce rapport, coïncident parfaitement avec celles de Graaf.

Graaf ne raconte pas par quel procédé il est parvenu à voir les deux tuniques de l'œuf; mais il est
infiniment probable que la petite industrie dont il
parle est la même que celle au moyen de laquelle
nous avons réussi à les mettre en évidence, c'est-
à-dire en plongeant les œufs dans l'eau.

Cinquième jour.

Les œufs sont toujours sphériques et transparens; on produit encore le décollement des deux
vésicules qui les composent en les plongeant dans
l'eau. Ils se sont placés à des distances à peu près
égales les uns des autres, et n'abandonneront plus
désormais la position qu'ils occupent maintenant.
On commence à voir leur forme se dessiner à
travers les parois de la matrice légèrement dilatée
et amincie sur tous les points qui sont en rapport
avec eux, excepté sur le trajet de la ligne mésentérique où va bientôt se manifester un phénomène
fort intéressant à connaître.

Du sixième au septième jour.

Les cornes de la matrice qui, jusqu'à cette époque, n'ont été que très légèrement influencées par
les phénomènes qui s'accomplissent dans leur ca-

vité, vont commencer à se modifier d'une manière fort sensible dans des points déterminés, et qui sont tous placés sur le trajet de la ligne mésentérique. On voit, en effet, sur le trajet de cette ligne, dans chaque point correspondant à un œuf, les circonvolutions de la matrice se tuméfier progressivement, et se préparer ainsi à l'adhérence placentaire qui ne doit s'établir qu'un peu plus tard, comme nous allons le voir tout-à-l'heure. Ce fait est digne de remarque, d'abord parce qu'il ne se produit jamais qu'en des points qui sont tous placés sur le trajet d'une ligne déterminée, ensuite parce que c'est par cette ligne que passent tous les vaisseaux sanguins qui vont se distribuer dans les parois de la matrice, et enfin parce qu'il a lieu dans la prévision, si l'on peut dire, d'une adhérence placentaire.

Les œufs ont acquis un diamètre de près de trois lignes, ils sont encore transparens ; la membrane vitelline et la vésicule blastodermique se décollent encore, et à la faveur de ce décollement on peut facilement constater la présence de la tache embryonnaire dans l'épaisseur du tissu blastodermique (Pl. VIII, fig. 2). Cette tache très petite et maintenant circulaire, va changer de forme avec une très grande rapidité.

Du septième au huitième jour.

L'œuf que nous avons vu jusqu'ici parfaitement sphérique, commence à être légèrement déprimé du côté des circonvolutions tuméfiées. La tache embryonnaire que nous venons de voir naître dans l'épaisseur du tissu de la vésicule blastodermique, et avec une forme circulaire, tend à s'allonger de plus en plus en ellipse, et finit, avant le huitième jour, par représenter assez fidèlement l'apparence d'un corps de guitare (Pl. VIII, fig. 3). Quand les choses en sont arrivées à ce point, on reconnaît, avec assez de netteté, que la tache embryonnaire ne s'est ainsi transformée que par une sorte de recourbement de toute sa circonférence qui tend ainsi à convertir le blastoderme, comme nous l'avons établi au chapitre général, en une sorte de vésicule bilobée dont le plus grand lobe deviendra la vésicule ombilicale, et le plus petit l'embryon. Le point où ces deux lobes d'une même vésicule se continuent l'un avec l'autre, deviendra le pédicule de la vésicule ombilicale. Mais à cette époque, il est manifeste que ce pédicule naissant se continue avec tout le pourtour de la tache embryonnaire en voie de transformation successive.

A cette époque aussi, on peut, non sans beaucoup de difficultés toutefois, arriver à démontrer, ce qui tout-à-l'heure sera plus évident encore, que la tache embryonnaire peut se décomposer en deux feuillets concentriques qui peuvent se poursuivre jusque dans presque toute l'étendue du blasto-derme, qui est par conséquent, comme nous l'a-vons établi, formé lui-même de deux couches comme la tache embryonnaire avec laquelle il se continue.

Si l'on cherche maintenant à découvrir si le point de la surface de l'œuf, auquel correspond l'embryon se trouve toujours en contact avec un côté déterminé de cornes de la matrice, ou bien si sous ce rapport il n'y a pas de règle à établir, on ne tarde pas à s'apercevoir que toujours et sans qu'il soit possible de rencontrer une exception, la tache embryonnaire est appliquée par sa face dor-sale sur les circonvolutions tuméfiées, et par con-séquent sur la ligne mésentérique dont elle n'est séparée que par la membrane vitelline (Pl. VIII, fig. 5). Or, nous avons dit que, dès l'origine, l'œuf, libre et mobile, n'était assujéti par aucun lien mé-canique ; il a donc fallu qu'une force inconnue l'en-traînât, pour le contraindre à venir toujours pré-senter le même point de sa surface sur la ligne vasculaire ou mésentérique de la matrice, d'une manière aussi constante que l'aiguille aimantée dans le méridien magnétique. Quelle est cette force? Sans doute nous l'ignorons ; mais il n'en reste pas moins démontré qu'elle existe, et que par elle seule a pu s'accomplir un phénomène que la contraction du canal vecteur ne saurait expliquer.

La position constante de la tache embryonnaire, en regard des circonvolutions tuméfiées, était une nécessité sans laquelle le développement n'aurait pu être conduit jusqu'à son terme ; car, comme nous l'avons établi, c'est l'allantoïde qui se convertit en placenta, en se confondant avec la membrane vitelline. Or, dans le lapin, l'allantoïde n'étant destinée à prendre qu'une extension très limitée, et se transformant immédiatement après son apparition, il s'ensuit que si l'embryon se trouvait placé loin des circonvolutions tuméfiées, elle ne pourrait jamais les atteindre, et que, par cela même, l'adhérence s'établirait sur un point qui n'aurait pas été préparé pour cette finalité. Mais tout a été calculé pour que le vœu de la nature fût rempli, et l'œuf ne manque jamais de s'y conformer.

Après avoir constaté par des expériences assez nombreuses pour qu'il ne puisse y avoir de doutes à ce sujet, que l'œuf vient toujours appliquer le point de sa surface qui correspond à la tache embryonnaire, en regard de la partie centrale des circonvolutions tuméfiées, nous avons recherché si le grand axe de l'embryon n'avait pas aussi une direction déterminée par rapport aux cornes de la matrice, et nous avons encore pu nous convaincre que son grand axe est généralement disposé, de telle façon que l'embryon, tant qu'il conserve la forme à peu près rectiligne, repose dans toute sa longeur sur la ligne mésentérique ou vasculaire de la matrice. Il y a cependant quelques exceptions à cette règle, mais la première n'en éprouve aucune.

Nous venons de dire qu'à l'époque dont il est ici question l'embryon commence, en se repliant, par un mécanisme qu'il n'est plus besoin de reproduire ici, commence à convertir le blastoderme en vésicule ombilicale avec laquelle il se continue par un pédicule naissant. Or, nous savons que c'est par la face ventrale que cette vésicule ombilicale se continue avec ce même embryon; en sorte que ce dernier étant appliqué dès l'origine par son dos sur la ligne mésentérique de la matrice, il en résulte que sa face ventrale regarde le sol vers lequel pend la vésicule ombilicale, si l'on peut ainsi parler, quand la mère est sur ses quatre pattes, et que par conséquent aussi il tourne le dos au ciel.

Du huitième au neuvième jour.

Les choses étant en l'état que nous venons d'indiquer, la position du fœtus étant bien déterminée, tous les phénomènes qui vont suivre seront faciles à comprendre.

D'abord, au commencement du huitième jour la matrice exhale un produit pseudo-membraneux blanchâtre dans toute sa cavité, en sorte que chaque œuf en est recouvert par une couche plus ou moins épaisse, et les intervalles qui existent entre chacun d'eux en sont remplis de telle manière, que si, à ce moment, on les supposait tous sortis de la matrice, ils seraient réunis les uns aux autres comme les grains d'un chapelet. Cette production nouvelle constitue la couche adventive.

Ainsi donc, l'œuf du lapin se trouve maintenant composé comme celui des autres mammifères, en procédant de l'extérieur à l'intérieur :

1.° De la couche exhalée, adventive, inorganique ;

2.° De la membrane vitelline qui tend à se confondre de plus en plus avec les parties qu'elle renferme, et que, par conséquent, l'indosmose ne manifeste plus ;

3.° De la vésicule blastodermique qui se trans-

forme en embryon d'une part, et de l'autre en
vésicule ombilicale.

Du huitième au neuvième jour.

La vésicule ombilicale acquiert des dimensions
considérables, elle se confond de plus en plus avec
la membrane vitelline dont il est maintenant impossible de la séparer sans déchirure. Elle prolonge, comme nous l'avons dit, l'embryon par la
face ventrale, en sorte qu'à mesure qu'elle s'ag-
grandit, elle recouvre ce dernier qui, par la saillie
qu'il fait à sa surface du côté des circonvolutions
tuméfiées, tend à la déprimer de manière à s'en
coiffer comme d'un double bonnet ou d'une double
voûte par un mécanisme qu'il sera intéressant de
décrire avec détail, parce que, dans l'espèce qui
nous occupe, il donnera lieu à des phénomènes
particuliers qui seront à leur tour la raison de
certains faits consécutifs que, sans eux, il nous
eût été impossible de saisir.

Cependant, et vers la fin du huitième, ou quelquefois le commencement du neuvième jour, on
voit paraître, sur le point du pourtour du pédicule
naissant de la vésicule ombilicale qui doit se continuer avec les parois iliaque du bassin et la sym-

physe du pubis, quand ces parties seront formées, on voit paraître, disons-nous, une vésicule sphérique d'un volume très restreint qui est évidemment l'allantoïde du lapin (Pl. VIII, fig. 7, 7'), et qui présente avec l'embryon, et d'une manière fort évidente, à cette époque, des relations qui confirment pleinement ce que nous avons établi au chapitre général, et ce que, déjà, l'œuf de la brebis nous a manifestement démontré. Ici encore, le blastoderme est devenu une vésicule trilobée, dont les trois lobes sont représentés, l'un par l'embryon, l'autre par la vésicule ombilicale, et le troisième par l'allantoïde, ces trois parties ne formant qu'un tout et qu'une même cavité. En effet, des dissections soigneusement faites et très souvent répétées, nous ont montré qu'il était possible, en séparant les deux feuillets principaux du blastoderme transformé, de conduire l'externe jusque dans l'allantoïde dont il constitue la couche extérieure, et par conséquent le périère de l'animal; l'interne, jusqu'à la couche intérieure de cette même allantoïde, et par conséquent jusqu'à l'intestin qui présente en ce moment un véritable cloaque, répétition transitoire de l'état permanent des vertèbres ovipares.

Mais ces relations directes, qu'en ce moment il est facile de discerner, vont, dans l'espèce qui nous occupe, se modifier par des transformations si rapides, qu'un observateur peu attentif, ou qui *s'obstinerait* à négliger *la succession immédiate* des phénomènes, pourrait se croire légitimement en droit de nier leur existence. En effet, quelques heures suffisent pour qu'un fait qui, un instant auparavant, se manifestait clairement, se voile de manière à ne laisser aucune trace *sensible* de son apparition transitoire.

En même temps l'embryon qui, d'abord, était à peu près rectiligne, comme nous l'avons déjà dit, commence à se recourber en arc de cercle (Pl. VIII, fig. 5 et 6), dont la concavité correspond à sa face antérieure, et en affectant cette nouvelle attitude, tend à augmenter la dépression à la faveur de laquelle nous avons dit qu'il se coiffait de sa vésicule ombilicale comme d'un double bonnet. La vésicule ombilicale ainsi envaginée en elle-même, offre alors deux voûtes inégales et continues, dont l'une ou fœtale, recouvre directement l'embryon, et porte un système particulier de vaisseaux qui lui est exclusivement dévolu, pendant que le second, quoiqu'en continuité avec la première, en est complètement dépourvue.

Un liquide diaphane, avons-nous dit plus haut, remplissait, dès les premiers temps, la vésicule blastodermique. Or, lorsque cette vésicule blastodermique s'est transformée en vésicule ombilicale, le liquide dont il s'agit n'a point abandonné cette dernière: il s'ensuit que les deux voûtes que, maintenant, la vésicule ombilicale présente, sont séparées l'une de l'autre par ce même liquide, qui, à cette époque, a déjà subi une modification dans sa densité, et qui, devenu plus épais, est susceptible de se coaguler au point de perdre complètement sa transparence, et de prendre l'aspect lamelleux de l'hyalloïde de l'œil, ou bien encore un aspect semblable à ce que M. Velpeau a désigné, dans l'œuf humain, sous le nom de magma réticulé. Ce liquide n'est autre chose que de l'albumine.

La voûte fœtale de la vésicule ombilicale est appliquée immédiatement sur l'embryon, et s'étend tout autour de lui dans toute l'étendue des circonvolutions tuméfiées qu'elle recouvre d'une manière médiate, c'est-à-dire à travers les membranes vitelline et adventive qui l'en séparent. Mais comme les vaisseaux omphalo-mésentériques sont exclusivement ramifiés dans les parois de cette voûte, il arrive aussi que ces vaisseaux, par la même raison, sont exclusivement appliqués sur les circonvolutions tuméfiées. Ils affectent une disposition identique à ceux de la vésicule ombilicale des oiseaux. L'autre voûte, privée de vaisseaux, est appliquée sur toute l'entendue de la face interne de la membrane vitelline que la première n'occupe pas.

Du neuvième au dixième jour.

Au commencement du neuvième jour, c'est-à-dire quelques heures après sa naissance, l'allantoïde que nous avons vu naître à l'extrémité caudale, sous forme de vésicule spérique, se dévie sur le côté droit de l'embryon (Pl. VIII, fig. 8), et fait subir à son arrière-train une torsion sur le même côté, en sorte que ce même embryon qui, tout à l'heure, représentait un arc de cercle, affecte maintenant la forme spirale (Pl. VIII, fig. 5 et 6). En se déviant ainsi, l'allantoïde tend à venir mettre son extrémité libre, en contact immédiat avec la membrane vitelline, mais avec ce point de la membrane vitelline qui est appliqué sur la ligne mésentérique de la matrice. Quand elle l'a atteint, elle s'y déprime, et contracte une adhérence intime qui deviendra le gâteau placentaire dont la forme sera nécessairement circulaire, parce qu'une sphère qui vient s'aplatir sur une surface plane, ne peut subir qu'une déformation circulaire. Ainsi donc se confirme l'idée que nous avons émise au chapitre général, savoir, que la forme du placenta est subordonnée à celle de l'allantoïde qui en est la génératrice.

Pour ateindre le point *déterminé* de la membrane vitelline avec lequel elle doit entrer en fusion, afin de constituer le placenta circulaire du lapin, l'allantoïde ne subit, pour ainsi dire, presque pas d'élongation, en sorte qu'il semble qu'elle obéisse à une force inconnue qui l'entraîne en totalité ; et comme elle ne se développe pas d'une manière suffisante pour combler l'intervalle qui la sépare du point vers lequel elle tend, il arrive que l'arrière-train de l'embryon est à son tour obligé de céder, et c'est pourquoi l'on remarque la torsion, à la faveur de laquelle il a permis à l'allantoïde de réaliser l'adhérence placentaire. Mais pourquoi cette allantoïde se dévie-t-elle toujours sur le côté droit de l'embryon ?... C'est là un phénomène dont nous avons pu constater l'invariable constance, et dont la raison ne nous a pas encore été révélée. Nous en avons dit autant de la force qui impose primitivement à l'œuf la nécessité de venir appliquer toujours le point de sa surface qui correspond à l'embryon, en regard de la ligne mésentérique de la matrice; mais si l'explication dynamique de tous ces faits n'a pu ressortir de leur étude, elle nous a manifesté clairement *le but final* de leur existence. N'est-il pas évident qu'ici, en effet, tout a été prévu d'avance, et que par une harmonie préétablie tout a été préparé pour que l'adhérence placentaire ne pût s'établir que sur un seul point modifié déjà pour la rendre efficace, c'est à dire sur les circonvolutions tuméfiées ?... Que ceux dont le scepticisme résiste à tous les enseignemens que fournit le spectacle familier de la nature, viennent soumettre à l'épreuve de celui que nous leur apportons leurs doctrines rétrogrades ; s'ils sont de bonne foi, nous les défions.

L'allantoïde, au moment où son adhérence avec la membrane vitelline commence, c'est-à-dire vers le milieu du neuvième jour, et quelquefois avant, subit une transformation totale, et cette transformation est telle qu'on serait tenté de croire qu'elle a disparu au lieu de se convertir en placenta et en cordon ombilical. En effet, elle s'oblitère complètement, et son tissu prend une apparence particulière homogène, qui fait que son état présent ne rappelle en rien son état antérieur, si ce n'est par les relations qui, au fond, sont les mêmes, quoique plus difficiles à discerner.

Le fait de l'effacement de la cavité de l'allantoïde conduit à une conséquence fort importante, car il permet de résoudre, par l'observation directe, un problème des plus intéressans, celui de savoir si l'allantoïde a pour usage de servir de réservoir à l'urine du fœtus. Or, dans l'espèce qui nous occupe, le système génito-urinaire et les corps d'Oken eux-mêmes, ne montrent pas encore la plus légère trace de leur existence, alors que la cavité de l'allantoïde s'est définitivement oblitérée. Il s'ensuit donc que l'urine, chez le lapin, ne saurait être versée dans la membrane qu'on suppose destinée à la recevoir ; et s'il est possible que dans une espèce les choses puissent se passer autrement qu'on ne l'a supposé, nous ne voyons pas pourquoi l'on admettrait pour d'autres une exception *inutile*.

Du dixième au onzième jour.

Vers le commencement du dixième jour, l'embryon, dont l'arrière-train est retenu par l'allantoïde qui se transforme en placenta, continue à se courber en arc de cercle, et à mesure que sa courbure augmente, sa tête qui est seule libre de toute contrainte, s'élève pendant que la queue reste toujours fixée sur les circonvolutions tuméfiées (Pl. VIII, fig. 6). Il arrive alors qu'au lieu d'avoir, comme vers le huitième jour, son ventre tourné vers le sol, et son dos vers la ligne mésentérique, c'est-à-dire vers le ciel, il a sa tête pendante vers la terre, et sa queue dirigée vers la ligne mésentérique, la mère étant supposée dans la station quadrupède.

En même temps que le fœtus exécute les mouvemens dont nous venons de parler, et qui s'accomplissent toujours de la même manière, il augmente en volume. D'un autre côté aussi, le placenta se développe de plus en plus. Or, comme
le placenta et le fœtus sont recouverts par la voûte
vasculaire de la vésicule ombilicale, il s'ensuit
que cette voûte est refoulée par eux vers la voûte
non vasculaire, et que l'espace qui les sépare diminue, d'une manière très sensible, le liquide
interposé étant résorbé progressivement. Il s'ensuit aussi que la voûte vasculaire, pour faire place
au placenta et au fœtus recouvert de son amnios,
est obligée de s'éloigner des circonvolutions tuméfiées, sur toute la surface desquelles elle était
étalée dès l'origine, et à n'être plus en contact
avec elles que dans le pourtour du gâteau placentaire en voie de développement.

Douzième, treizième, quatorzième jours.

Le placenta, l'embryon et l'amnios augmentant
sensiblement de volume, la voûte vasculaire de la
vésicule ombilicale finit par s'envaginer au point
d'arriver en contact immédiat avec la voûte non
vasculaire, le liquide interposé ayant été complètement résorbé. Lorsque les choses en sont arri-

vées à ce point, les deux voûtes se confondent par une adhérence intime, qui ne permet plus de les distinguer. Dans cette union, les vaisseaux de la voûte vasculaire s'appliquent sur la voûte non vasculaire, et par suite sur la membrane vitelline qui, primitivement, adhérait à cette dernière. On serait donc tenté de croire, à cette époque, que la membrane vitelline est pourvue de vaisseaux ; mais ce n'est là qu'une apparence dont la succession des phénomènes antérieurs donne une facile explication, et il est évident que les auteurs qui ont admis que le chorion était vasculaire, n'ont commis cette erreur que pour avoir négligé de s'informer des *précédens*. Pour se former une idée du mécanisme de l'envagination de la vésicule ombilicale et de son enveloppement autour de l'embryon, on n'a qu'à jeter un coup d'œil sur les figures théoriques que nous avons publiées en 1834 dans *notre ouvrage sur la génération des mammifères*.

L'embryon, dont la courbure augmente, finit par porter sa tête au-delà même du niveau de la queue. Or, comme l'extrémité céphalique est proportionnellement plus volumineuse, elle entraîne le corps tout entier qui achève la révolution qu'il avait commencée vers le huitième jour. Après avoir subi cette révolution, qui a pour résultat de tordre en spirale le pédicule de l'allantoïde converti en cordon ombilical, l'embryon se trouve avoir son dos tourné vers la terre et son ventre vers le ciel, ce qui semblerait inexplicable, si l'on n'avait pas assisté à tous les mouvemens qui ont amené les choses au point où elles en sont maintenant. En effet, non seulement le ventre et le dos éprouvent une inversion dans leurs rapports avec les parties environnantes, mais la tête et la queue ont aussi changé de position. Ainsi, les embryons qui, dès l'origine, avaient leur tête dirigée du côté de l'ovaire et leur queue du côté du vagin ou dans un sens inverse, ont celle de ces extrémités qui regardait l'ovaire dirigée désormais vers le vagin, et celle qui regardait le vagin du côté de l'ovaire, etc...

Au treizième jour à peu près, tous les embryons perdent leur courbure. Ils se redressent, et ont tous leur grand axe dans la direction de celui de la matrice, mais leurs extrémités indifféremment tournées vers l'ovaire ou le vagin.

Du quatorzième au trentième jour.

Parmi tous les phénomènes qui se sont succédés pendant les quatorze premiers jours du développement de l'œuf du lapin, il en est un qui doit plus spécialement fixer notre attention, c'est celui qui a trait à la vésicule ombilicale.

La vésicule ombilicale, avons-nous dit, prend un accroissement qui lui permet de coiffer le fœtus, l'amnios et le placenta, comme d'un double bonnet ou d'une double voûte continue qui leur forme une sorte d'enveloppe protrectrice. Il est évident que, pour arriver à ce but, cette vésicule a dû nécessairement acquérir un développement considérable, développement qu'en général elle n'atteint jamais chez aucun autre mammifère, ou que du moins elle ne conserve pas pendant toute la durée de la gestation comme dans le cas qui nous occupe. Chez le chien, il est vrai, la vésicule ombilicale coiffe bien l'embryon dans les premiers temps de la gestation ; mais à mesure que toutes les autres parties de l'œuf se développent, elle tend à s'atrophier ou ne prend pas des dimensions proportionnelles et suffisantes. Il arrive alors que ce coiffement n'est que transitoire, tandis que dans le lapin il est permanent et se conserve jusqu'au dernier jour.

Cette persistance de la vésicule ombilicale, pendant toute la durée de la gestation, semble, au premier abord, être la négation de cette règle que nous avons établie au chapitre général, et que les œufs des autres mammifères rendent évidente,

savoir, que la vésicule ombilicale tend à s'atrophier d'une manière proportionnelle à l'accroissement de l'allantoïde devenue prépondérante par
sa transformation en placenta; mais si l'on réfléchit attentivement à ce qui a lieu chez le lapin, on
verra que cette espèce n'échappe pas à la loi commune; car bien qu'elle conserve sa vésicule ombilicale fort volumineuse jusqu'au moment de la
parturition, cette vésicule y est toujours subalter-
nisée par l'apparition de l'allantoïde, puisque le
système vasculaire qu'elle porte décroît en raison
de l'importance que prend le système allantoïdo-
placentaire.

Ainsi donc, quoique l'œuf du lapin semble
s'éloigner, sous le rapport dont il a été question,
de celui des autres mammifères, il n'en conserve
pas moins au fond tous les caractères, et devient
par ses légères différences, un moyen de transition
aux oiseaux et aux autres vertébrés ovipares chez
lesquels la vésicule ombilicale persiste jusqu'au
dernier moment pour rentrer dans l'abdomen;
transition qui va s'opérer à la faveur des marsu-
piaux et des didelphes dont nous allons nous occuper d'une manière spéciale.

TABLE.

FIN DU PREMIER VOLUME.

ERRATA.

Page 109, ligne 16 : *Handbneh der Eugmiek lungs gesihnhse ;* lisez : *Haudbuch der Entwicklungsgeschichte.*

121, dernière ligne : distinguent ; *lisez :* distingue.

161, ligne 4 : chez tous les mammifères ; *lisez :* chez certains mammifères.

184, ligne 3 : ou d'accompagner ; *lisez :* ou à accompagner.

Id., ligne 4 : ou de développer ; *lisez :* ou à développer.

288, ligne 10 : de la coque ; *lisez :* de la membrane de la coque.

289, ligne 8 : la coque ; *lisez :* la membrane de la coque.